139 高分系列

GAO FEN XI LIE

高等数学超详解

三大计算

配套基础教程

主 编 杨 超

副主编 王冰岩

U0276700

0到139，你还需要它

复旦大學 出版社

考研数学复习整体规划

学习阶段	学习时间	课程	学习目标	重难点	图书
零基础	前一年9月—考试年2月	全程班（零基础课）	熟悉考研数学大纲考点，了解考试内容，掌握基本概念、公式、定理，掌握部分基础题型的解题方法	重点：7种未定式求极限，不同类型函数求导，不定积分计算 难点：涉及不等式、中值定理、无穷级数的证明类问题	《高等数学超详解（基础）》 《考研数学三大计算》
基础阶段	考试年3月—6月	全程班（基础课）	熟练掌握三大计算，能够灵活运用公式，会求解简单的证明类问题，掌握高等数学公共部分全部考点（除去数三、数一专项）	重点：定积分计算，微分方程求解，多元函数求导，二重积分计算，行列式计算与矩阵变换，线性方程组求解，一维随机变量问题求解 难点：中值定理证明，无穷级数求和（数一、数三），曲线、曲面积分求解（数一），线性相关与无关，矩阵的秩，矩阵对角化问题	《线性代数》 《概率论与数理统计》 《考研数学必做习题库》（高等数学篇）·A组 《考研数学必做习题库》（线性代数篇）·A组 《考研数学必做习题库》（概率论与数理统计篇）·A组
强化阶段	考试年7月—8月	全程班（强化课）	通过暑期的学习，掌握重难点题型的解题方法与技巧，常见结论、公式要牢记	重点：多元函数求极值，二重积分在不同坐标系下的转化与计算，三重积分计算，方程组求解，化二次型为标准形，多维随机变量问题求解 难点：证明类问题，格林公式与高斯公式的应用，向量组与方程组之间的关系，参数估计	《高等数学超详解（强化）》 《考研数学必做习题库》（高等数学篇）·B组 《考研数学必做习题库》（线性代数篇）·B组 《考研数学必做习题库》（概率论与数理统计篇）·B组 《考研数学选择·填空986》 《考研数学怎么考——历年真题透视》
冲刺阶段	考试年9月—12月	全程班（冲刺课）	通过刷题课和冲刺课的学习，再次提升自己的解题能力，查漏补缺，冲击理想分数	重难点见强化部分，本阶段刷真题，整理错题本	《考研数学真题超详解》 《考研数学必胜5套卷》 《考前必做100题》
		刷题班			
		押题班			

扫描二维码
获取更多资讯

目 录

第一章 函数、极限与连续

基础阶段考点要求

(1) 理解函数的概念,掌握函数的表示法.

(2) 了解函数的有界性、单调性、周期性和奇偶性.

(3) 了解反函数及隐函数的概念.

(4) 掌握基本初等函数的性质及其图形,了解初等函数的概念.

(5) 理解极限的概念,理解函数左极限与右极限的概念以及函数极限存在与左极限、右极限之间的关系.

(6) 掌握极限的性质及四则运算法则.

(7) 掌握极限存在的两个准则,并会利用它们求极限,掌握利用两个重要极限求极限的方法.

(8) 理解无穷小、无穷大的概念,掌握无穷小的比较方法,会用等价无穷小求极限.

(9) 掌握函数极限计算方法.

(10) 掌握数列极限计算方法,理解单调有界性定理.

(11) 理解函数连续性的概念(含左连续与右连续),会判别函数间断点的类型.

(12) 了解连续函数的性质和初等函数的连续性,理解闭区间上连续函数的性质(有界性、最大值和最小值定理、介值定理),并会应用这些性质.

第一节 初等数学基础

考点一 常用函数及曲线

1. 函数的概念及常用函数

定义 设 x 和 y 是两个变量,D 是给定的数集,如果对于每个数 $x \in D$,变量 y 按照一定法则 f 在 R 上有唯一一个确定的数值和它对应,则称 y 是 x 的函数,记为 $y = f(x)$,称 x 为自变量,y 为因变量,D 为函数的定义域,因变量 y 的范围为函数的值域.

下面我们来介绍一些常用的函数.

例 1.1（绝对值函数） $y=|x|=\begin{cases}-x, & x<0, \\ x, & x\geqslant 0\end{cases}=\begin{cases}-x, & x<0, \\ 0, & x=0, \\ x, & x>0.\end{cases}$

注

① $y=|x|$ 在 $x=0$ 处是连续的,但它在 $x=0$ 处不可导(由于左右单侧导数值不相同).

② 常用的绝对值不等式有 $|a_1\pm a_2\pm\cdots\pm a_n|\leqslant|a_1|+|a_2|+\cdots+|a_n|$.

名师助记 绝对值函数要注意分段的表达式,以及特殊点 $x=0$ 的性质.

例 1.2（符号函数） $y=\text{sgn}\,x=\begin{cases}-1, & x<0, \\ 0, & x=0, \\ 1, & x>0.\end{cases}$

注

① 对于任何 x 都有等式 $|x|=x\,\text{sgn}\,x$ 成立.

② 符号函数有特殊点为 $x=0$,该点不连续、不可导且为跳跃间断点.

名师助记 符号函数要注意其值域为 $\pm 1,0$,即符号函数与其他函数复合后值域不变,仍为 $\pm 1,0$.

例 1.3（取整函数） $y=[x]$ 表示不超过 x 的最大整数.

如 $[-4.2]=-5$,$[-3]=-3$,$\left[\dfrac{1}{3}\right]=0$,$[\sqrt{5}]=2$.

注

① 对任何 x,都有 $[x+n]=[x]+n$,其中 n 是整数.

② 取整函数常用不等式为 $x-1<[x]\leqslant x$.

名师助记 取整函数要注意在所有整数点处的间断性,在包含取整函数求极限时,特殊点 $x=0$ 处的极限需要分左右极限的情况来讨论.

例 1.4（狄利克雷函数） $D(x)=\begin{cases}1, & x\in\mathbf{Q}, \\ 0, & x\in\mathbf{Q}^C.\end{cases}$

注

① 因为函数没有任何曲线段,所以狄利克雷函数没有图形.

② 狄利克雷函数是有界函数,且是以任何正有理数为周期的周期函数,但没有最小正周期.

③ 狄利克雷函数处处无极限,处处不连续,处处不可导.

名师助记 狄利克雷函数常用来举反例和构造具有某种特殊性质的函数.例如,函数 $y=x^2D(x)$ 仅在原点连续,在其他点处间断,仅在原点可导,在其他点处均不可导.

例 1.5(幂指函数) $y=u(x)^{v(x)}$, $u(x)>0$, 且 $u(x)\neq 1$.

注

$$u(x)^{v(x)}=\mathrm{e}^{\ln u(x)^{v(x)}}=\mathrm{e}^{v(x)\ln u(x)}.$$

名师助记 以上例题是考研中常用的函数,这一恒等变形在后面极限运算中是重要的解题方法.

2. 三角函数

(1) 正弦函数

$y=\sin x$, $x\in(-\infty,+\infty)$. 正弦函数为有界的奇函数,也是最小正周期为 2π 的周期函数.

注

常用正弦函数的数值如表 1-1 所示.

表 1-1 常用正弦函数的数值

x	0	$\dfrac{\pi}{6}$	$\dfrac{\pi}{4}$	$\dfrac{\pi}{3}$	$\dfrac{\pi}{2}$
$y=\sin x$	0	$\dfrac{1}{2}$	$\dfrac{\sqrt{2}}{2}$	$\dfrac{\sqrt{3}}{2}$	1

(2) 余弦函数

$y=\cos x$, $x\in(-\infty,+\infty)$. 余弦函数为有界的偶函数,也是最小正周期为 2π 的周期函数.

注

常用余弦函数的数值如表 1-2 所示.

表 1-2 常用余弦函数的数值

x	0	$\dfrac{\pi}{6}$	$\dfrac{\pi}{4}$	$\dfrac{\pi}{3}$	$\dfrac{\pi}{2}$
$y=\cos x$	1	$\dfrac{\sqrt{3}}{2}$	$\dfrac{\sqrt{2}}{2}$	$\dfrac{1}{2}$	0

（3）正切函数

$y = \tan x$，$x \in (-\infty, +\infty)$，且 $x \neq k\pi + \dfrac{\pi}{2}$，其中，$k = 0, \pm 1, \pm 2, \cdots$. 正切函数为无界奇函数，最小正周期为 π 的周期函数.

注

常用正切函数的数值如表1-3所示.

表1-3　常用正切函数的数值

x	0	$\dfrac{\pi}{6}$	$\dfrac{\pi}{4}$	$\dfrac{\pi}{3}$	$\dfrac{\pi}{2}$
$y = \tan x$	0	$\dfrac{\sqrt{3}}{3}$	1	$\sqrt{3}$	$+\infty$

（4）余切函数

$y = \cot x$，$x \in (-\infty, +\infty)$，且 $x \neq k\pi$，其中，$k = 0, \pm 1, \pm 2, \cdots$. 余切函数为无界奇函数，最小正周期为 π 的周期函数.

（5）正割函数

$y = \sec x$，$x \neq k\pi + \dfrac{\pi}{2}$ $(k = 0, \pm 1, \pm 2, \cdots)$.

注

$\sec x = \dfrac{1}{\cos x}$，$x \neq k\pi + \dfrac{\pi}{2}$ $(k = 0, \pm 1, \pm 2, \cdots)$.

（6）余割函数

$y = \csc x$，$x \neq k\pi$ $(k = 0, \pm 1, \pm 2, \cdots)$.

注

$\csc x = \dfrac{1}{\sin x}$，$x \neq k\pi$ $(k = 0, \pm 1, \pm 2, \cdots)$.

名师助记　由公式 $\sin^2 x + \cos^2 x = 1$，左右同时除以 $\cos^2 x$，可以得到重要公式 $1 + \tan^2 x = \sec^2 x$. 左右同时除以 $\sin^2 x$，可以得到重要公式 $1 + \cot^2 x = \csc^2 x$.

3. 常用三角函数公式

① $\sin^2 x + \cos^2 x = 1$，$1 + \tan^2 x = \sec^2 x$，$1 + \cot^2 x = \csc^2 x$.

② $\sin 2x = 2\sin x \cos x$，$\cos 2x = \cos^2 x - \sin^2 x = 2\cos^2 x - 1 = 1 - 2\sin^2 x$.

③ 万能公式：令 $t = \tan \dfrac{x}{2}$，则有 $\sin x = \dfrac{2t}{1+t^2}$，$\cos x = \dfrac{1-t^2}{1+t^2}$.

④ $\sin(\alpha \pm \beta) = \sin \alpha \cos \beta \pm \cos \alpha \sin \beta$,

$\cos(\alpha \pm \beta) = \cos \alpha \cos \beta \mp \sin \alpha \sin \beta$,

$\tan(\alpha \pm \beta) = \dfrac{\tan \alpha \pm \tan \beta}{1 \mp \tan \alpha \tan \beta}$.

⑤ 和差化积公式:

$\sin \alpha + \sin \beta = 2\sin \dfrac{\alpha + \beta}{2} \cos \dfrac{\alpha - \beta}{2}$,

$\sin \alpha - \sin \beta = 2\cos \dfrac{\alpha + \beta}{2} \sin \dfrac{\alpha - \beta}{2}$,

$\cos \alpha + \cos \beta = 2\cos \dfrac{\alpha + \beta}{2} \cos \dfrac{\alpha - \beta}{2}$,

$\cos \alpha - \cos \beta = -2\sin \dfrac{\alpha + \beta}{2} \sin \dfrac{\alpha - \beta}{2}$.

⑥ 积化和差公式:

$\sin \alpha \cos \beta = \dfrac{1}{2}\left[\sin(\alpha + \beta) + \sin(\alpha - \beta)\right]$,

$\cos \alpha \sin \beta = \dfrac{1}{2}\left[\sin(\alpha + \beta) - \sin(\alpha - \beta)\right]$,

$\cos \alpha \cos \beta = \dfrac{1}{2}\left[\cos(\alpha + \beta) + \cos(\alpha - \beta)\right]$,

$\sin \alpha \sin \beta = -\dfrac{1}{2}\left[\cos(\alpha + \beta) - \cos(\alpha - \beta)\right]$.

4. 反函数与复合函数

(1) 反函数

定义　设 $y = f(x)$ 的定义域为 D,值域为 R_f,如果对于任一 $y \in R_f$,有唯一确定的 $x \in D$,使得 $y = f(x)$,则称 $x = f^{-1}(y)$ 为 $y = f(x)$ 的反函数.

注

① 单调函数必有反函数,且有相同的单调性.

② $f[f^{-1}(x)] = x$, $f^{-1}[f(x)] = x$.

③ 在同一坐标系中,$y = f(x)$ 和 $y = f^{-1}(x)$ 的图形关于直线 $y = x$ 对称.

④ 反正弦函数 $y = \arcsin x$,是正弦函数 $y = \sin x$ 在区间 $\left[-\dfrac{\pi}{2}, \dfrac{\pi}{2}\right]$ 上的反函数,定义域为 $[-1, 1]$,值域为 $\left[-\dfrac{\pi}{2}, \dfrac{\pi}{2}\right]$,是关于原点对称的奇函数.

⑤ 函数 $y = f(x)$ 求其反函数 $y = f^{-1}(x)$ 的一般步骤如下:

A. 把函数表达式 $y = f(x)$ 看作关于变量 x, y 的方程,从该方程解出 $x = f^{-1}(y)$;

B. 在表达式 $x = f^{-1}(y)$ 中，把 x 换成 y，而把 y 换成 x，便得所求反函数的表达式 $y = f^{-1}(x)$；

C. 确定反函数 $y = f^{-1}(x)$ 的定义域（函数 $y = f(x)$ 的值域就是反函数 $y = f^{-1}(x)$ 的定义域）.

名师助记 正弦函数 $y = \sin x$ 在闭区间 $[0, 2\pi]$ 上的图像用反正弦函数表示，是考研的一个重要知识点，具体如图 1-1 所示.

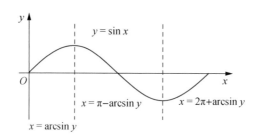

图 1-1

例 1.6 设 $y = \sin x$，$0 \leqslant x \leqslant 2\pi$，求其反函数.

解析 ① 当 $0 \leqslant x \leqslant \dfrac{\pi}{2}$ 时，对 $y = \sin x$，直接有 $x = \arcsin y$，$y \in [0, 1]$，此时反函数为 $y = \arcsin x$.

② 当 $\dfrac{\pi}{2} < x \leqslant \dfrac{3\pi}{2}$ 时，有 $-\dfrac{\pi}{2} < x - \pi \leqslant \dfrac{\pi}{2}$，此时 $\sin(x - \pi) = -\sin(\pi - x) = -\sin x = -y$，于是有 $x - \pi = -\arcsin y$，故 $x = \pi - \arcsin y$，$y \in [-1, 1)$，此时反函数为 $y = \pi - \arcsin x$.

③ 当 $\dfrac{3\pi}{2} < x \leqslant 2\pi$ 时，有 $-\dfrac{\pi}{2} < x - 2\pi \leqslant 0$，此时 $\sin(x - 2\pi) = \sin x = y$，于是有 $x - 2\pi = \arcsin y$，故 $x = 2\pi + \arcsin y$，$y \in (-1, 0]$，此时反函数为 $y = 2\pi + \arcsin x$.

名师助记 对 $y = \sin x$，只有当 x 在 $\left[-\dfrac{\pi}{2}, \dfrac{\pi}{2}\right]$ 上，才可直接写出反函数 $x = \arcsin y$，$y \in [-1, 1]$.

(2) 复合函数

定义 设函数 $y = f(u)$ 的定义域为 D_f，函数 $u = g(x)$ 的定义域为 D_g，其值域 $R_g \subset D_f$，则称 $y = f[g(x)]$ 为函数 $y = f(u)$ 和 $u = g(x)$ 的复合函数.

名师助记 函数 $u = g(x)$ 的值域 R_g 必须包含于函数 $y = f(u)$ 的定义域 D_f，二者才可复合得到 $y = f[g(x)]$，比如 $y = f(u) = \sqrt{u}$ 与 $u = g(x) = \tan x$ 就无法复合，因为 $g(x) = \tan x$ 的值域 $R_g = (-\infty, +\infty)$，显然不包含于 $f(u) = \sqrt{u}$ 的定义域 $D_f = [0, +\infty)$.

例 1.7 设 $f(x)=\begin{cases}\mathrm{e}^x, & x<1, \\ x, & x\geqslant 1,\end{cases}$ $\varphi(x)=\begin{cases}x+2, & x<0, \\ x^2-1, & x\geqslant 0,\end{cases}$ 求 $f[\varphi(x)]$.

解析 用先内后外的方法求之. 先将内层函数 $\varphi(x)$ 代入外层函数, 得到

$$f[\varphi(x)]=\begin{cases}\mathrm{e}^{\varphi(x)}, & \varphi(x)<1, \\ \varphi(x), & \varphi(x)\geqslant 1,\end{cases}=\begin{cases}\mathrm{e}^{x+2}, & x+2<1, x<0, \\ x+2, & x+2\geqslant 1, x<0, \\ \mathrm{e}^{x^2-1}, & x^2-1<1, x\geqslant 0, \\ x^2-1, & x^2-1\geqslant 1, x\geqslant 0\end{cases}$$

$$=\begin{cases}\mathrm{e}^{x+2}, & x<-1, x<0, \\ x+2, & x\geqslant -1, x<0, \\ \mathrm{e}^{x^2-1}, & x^2<2, x\geqslant 0, \\ x^2-1, & x^2\geqslant 2, x\geqslant 0\end{cases}=\begin{cases}\mathrm{e}^{x+2}, & x<-1, \\ x+2, & -1\leqslant x<0, \\ \mathrm{e}^{x^2-1}, & 0\leqslant x<\sqrt{2}, \\ x^2-1, & x\geqslant \sqrt{2}.\end{cases}$$

例 1.8 设 $f(x)=\begin{cases}x^2, & x\leqslant 0, \\ x^2+x, & x>0,\end{cases}$ 则 $f(-x)$ 为( ).

(A) $f(-x)=\begin{cases}-x^2, & x\leqslant 0, \\ -(x^2+x), & x>0\end{cases}$ (B) $f(-x)=\begin{cases}-(x^2+x), & x<0, \\ -x^2, & x\geqslant 0\end{cases}$

(C) $f(-x)=\begin{cases}x^2, & x\leqslant 0, \\ x^2+x, & x>0\end{cases}$ (D) $f(-x)=\begin{cases}x^2-x, & x<0, \\ x^2, & x\geqslant 0\end{cases}$

解析 选(D).

$$f(-x)=\begin{cases}(-x)^2, & -x\leqslant 0, \\ (-x)^2-x, & -x>0,\end{cases}$$ 即 $f(-x)=\begin{cases}x^2-x, & x<0, \\ x^2, & x\geqslant 0.\end{cases}$

5. 常用函数曲线

(1) 笛卡尔心形线

$x^2+y^2=a(\sqrt{x^2+y^2}-x)$ 或 $r=a(1-\cos\theta)$ (图 1-2);

$x^2+y^2=a(\sqrt{x^2+y^2}+x)$ 或 $r=a(1+\cos\theta)$ (图 1-3).

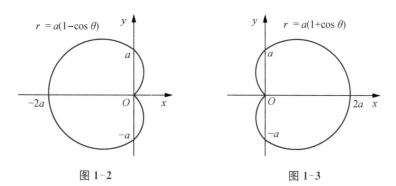

图 1-2 图 1-3

(2) 伯努利双纽线

$(x^2+y^2)^2=a^2(x^2-y^2)$ 或 $r^2=a^2\cos 2\theta$ (图 1-4);

$(x^2+y^2)^2=2a^2xy$ 或 $r^2=a^2\sin 2\theta$（图 1-5）.

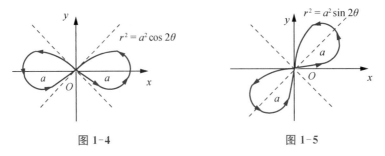

图 1-4　　　　　　图 1-5

(3) 摆线（图 1-6）

$$\begin{cases} x=a(\theta-\sin\theta),\\ y=a(1-\cos\theta). \end{cases}$$

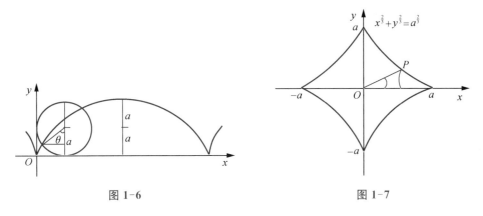

图 1-6　　　　　　图 1-7

(4) 星形线（图 1-7）

$$x^{\frac{2}{3}}+y^{\frac{2}{3}}=a^{\frac{2}{3}} \text{ 或 } \begin{cases} x=a\cos^3 t,\\ y=a\sin^3 t. \end{cases}$$

名师助记　以上四类曲线请务必做到认识曲线表达式，并能具体画出相应图像.

考点二　函数的性质

1. 有界性

定义　设 $y=f(x)$ 在 I 上有定义，如果存在 $M>0$，使得对任意的 $x\in I$，都有 $|f(x)|\leqslant M$，则称 $f(x)$ 在 I 上有界；如果对于任意 $M>0$，总存在 $x_1\in I$，使得 $|f(x_1)|>M$，则称 $f(x)$ 在 I 上无界.

🔊注

① 常见的有界函数有 $|\sin x|\leqslant 1$，$|\cos x|\leqslant 1$，$|\arcsin x|\leqslant\dfrac{\pi}{2}$，$|\arctan x|<\dfrac{\pi}{2}$.

② 有界与无界的判定方法:A. 用定义. B. 用结论.

若 $f(x)$ 在 $[a,b]$ 上连续,则 $f(x)$ 在 $[a,b]$ 上有界.

若 $f(x)$ 在 (a,b) 内连续,且 $\lim\limits_{x\to a^+} f(x)$ 存在,$\lim\limits_{x\to b^-} f(x)$ 存在,则 $f(x)$ 在 (a,b) 内有界.

若存在 $c\in I$,且 $\lim\limits_{x\to c} f(x)=\infty$ 或 $\lim\limits_{x\to c^-} f(x)=\infty$ 或 $\lim\limits_{x\to c^+} f(x)=\infty$,则 $f(x)$ 在 I 上无界.

例 1.9 设 $\lim\limits_{n\to\infty} a_n=A$,证明:数列 $\{a_n\}$ 有界.

证明 取 $\varepsilon_0=1$,因为 $\lim\limits_{n\to\infty} a_n=A$,根据极限定义,存在 $N>0$,当 $n>N$ 时,有 $|a_n-A|<1$,所以 $|a_n|<|A|+1$. 取 $M=\max\{|a_1|,|a_2|,\cdots,|a_N|,|A|+1\}$,则对一切的 n,有 $|a_n|\leqslant M$.

名师助记 两个量的无限趋近 $A\to B$,常可用它们的距离无限小来描述,也就是对于任意无穷小量 ε,有 $|A-B|<\varepsilon$ 成立.

例 1.10 函数 $f(x)=\dfrac{|x|\sin(x-2)}{x(x-1)(x-2)^2}$ 在( )内有界.

(A) $(-1,0)$　　　　(B) $(0,1)$　　　　(C) $(1,2)$　　　　(D) $(2,3)$

解析 选(A).

由 $\lim\limits_{x\to-1^+} f(x)=\lim\limits_{x\to-1^+}\dfrac{|x|\sin(x-2)}{x(x-1)(x-2)^2}=-\dfrac{\sin 3}{18}$,

且 $\lim\limits_{x\to 0^-} f(x)=\lim\limits_{x\to 0^-}\dfrac{|x|\sin(x-2)}{x(x-1)(x-2)^2}=-\dfrac{\sin 2}{4}$,可知 $f(x)$ 在 $(-1,0)$ 内有界.

另外,由 $\lim\limits_{x\to 1} f(x)=\lim\limits_{x\to 1}\dfrac{|x|\sin(x-2)}{x(x-1)(x-2)^2}=\lim\limits_{x\to 1}\dfrac{-\sin 1}{x-1}=\infty$ 可知(B)和(C)无界;

由 $\lim\limits_{x\to 2^+} f(x)=\lim\limits_{x\to 2^+}\dfrac{|x|\sin(x-2)}{x(x-1)(x-2)^2}=\lim\limits_{x\to 2^+}\dfrac{1}{x-2}=+\infty$ 可知(D)无界.

名师助记 本题是判定开区间上的有界性,注意区间端点的极限若存在,则在端点的单侧邻域范围内函数也有界.

2. 单调性

定义 设 $y=f(x)$ 在区间 I 上有定义,如果对于区间 I 上任意两点 x_1 及 x_2,当 $x_1<x_2$ 时,恒有 $f(x_1)<f(x_2)$(或 $f(x_1)>f(x_2)$),则称 $f(x)$ 在区间 I 上单调增加(或单调减少).

🔊**注**

单调性的判定方法:A. 用定义. B. 用结论.

若在区间 I 上 $f'(x)>0$(或 <0),则 $f(x)$ 在 I 上单调增加(或减少). 复合函数的单调性遵循"同增异减",如 $f(x)$ 单调增加,$g(x)$ 单调减少,则 $f(f)$,$g(g)$ 都是单调增加,而 $f(g)$,$g(f)$ 都是单调减少.

3. 奇偶性

定义 设 $y=f(x)$ 的定义域 D 关于原点对称,如果对于任一 $x \in D$,恒有 $f(-x)=f(x)$,则称 $f(x)$ 在 D 上是偶函数;如果恒有 $f(-x)=-f(x)$,则称 $f(x)$ 在 D 上是奇函数.

注

① 常见的偶函数有 C,x^2,$|x|$,$\cos x$,$f(x)+f(-x)$;

常见的奇函数有 x,$\sin x$,$\tan x$,$\operatorname{sgn} x$,$\ln(x+\sqrt{1+x^2})$,$f(x)-f(-x)$.

② 偶函数的图形关于 y 轴对称,奇函数的图形关于原点对称,且奇函数 $f(x)$ 在 $x=0$ 处若有定义,则 $f(0)=0$.

③ 奇偶性判定方法:A. 用定义.B. 用结论.

奇±奇=奇,偶±偶=偶,奇·奇=偶,偶·偶=偶,奇·偶=奇.

例 1.11 $f(x)=|x\sin x| \, \mathrm{e}^{\cos x} \, (-\infty < x < +\infty)$ 是( ).

(A) 有界函数   (B) 单调函数   (C) 周期函数   (D) 偶函数

解析 选(D).

$f(-x)=|-x\sin(-x)| \, \mathrm{e}^{\cos(-x)}=|x\sin x| \, \mathrm{e}^{\cos x}=f(x)$,则 $f(x)$ 为偶函数.

4. 周期性

定义 如果存在一个正数 T,使得对于任一 x,有 $f(x+T)=f(x)$,则称 $f(x)$ 是周期函数,T 称为 $f(x)$ 的周期.

注

① 常见的周期函数有 $\sin x$,$\cos x$(以 2π 为周期),$\tan x$,$|\sin x|$,$\sin 2x$(以 π 为周期).

② 周期性的判定方法:A. 用定义.B. 用结论.

若 $f(x)$ 以 T 为周期,则 $f(ax+b)$ 以 $\dfrac{T}{|a|}$ 为周期;

若 $g(x)$ 是周期函数,则复合函数 $f[g(x)]$ 也是周期函数,如 $\mathrm{e}^{\sin x}$,$\cos^2 x$ 等.

例 1.12 设 $[x]$ 表示不超过 x 的最大整数,则 $f(x)=x-[x]$ 是( ).

(A) 无界函数   (B) 单调函数   (C) 偶函数   (D) 周期函数

解析 选(D). $f(x+1)=x+1-[x+1]=x+1-([x]+1)=x-[x]=f(x)$,故 $f(x+1)=f(x)$,是周期为 1 的函数.

例 1.13 若 $f(x)$ 是在 $(-\infty, +\infty)$ 内可导的以 l 为周期的周期函数,则 $f'(ax+b)$ $(a \neq 0, a, b$ 为常数)的周期为( ).

(A) l (B) $l-b$ (C) l/a (D) $l/|a|$

解析 选(D). $f'(ax+b)$ 与 $f(ax+b)$ 有相同的周期,而 $f(ax+b)$ 的周期为

$l/\mid a\mid$,故 $f'(ax+b)$ 的周期也为 $l/\mid a\mid$.

名师助记 若 $f(x)$ 是以 T 为周期的可导函数,则其导函数 $f'(x)$ 也是以 T 为周期的周期函数.

第二节 函数极限计算

考点三 无 穷 小

1. 无穷小

定义 若 $\lim\limits_{x \to x_0} f(x)=0$,则称 $f(x)$ 为 $x \to x_0$ 时的无穷小(无穷小量).

2. 无穷小的性质

① 函数有极限的充要条件是函数可以写成一个常数与一个无穷小之和,即 $\lim f(x)=A \Leftrightarrow f(x)=A+\alpha(x)$,其中 $\alpha(x)$ 为该极限过程中的无穷小.

名师助记 以上充要条件常用于抽象函数的具体化,即可将抽象函数等价表示出来,用于求解抽象函数的极限相关运算.

② 有限个无穷小之和(差、积)仍是无穷小.

③ 有界量与无穷小的乘积仍是无穷小.

3. 无穷小阶数的比较

设 $\lim f(x)=0$,$\lim g(x)=0$,则 $\lim \dfrac{f(x)}{g(x)}=l$.

① 若 $l=0$,称 $f(x)$ 是比 $g(x)$ 高阶的无穷小,记以 $f(x)=o[g(x)]$.

② 若 $l=\infty$,称 $f(x)$ 是比 $g(x)$ 低阶的无穷小.

③ 若 $l=1$,称 $f(x)$ 与 $g(x)$ 是等价无穷小,记以 $f(x) \sim g(x)$.

④ 若 $l=A$ ($A \neq 0,1$),称 $f(x)$ 与 $g(x)$ 是同阶无穷小.

⑤ 若 $\lim \dfrac{f(x)}{g^k(x)}=l$ ($l \neq 0,k>0$),称 $f(x)$ 是 $g(x)$ 的 k 阶无穷小.

4. 高阶无穷小运算法则

设 m,n 为正整数,则有

① 低阶吸高阶原则:$o(x^m) \pm o(x^n)=o(x^l)$,$l=\min\{m,n\}$.

② 乘法的叠加原则:$(x^m) \cdot o(x^n)=o(x^{m+n})$,$x^m \cdot o(x^n)=o(x^{m+n})$.

③ 非零常数不影响阶数原则:$o(x^m)=o(kx^m)=ko(x^m)$,$k \neq 0$.

例 1.14 当 $x \to 0$ 时,下列式子错误的是( ).

(A) $x \cdot o(x^2)=o(x^3)$ (B) $o(x) \cdot o(x^2)=o(x^3)$

(C) $o(x^2)+o(x^2)=o(x^2)$ (D) $o(x)+o(x^2)=o(x^2)$

解析 选(D).

根据高阶无穷小的乘法累加性,可知(A)(B)正确;(C)选项实际上为 $2o(x^2)$,不影响阶数,故也正确;(D)选项根据低阶吸高阶原则,应为 $o(x)+o(x^2)=o(x)$.

例 1.15 设 $x\to0$ 时,$(1-\cos x)\ln(1+x^2)$ 是比 $x\sin x^n$ 高阶的无穷小,而 $x\sin x^n$ 是比 $e^{x^2}-1$ 高阶的无穷小,则正整数 n 为( ).

(A) 1   (B) 2   (C) 3   (D) 4

解析 选(B).

当 $x\to0$ 时,$(1-\cos x)\ln(1+x^2)\sim\dfrac{1}{2}x^4$,$x\sin x^n\sim x^{n+1}$,$e^{x^2}-1\sim x^2$,则 $4>n+1>2$,故 $n=2$.

5. 常见的等价无穷小

当 $x\to0$ 时,有公式:

$\sin x\sim x$,$\arcsin x\sim x$,$\tan x\sim x$,$\arctan x\sim x$,$\ln(1+x)\sim x$,$e^x-1\sim x$,

$1-\cos x\sim\dfrac{1}{2}x^2$,$1-\cos^n x\sim\dfrac{n}{2}x^2$,$(1+x)^\alpha-1\sim\alpha x$,$a^x-1\sim x\ln a$.

名师助记 以上等价公式均需在极限的乘除运算下进行等价代换,另外,等价公式中的 $x\to0$ 经常以 $\Delta\to0$ 的方式考察,需灵活掌握.

例 1.16 已知 $x\to0$ 时,$\tan(x^2+2x)\sim ax$,求常数 a.

解析 由 $\tan(x^2+2x)\sim ax$,可知 $\lim\limits_{x\to0}\dfrac{\tan(x^2+2x)}{ax}=\lim\limits_{x\to0}\dfrac{x^2+2x}{ax}=\dfrac{2}{a}=1$,故 $a=2$.

名师助记 由等价无穷小的定义可知 $\lim\limits_{x\to0}\dfrac{\tan(x^2+2x)}{ax}=1$,再由 $\tan\Delta\sim\Delta$ 求出常数 a.

例 1.17 已知当 $x\to0$ 时,$(1+ax^2)^{\frac{1}{3}}-1$ 与 $\cos x-1$ 是等价无穷小,求常数 $a=$ _____.

解析 由 $x\to0$ 时,$(1+ax^2)^{\frac{1}{3}}-1$ 与 $\cos x-1$ 是等价无穷小,可知

$$\lim_{x\to0}\frac{(1+ax^2)^{\frac{1}{3}}-1}{\cos x-1}=\lim_{x\to0}\frac{\frac{1}{3}ax^2}{-\frac{1}{2}x^2}=-\frac{2}{3}a=1,$$

故 $a=-\dfrac{3}{2}$.

例 1.18 当 $x\to0$ 时,下列四个无穷小中,阶数最高的是( ).

(A) x^2 (B) $1-\cos x$ (C) $\sqrt{1-x^2}-1$ (D) $x-\sin x$

解析 选(D).

当 $x\to0$ 时,$1-\cos x\sim\dfrac{1}{2}x^2$,$\sqrt{1-x^2}-1\sim-\dfrac{1}{2}x^2$,$x-\sin x\sim\dfrac{1}{6}x^3$,故选(D).

例 1.19 当 $x\to0^+$ 时,以下与 $\sqrt{x}$ 等价的无穷小是( ).

(A) $1-e^{\sqrt{x}}$　　　　(B) $\ln\dfrac{1+x}{1-\sqrt{x}}$　　　　(C) $\sqrt{1+\sqrt{x}}-1$　　(D) $1-\cos\sqrt{x}$

解析　选(B).

当 $x\to 0^{+}$ 时，$1-e^{\sqrt{x}}\sim -\sqrt{x}$，$\sqrt{1+\sqrt{x}}-1\sim\dfrac{1}{2}\sqrt{x}$，$1-\cos\sqrt{x}\sim\dfrac{1}{2}x$，故

(A)(C)(D)不正确. 对于选项(B)，$\ln(1+x)\sim x$，$-\ln(1-\sqrt{x})\sim\sqrt{x}$，则有

$$\ln\frac{1+x}{1-\sqrt{x}}=\ln(1+x)-\ln(1-\sqrt{x})\sim\sqrt{x}.$$

考点四　带有皮亚诺余项的泰勒公式

常用的泰勒展开式：

① $\sin x=x-\dfrac{1}{6}x^{3}+o(x^{3})$；

② $\arcsin x=x+\dfrac{1}{6}x^{3}+o(x^{3})$；

③ $\tan x=x+\dfrac{1}{3}x^{3}+o(x^{3})$；

④ $\arctan x=x-\dfrac{1}{3}x^{3}+o(x^{3})$；

⑤ $e^{x}=1+x+\dfrac{x^{2}}{2}+\dfrac{x^{3}}{6}+o(x^{3})$；

⑥ $\cos x=1-\dfrac{1}{2!}x^{2}+\dfrac{1}{4!}x^{4}+o(x^{4})$；

⑦ $\ln(1+x)=x-\dfrac{x^{2}}{2}+\dfrac{x^{3}}{3}+o(x^{3})$；

⑧ $(1+x)^{\alpha}=1+\alpha x+\dfrac{\alpha(\alpha-1)x^{2}}{2}+o(x^{2})$.

例 1.20　当 $x\to 0$ 时，

(1) $x-\sin x\sim$ _____；　　　　(2) $x-\arcsin x\sim$ _____；

(3) $x-\tan x\sim$ _____；　　　　(4) $x-\arctan x\sim$ _____；

(5) $x-\ln(1+x)\sim$ _____.

解析　根据泰勒展开式，$x-\sin x\sim\dfrac{1}{6}x^{3}$；$x-\arcsin x\sim -\dfrac{1}{6}x^{3}$；

$x-\tan x\sim -\dfrac{1}{3}x^{3}$；$x-\arctan x\sim\dfrac{1}{3}x^{3}$；$x-\ln(1+x)\sim\dfrac{1}{2}x^{2}$.

例 1.21　设 $\lim\limits_{x\to 0}\dfrac{\ln(1+x)-(ax+bx^{2})}{x^{2}}=2$，则(　　　).

(A) $a=1$，$b=-\dfrac{5}{2}$ (B) $a=0$，$b=-2$

(C) $a=0$，$b=-\dfrac{5}{2}$ (D) $a=1$，$b=-2$

解析 应选(A).

由泰勒公式可知，$\ln(1+x)=x-\dfrac{x^2}{2}+o(x^2)$.

又 $$\lim_{x\to 0}\frac{\ln(1+x)-ax-bx^2}{x^2}=\lim_{x\to 0}\frac{x-\dfrac{x^2}{2}-ax-bx^2+o(x^2)}{x^2}=2,$$

则 $$a=1,\quad b=-\frac{5}{2}.$$

名师助记 直接在分子中减一个 x，加一个 x，凑出 $\ln(1+x)-x$，然后利用极限拆分原则处理也是一种极限计算的构造方法.

例 1.22 当 $x\to 0$ 时，$e^x-(ax^2+bx+1)$ 是比 x^2 高阶的无穷小，则(   ).

(A) $a=\dfrac{1}{2}$，$b=1$ (B) $a=1$，$b=1$

(C) $a=-\dfrac{1}{2}$，$b=-1$ (D) $a=-1$，$b=1$

解析 应选(A).

由泰勒公式可知 $$e^x=1+x+\frac{x^2}{2!}+o(x^2).$$

由题设可知 $$\lim_{x\to 0}\frac{e^x-(ax^2+bx+1)}{x^2}=0,$$

即 $$\lim_{x\to 0}\frac{\left(\dfrac{1}{2}-a\right)x^2+(1-b)x+o(x^2)}{x^2}=0.$$

则 $a=\dfrac{1}{2}$，$b=1$.

例 1.23 当 $x\to 0$ 时，$3x-4\sin x+\sin x\cos x$ 是 x 的几阶无穷小？

解析 $$\sin x=x-\frac{1}{3!}x^3+\frac{1}{5!}x^5+o(x^5),$$

$$\sin x\cos x=\frac{1}{2}\sin 2x=\frac{1}{2}\left[2x-\frac{1}{3!}(2x)^3+\frac{1}{5!}(2x)^5+o(x^5)\right],$$

故 $$3x-4\sin x+\sin x\cos x=\frac{x^5}{10}+o(x^5)\,(x\to 0).$$

因而 $$\lim_{x\to 0}\frac{3x-4\sin x+\sin x\cos x}{x^5}=\frac{1}{10},$$

即当 $x\to 0$ 时，$3x-4\sin x+\sin x\cos x$ 是 x 的 5 阶无穷小.

考点五　洛必达法则

1. 法则一

（1）当 $x \to a$ 时，函数 $f(x)$ 与 $F(x)$ 都趋于零；

（2）在点 a 的某去心邻域内 $f'(x)$ 及 $F'(x)$ 都存在，且 $F'(x) \neq 0$；

（3）$\lim\limits_{x \to a} \dfrac{f'(x)}{F'(x)}$ 存在（或为无穷大），

则 $\lim\limits_{x \to a} \dfrac{f(x)}{F(x)} = \lim\limits_{x \to a} \dfrac{f'(x)}{F'(x)}$.

2. 法则二

（1）当 $x \to \infty$ 时，函数 $f(x)$ 与 $F(x)$ 都趋于零；

（2）当 $|x| > N$ 时，$f'(x)$ 及 $F'(x)$ 都存在，且 $F'(x) \neq 0$；

（3）$\lim\limits_{x \to \infty} \dfrac{f'(x)}{F'(x)}$ 存在（或为无穷大），

则 $\lim\limits_{x \to \infty} \dfrac{f(x)}{F(x)} = \lim\limits_{x \to \infty} \dfrac{f'(x)}{F'(x)}$.

名师助记　洛必达法则中容易忽视条件（2）（3），只要看到 $\dfrac{0}{0}$，$\dfrac{\infty}{\infty}$ 型就不考虑其他条件直接使用洛必达法则，这是错误的，还需注意分子分母函数的可导性以及求导之后比值的存在性，才可使用洛必达法则进行计算.

例 1.24　求 $\lim\limits_{x \to 0} \dfrac{x^2 \sin \dfrac{1}{x} + 2x}{x}$.

解析　这是 $\dfrac{0}{0}$ 型，若直接使用洛必达法则，有

$$\lim\limits_{x \to 0} \dfrac{x^2 \sin \dfrac{1}{x} + 2x}{x} = \lim\limits_{x \to 0} \dfrac{2x \sin \dfrac{1}{x} - \cos \dfrac{1}{x} + 2}{1} = \lim\limits_{x \to 0} 2x \sin \dfrac{1}{x} - \cos \dfrac{1}{x} + 2 = 2 - \lim\limits_{x \to 0} \cos \dfrac{1}{x}$$

不存在，此时洛必达法则不适用.

实际上，$\lim\limits_{x \to 0} \dfrac{x^2 \sin \dfrac{1}{x} + 2x}{x} = \lim\limits_{x \to 0} x \sin \dfrac{1}{x} + 2 = 0 + 2 = 2$ 存在.

名师助记　这里 $\lim\limits_{x \to 0} \cos \dfrac{1}{x}$ 是介于 -1 与 1 之间的振荡函数，所以洛必达法则求导后的极限不存在，这不满足洛必达法则的条件（3），故洛必达法则在这里不能使用，这一点值得注意.

例 1.25　求 $\lim\limits_{x \to +\infty} \dfrac{\ln\left(1 + \dfrac{1}{x}\right)}{\operatorname{arccot} x}$.

解析　由洛必达法则知 $\lim\limits_{x \to +\infty} \dfrac{\ln\left(1+\dfrac{1}{x}\right)}{\operatorname{arccot} x} = \lim\limits_{x \to +\infty} \dfrac{\ln(1+x) - \ln x}{\operatorname{arccot} x} = \lim\limits_{x \to +\infty} \dfrac{1+x^2}{x(1+x)} = 1.$

例 1.26　求 $\lim\limits_{x \to 0} \dfrac{\sqrt{1+x} + \sqrt{1-x} - 2}{x^2}.$

解法一　原式 $\left(\dfrac{0}{0}\right) = \lim\limits_{x \to 0} \dfrac{1}{2x}\left(\dfrac{1}{2\sqrt{1+x}} - \dfrac{1}{2\sqrt{1-x}}\right) = \lim\limits_{x \to 0} \dfrac{\sqrt{1-x} - \sqrt{1+x}}{4(\sqrt{1+x})(\sqrt{1-x})x}$

$$= \lim_{x \to 0} \dfrac{\sqrt{1-x} - \sqrt{1+x}}{x} \cdot \lim_{x \to 0} \dfrac{1}{4\sqrt{1+x}\sqrt{1-x}}$$

$$= \dfrac{1}{4}\lim_{x \to 0} \dfrac{-2x}{x(\sqrt{1-x} + \sqrt{1+x})} = \dfrac{1}{4}\lim_{x \to 0} \dfrac{-2}{\sqrt{1-x} + \sqrt{1+x}} = -\dfrac{1}{4}.$$

解法二　利用泰勒公式. 由 $\sqrt{1+x} = 1 + \dfrac{1}{2}x + \dfrac{1}{2!} \cdot \dfrac{1}{2}\left(\dfrac{1}{2}-1\right)x^2 + o(x^2)$ 得到

$$\sqrt{1+x} = 1 + \dfrac{1}{2}x - \dfrac{1}{8}x^2 + o(x^2), \quad \sqrt{1-x} = 1 - \dfrac{1}{2}x - \dfrac{1}{8}x^2 + o(x^2),$$

$$原式 = \lim_{x \to 0} \dfrac{-x^2/4 + o(x^2)}{x^2} = -\dfrac{1}{4}.$$

名师助记　注意对于 $\dfrac{0}{0}$ 型未定式极限，如果分母为 x^p 项，则分子的函数常考虑泰勒公式展开计算，多数情况比使用洛必达法则计算更简单.

考点六　极限四则运算

若 $\lim f(x) = A$，$\lim g(x) = B$，则：

(1) $\lim[f(x) \pm g(x)] = \lim f(x) \pm \lim g(x) = A \pm B$；

(2) $\lim[f(x)g(x)] = \lim f(x) \cdot \lim g(x) = A \cdot B$；

(3) $\lim \dfrac{f(x)}{g(x)} = \dfrac{\lim f(x)}{\lim g(x)} = \dfrac{A}{B}$ $(B \neq 0)$.

🔊 **注**

四则运算定理的推广：

①（能拆则拆）若 $\lim f(x) = A$，则

$$\lim[f(x) \pm g(x)] = \lim f(x) \pm \lim g(x) = A \pm \lim g(x);$$

②（非零因子先提出）若 $\lim f(x) = A \neq 0$，则

$$\lim[f(x)g(x)] = \lim f(x) \cdot \lim g(x) = A \cdot \lim g(x).$$

名师助记 "能拆则拆"指的是在极限加减运算时,只要其中有一部分函数的极限存在,即可拆开分别求解极限;如果剩余部分极限存在,则整体一定存在;如果剩余部分极限不存在,则原整体极限一定不存在."非零因子先提出"注意是在极限有非零的乘除因子,此因子的极限值可先提到极限外,方便继续化简计算.

例 1.27 求 $\lim\limits_{x \to 0} \dfrac{3\sin x + x^2 \cos \dfrac{1}{x}}{(1 + \cos x)\ln(1 + x)}$.

解析 $\lim\limits_{x \to 0}(1 + \cos x) = 2 \neq 0$,于是

$$原式 = \frac{1}{2}\lim_{x \to 0} \frac{3\sin x + x^2 \cos \dfrac{1}{x}}{\ln(1 + x)} = \frac{1}{2}\lim_{x \to 0} \frac{3\sin x + x^2 \cos \dfrac{1}{x}}{x}$$

$$= \frac{1}{2}\left(\lim_{x \to 0} \frac{3\sin x}{x} + \lim_{x \to 0} x\cos \frac{1}{x}\right) = \frac{1}{2}(3 + 0) = \frac{3}{2}.$$

名师助记 上述计算过程请仔细体会"非零因子先提出"(第一步),"能拆则拆"(第三步)的运用.

例 1.28 证明:(1) 若 $\lim \dfrac{f(x)}{g(x)} = A$,且 $\lim g(x) = 0$,则 $\lim f(x) = 0$;

(2) 若 $\lim \dfrac{f(x)}{g(x)} = A \neq 0$,且 $\lim f(x) = 0$,则 $\lim g(x) = 0$.

证明 (1) 由于 $f(x) = \dfrac{f(x)}{g(x)} \cdot g(x)$,因此

$$\lim f(x) = \lim \frac{f(x)}{g(x)} \cdot g(x) = \lim \frac{f(x)}{g(x)} \cdot \lim g(x) = A \cdot 0 = 0.$$

(2) 由于 $g(x) = \dfrac{f(x)}{\dfrac{f(x)}{g(x)}}$,因此 $\lim g(x) = \lim \dfrac{f(x)}{\dfrac{f(x)}{g(x)}} = \dfrac{\lim f(x)}{\lim \dfrac{f(x)}{g(x)}} = \dfrac{0}{A} = 0.$

名师助记 以上结论非常重要,在有关求解参数的题目中可直接使用,如下例.

例 1.29 若 $\lim\limits_{x \to 0} \dfrac{\sin x}{\mathrm{e}^x - a}(\cos x - b) = 5$,则 $a = $ _____,$b = $ _____.

解析 因为 $\lim\limits_{x \to 0} \dfrac{\sin x}{\mathrm{e}^x - a}(\cos x - b) = 5 \neq 0$,且 $\lim\limits_{x \to 0} \sin x \cdot (\cos x - b) = 0$,

所以 $\lim\limits_{x \to 0}(\mathrm{e}^x - a) = 0$,由 $\lim\limits_{x \to 0}(\mathrm{e}^x - a) = \lim\limits_{x \to 0} \mathrm{e}^x - \lim\limits_{x \to 0} a = 1 - a = 0$ 得 $a = 1$.

代回原式为 $\lim\limits_{x \to 0} \dfrac{\sin x}{\mathrm{e}^x - 1}(\cos x - b) = \lim\limits_{x \to 0} \dfrac{x}{x}(\cos x - b) = 1 - b = 5$,得 $b = -4$.

因此,$a = 1$,$b = -4$.

名师助记 本题属于已知极限求参数的反问题,需灵活掌握上面例题的结论.

例 1.30 已知 $\lim\limits_{x \to 0} \dfrac{\sin 6x + x f(x)}{x^3} = 0$,则 $\lim\limits_{x \to 0} \dfrac{6 + f(x)}{x^2} = ($).

(A) 0　　　　　　　　(B) 6　　　　　　　(C) 36　　　　　　　(D) ∞

解析　选(C).

因 $\lim\limits_{x \to 0} \dfrac{\sin 6x + x f(x)}{x^3} = 0$，故 $\dfrac{\sin 6x + x f(x)}{x^3} = 0 + \alpha$，其中，当 $x \to 0$ 时，$\alpha \to 0$，

即
$$f(x) = \frac{\alpha x^3 - \sin 6x}{x},$$

则
$$
\begin{aligned}
\lim_{x \to 0} \frac{6 + f(x)}{x^2} &= \lim_{x \to 0} \frac{6 + \dfrac{\alpha x^3 - \sin 6x}{x}}{x^2} \\
&= \lim_{x \to 0} \frac{6x + \alpha x^3 - \sin 6x}{x^3} \\
&= \lim_{x \to 0} \frac{6x - \sin 6x}{x^3} + \lim_{x \to 0} \alpha \\
&= \lim_{x \to 0} \frac{6 - 6\cos 6x}{3x^2} \\
&= 2\lim_{x \to 0} \frac{1 - \cos 6x}{x^2} \\
&= 2\lim_{x \to 0} \frac{\dfrac{1}{2}(6x)^2}{x^2} = 36.
\end{aligned}
$$

考点七　七种未定式的极限计算

我们用"0"表示无穷小，"∞"表示无穷大，"1"表示极限为 1 的变量，七种未定式极限可表示为 $\dfrac{0}{0}$，$\dfrac{\infty}{\infty}$，$0 \cdot \infty$，$\infty - \infty$，1^∞，0^0，∞^0. 在函数极限的七种未定式中，最基本的两种类型是 $\dfrac{0}{0}$ 型与 $\dfrac{\infty}{\infty}$ 型，也就是说所有类型的未定式极限最终均可化为以上两种基本类型来进行求解. 在求极限过程中，先判断极限类型，进行适当化简，根据不同类型极限使用对应方法去解决. 以下分别介绍七种未定式极限的计算方法.

1. $\dfrac{0}{0}$ 型与 $\dfrac{\infty}{\infty}$ 型未定式

(1) $\dfrac{0}{0}$ 型未定式的极限

常用方法有等价无穷小、洛必达法则、泰勒展开、导数定义以及中值定理.

注

① 等价无穷小易错总结如下.

A. 加减法使用注意点：

若 $\lim\limits_{x \to x_0} f(x) = \lim\limits_{x \to x_0} g(x) = 0$，且 $\lim\limits_{x \to x_0} \dfrac{f(x)}{g(x)} = 1$，那么遇到 $f(x) \pm g(x)$ 时不可使用

等价无穷小. 特别地，若遇到 $\lim\limits_{x \to x_0} \dfrac{e^{g(x)}}{e^{f(x)}}$，应把该极限看成加减法 $\lim\limits_{x \to x_0} e^{g(x)-f(x)}$ 而非乘

除法.

B. 复合函数使用等价注意点：

结论 1 当 $x \to x_0$ 时，$f(x)$ 与 $g(x)$ 为等价无穷小，$\lim\limits_{x \to x_0} F(x)$ 中 $F(x)$ 在 $x = x_0$

处可导且 $F'(x_0) \neq 0$，则有 $F(f(x)) \sim F(g(x))$.

结论 2 当 $x \to x_0$ 时，$f(x)$ 与 $g(x)$ 为等价无穷小，则有 $\lim\limits_{x \to x_0} \dfrac{\ln f(x)}{\ln g(x)} = 1$.

② 洛必达法则的注意事项：

A. 如果使用洛必达法则之后极限不存在且不为无穷大，则不能推出原极限不存在，只能说明洛必达方法失效.

B. 时刻检查未定式形式是否满足 $\dfrac{0}{0}$ 型或者 $\dfrac{\infty}{\infty}$ 型.

C. 检查分子分母两个函数是否满足可导性，以及求导之后导数的比值存在性，才可考虑使用洛必达法则.

以上洛必达法则易错例题和具体说明在考点五中已经做出详细说明.

③ 泰勒展开原则.

A. 加减不为零原则：加减的函数泰勒展开到不可抵消的最低次幂.

B. 上下同阶原则：若分子阶数已知，则以此为参考将分母函数展开到与分子阶数一致；若分母阶数已知，则分子展开到和分母阶数一样即可.

④ 导数定义与中值定理求极限的方法，在本章中暂时不做练习，读者可在后面章节中学习相关运算.

(2) $\dfrac{\infty}{\infty}$ 型未定式的极限

常用方法有洛必达法则以及无穷大抓大头方法.

注

无穷大的速度比较总结如下：

① $x \to +\infty$ 时：$\ln^\alpha x\,(\alpha > 0) \ll x^\beta\,(\beta > 0) \ll a^x \ll x^x$；

② $n \to \infty$ 时：$\ln^\alpha n\,(\alpha > 0) \ll n^\beta\,(\beta > 0) \ll a^n\,(a > 1) \ll n! \ll n^n$.

例 1.31 计算:(1) $\lim\limits_{x\to 0}\dfrac{\sin(x^n)}{(\sin x)^m}$ (m,n 为正整数);

(2) $\lim\limits_{x\to 0}\dfrac{\sin x-\tan x}{(\sqrt[3]{1+x^2}-1)(\sqrt{1+\sin x}-1)}$.

解析 (1) 由等价公式可得 $\lim\limits_{x\to 0}\dfrac{\sin(x^n)}{(\sin x)^m}=\lim\limits_{x\to 0}\dfrac{x^n}{x^m}=\lim\limits_{x\to 0}x^{n-m}=\begin{cases}0, & m<n,\\ 1, & m=n,\\ \infty, & m>n.\end{cases}$

(2) $\lim\limits_{x\to 0}\dfrac{\sin x-\tan x}{(\sqrt[3]{1+x^2}-1)(\sqrt{1+\sin x}-1)}$

$=\lim\limits_{x\to 0}\dfrac{\tan x(\cos x-1)}{\dfrac{1}{3}x^2\cdot\dfrac{1}{2}\sin x}=2\lim\limits_{x\to 0}\dfrac{-\dfrac{1}{2}x^2}{\dfrac{x^2}{3}}=-3.$

例 1.32 求 $\lim\limits_{x\to 0}\dfrac{x-\sin x}{x^2(\mathrm{e}^x-1)}$.

解析 当 $x\to 0$ 时,$\mathrm{e}^x-1\sim x$,$x-\sin x\sim\dfrac{1}{6}x^3$,故原式 $=\lim\limits_{x\to 0}\dfrac{\dfrac{1}{6}x^3}{x^3}=\dfrac{1}{6}$.

例 1.33 求 $\lim\limits_{x\to 0^+}\dfrac{1-\sqrt{\cos x}}{x(1-\cos\sqrt{x})}$.

解析 原式 $=\lim\limits_{x\to 0^+}\dfrac{1-\cos x}{x(1-\cos\sqrt{x})(1+\sqrt{\cos x})}=\lim\limits_{x\to 0^+}\dfrac{\dfrac{1}{2}x^2}{x\cdot\dfrac{1}{2}x\cdot(1+\sqrt{\cos x})}=\dfrac{1}{2}$.

例 1.34 求 $\lim\limits_{x\to 0}\dfrac{\sqrt{1+\tan x}-\sqrt{1+\sin x}}{x^3}$.

解析 原式 $=\lim\limits_{x\to 0}\dfrac{\tan x-\sin x}{x^3}\cdot\dfrac{1}{\sqrt{1+\tan x}+\sqrt{1+\sin x}}=\dfrac{1}{2}\lim\limits_{x\to 0}\dfrac{\tan x-\sin x}{x^3}$

$=\dfrac{1}{2}\lim\limits_{x\to 0}\dfrac{\tan x(1-\cos x)}{x^3}=\dfrac{1}{2}\lim\limits_{x\to 0}\dfrac{x\cdot\dfrac{1}{2}x^2}{x^3}=\dfrac{1}{4}$.

名师助记 这里将极限内的项 $\dfrac{1}{\sqrt{1+\tan x}+\sqrt{1+\sin x}}\to\dfrac{1}{2}$ 视为非零因子先提出

去,后面计算便会更简单.另外,注意等价关系 $\tan x-\sin x=\tan x(1-\cos x)\sim\dfrac{1}{2}x^3$,也

可根据泰勒展开式进行等价化简.

例 1.35 (1) $\lim\limits_{x\to 0}\dfrac{\mathrm{e}^{\tan x}-\mathrm{e}^{\sin x}}{x^3}=$ _____.

(2) $\lim\limits_{x \to 0} \dfrac{\ln\cos x}{x^2} = $ _____.

解析 (1) 原式 $= \lim\limits_{x \to 0} \dfrac{e^{\sin x}(e^{\tan x - \sin x} - 1)}{x^3} = \lim\limits_{x \to 0} \dfrac{e^{\tan x - \sin x} - 1}{x^3}$

$$= \lim\limits_{x \to 0} \dfrac{\tan x - \sin x}{x^3} = \lim\limits_{x \to 0} \dfrac{\frac{1}{2}x^3}{x^3} = \frac{1}{2}.$$

(2) 原式 $= \lim\limits_{x \to 0} \dfrac{\ln(1 + \cos x - 1)}{x^2} = \lim\limits_{x \to 0} \dfrac{\cos x - 1}{x^2} = \lim\limits_{x \to 0} \dfrac{-\frac{1}{2}x^2}{x^2} = -\dfrac{1}{2}.$

名师助记 求解极限中的两大技巧,需要熟记:

① 对于"$\ln f(x)$",往往采用 $\ln f(x) = \ln[1 + f(x) - 1]$ 变形,有技巧:

$$\ln f(x) \sim f(x) - 1.$$

② 对于"$e^{f(x)} - e^{g(x)}$",往往采用提公因子 $e^{g(x)}$ 的方式处理,即 $e^{f(x)} - e^{g(x)} = e^{g(x)}\big[e^{f(x) - g(x)} - 1\big]$,有技巧:

$$e^{f(x)} - e^{g(x)} \sim e^{g(x)}(f(x) - g(x)).$$

例 1.36 计算 $\lim\limits_{x \to 0} \dfrac{\dfrac{x^2}{2} + 1 - \sqrt{1 + x^2}}{(\cos x - e^{x^2})\sin x^2}$.

解析 分子中有 $\dfrac{x^2}{2}$ 项,故先将 $\sqrt{1 + x^2}$ 展开到出现比 x^2 更高次幂的一项:

$$\sqrt{1 + x^2} = 1 + \frac{1}{2}x^2 + \frac{1}{2!} \cdot \frac{1}{2}\left(\frac{1}{2} - 1\right)x^4 + o(x^4),$$

从而整个分子为 $\dfrac{x^2}{2} + 1 - \sqrt{1 + x^2} = \dfrac{x^4}{8} + o(x^4),$

对于分母,因 $\sin x^2 \sim x^2 (x \to 0)$,这样只需把 $\cos x - e^{x^2}$ 展开到出现 x^2 项就可以.

$\cos x = 1 - \dfrac{x^2}{2} + o(x^2)$,$e^{x^2} = 1 + x^2 + o(x^2)$,$\cos x - e^{x^2} = -\dfrac{3}{2}x^2 + o(x^2)$,从而

$(\cos x - e^{x^2})\sin x^2 \sim -\dfrac{3}{2}x^4 + o(x^4),$

故   原式 $= \lim\limits_{x \to 0} \dfrac{\dfrac{x^4}{8} + o(x^4)}{\dfrac{-3x^4}{2} + o(x^4)} = -\dfrac{1}{12}.$

例 1.37 求 $\lim\limits_{x \to 0} \dfrac{(1 - \cos x)[x - \ln(1 + \tan x)]}{\sin^4 x}$.

解法一 原式$=\lim\limits_{x\to0}\dfrac{\dfrac{x^2}{2}\left[x-\ln(1+\tan x)\right]}{x^4}=\lim\limits_{x\to0}\dfrac{x-\ln(1+\tan x)}{2x^2}$

$=\lim\limits_{x\to0}\dfrac{1-\dfrac{\sec^2 x}{1+\tan x}}{4x}=\lim\limits_{x\to0}\dfrac{1+\tan x-\sec^2 x}{4x(1+\tan x)}=\lim\limits_{x\to0}\dfrac{1+\tan x-\sec^2 x}{4x}$

$=\lim\limits_{x\to0}\dfrac{\sec^2 x-2\sec^2 x\tan x}{4}=\lim\limits_{x\to0}\dfrac{\sec^2 x(1-2\tan x)}{4}=\dfrac{1}{4}.$

解法二 原式$=\lim\limits_{x\to0}\dfrac{(1-\cos x)\left[x-\ln(1+\tan x)\right]}{x^4}=\lim\limits_{x\to0}\dfrac{x-\ln(1+\tan x)}{2x^2}$

$=\lim\limits_{x\to0}\dfrac{x-\tan x+\tan x-\ln(1+\tan x)}{2x^2}$

$=\lim\limits_{x\to0}\dfrac{x-\tan x}{2x^2}+\lim\limits_{x\to0}\dfrac{\tan x-\ln(1+\tan x)}{2x^2}$

$=0+\lim\limits_{x\to0}\dfrac{\dfrac{1}{2}\tan^2 x}{2x^2}=\dfrac{1}{4}.$

名师助记 等价公式 $\ln(1+x)\sim x$，$\tan x\sim x$ 均只可在乘除因式中做代换，故此题分子中的 $\ln(1+\tan x)$ 项不可直接等价为 $\tan x$，也不可将其等价为 $\ln(1+x)$，像遇到分子含 $\sin x$，$\arcsin x$，$\tan x$，$\arctan x$，分母对应为 x^3，或者分子含 $\ln(1+x)$，分母对应是 x^2 时，可采用解法二中的加减项拆开的方法凑差函数的等价形式进行求解.

例 1.38 求 $\lim\limits_{x\to+\infty}\dfrac{\left(1+\dfrac{1}{x}\right)^{x^2}}{\mathrm{e}^x}.$

解析 $\lim\limits_{x\to+\infty}\dfrac{\left(1+\dfrac{1}{x}\right)^{x^2}}{\mathrm{e}^x}=\lim\limits_{x\to+\infty}\dfrac{\mathrm{e}^{x^2\ln\left(1+\frac{1}{x}\right)}}{\mathrm{e}^x}=\lim\limits_{x\to+\infty}\mathrm{e}^{x^2\ln\left(1+\frac{1}{x}\right)-x}=\mathrm{e}^{\lim\limits_{x\to+\infty}\left[x^2\ln\left(1+\frac{1}{x}\right)-x\right]}.$

因为

$$\lim\limits_{x\to+\infty}\left[x^2\ln\left(1+\dfrac{1}{x}\right)-x\right]=\lim\limits_{x\to+\infty}\dfrac{\ln\left(1+\dfrac{1}{x}\right)-\dfrac{1}{x}}{\dfrac{1}{x^2}}=\lim\limits_{t\to0^+}\dfrac{\ln(1+t)-t}{t^2}$$

$$=\lim\limits_{t\to0^+}\dfrac{\dfrac{1}{1+t}-1}{2t}=-\dfrac{1}{2},$$

所以

$$\lim\limits_{x\to+\infty}\dfrac{\left(1+\dfrac{1}{x}\right)^{x^2}}{\mathrm{e}^x}=\mathrm{e}^{-\frac{1}{2}}.$$

例 1.39 计算：(1) $\lim\limits_{x \to \infty} \dfrac{x^2-1}{2x^2-x-1}$；(2) $\lim\limits_{x \to \infty} \dfrac{x^2+x}{x^4-3x^2+1}$.

解析 (1) $\lim\limits_{x \to \infty} \dfrac{x^2-1}{2x^2-x-1} = \lim\limits_{x \to \infty} \dfrac{1-\dfrac{1}{x^2}}{2-\dfrac{1}{x}-\dfrac{1}{x^2}} = \dfrac{1}{2}$；

(2) $\lim\limits_{x \to \infty} \dfrac{x^2+x}{x^4-3x^2+1} = \lim\limits_{x \to \infty} \dfrac{\dfrac{1}{x^2}+\dfrac{1}{x^3}}{1-\dfrac{3}{x^2}+\dfrac{1}{x^4}} = 0$.

例 1.40 求 $\lim\limits_{x \to -\infty} \dfrac{\sqrt{4x^2+x-1}+x+1}{\sqrt{x^2+\sin x}}$.

解析 作负代换 $t=-x$，$t \to +\infty$，则

$$\lim_{x \to -\infty} \frac{\sqrt{4x^2+x-1}+x+1}{\sqrt{x^2+\sin x}} = \lim_{t \to +\infty} \frac{\sqrt{4t^2-t-1}-t+1}{\sqrt{t^2-\sin t}}$$

$$= \lim_{t \to +\infty} \frac{\sqrt{4-\dfrac{1}{t}-\dfrac{1}{t^2}}-1+\dfrac{1}{t}}{\sqrt{1-\dfrac{\sin t}{t^2}}} = 1.$$

名师助记 题目中是 $x \to -\infty$ 且含有偶次方根符号，此时作一个负代换转化为正的去处理会更加方便.

2. $\infty-\infty$ 型未定式

对于 $\infty-\infty$ 型极限问题，常用方法有通分(若含分式相加减)、有理化(若含有根式相加减)、倒代换(若 $x \to \infty$)、提最高次幂. 关键在于"有分母时则通分，无分母时倒代换 $\left(\text{令 } x \to \dfrac{1}{t}\right)$". 通过通分、有理化和倒代换可将极限转化为 $\dfrac{0}{0}$ 型或者 $\dfrac{\infty}{\infty}$ 型，也可以提最高次幂转化为 $0 \cdot \infty$ 型，进一步再转化为 $\dfrac{0}{0}$ 型或者 $\dfrac{\infty}{\infty}$ 型，从而按照上述方法进行求解.

例 1.41 求 $\lim\limits_{x \to 0}\left(\dfrac{1}{\sin^2 x}-\dfrac{\cos^2 x}{x^2}\right)$.

解析 $\lim\limits_{x \to 0}\left(\dfrac{1}{\sin^2 x}-\dfrac{\cos^2 x}{x^2}\right) = \lim\limits_{x \to 0} \dfrac{x^2-\sin^2 x \cos^2 x}{x^2 \sin^2 x} = \lim\limits_{x \to 0} \dfrac{x^2-\dfrac{1}{4}\sin^2 2x}{x^4}$

$$= \lim_{x \to 0} \frac{x-\dfrac{1}{4}\sin 4x}{2x^3} = \lim_{x \to 0} \frac{1-\cos 4x}{6x^2} = \lim_{x \to 0} \frac{\sin 4x}{3x} = \frac{4}{3}.$$

例 1.42 求 $\lim\limits_{x \to \infty}\left[x-x^2\ln\left(1+\dfrac{1}{x}\right)\right]$.

解析 令 $\dfrac{1}{x}=t$，则

$$原式=\lim_{t\to 0}\left[\dfrac{1}{t}-\dfrac{\ln(1+t)}{t^2}\right]=\lim_{t\to 0}\dfrac{t-\ln(1+t)}{t^2}=\lim_{t\to 0}\dfrac{1-\dfrac{1}{1+t}}{2t}=\lim_{t\to 0}\dfrac{1+t-1}{2t(1+t)}=\dfrac{1}{2}.$$

名师助记 对于 $x\to\infty$ 且带 $\dfrac{1}{x}$ 的极限，往往可采用倒代换 $\dfrac{1}{x}=t$ 求解. 本题经典错误是对 $\ln\left(1+\dfrac{1}{x}\right)$ 使用等价无穷小代换，即 $原式=\lim_{x\to\infty}\left(x-x^2\cdot\dfrac{1}{x}\right)=0$，这里 $\ln\left(1+\dfrac{1}{x}\right)$ 只是局部的一项，不是整体的因子项.

例 1.43 求 $\lim_{x\to 0}\left[\dfrac{a}{x}-\left(\dfrac{1}{x^2}-a^2\right)\ln(1+ax)\right]$，其中 $a\neq 0$.

解析
$$原式=\lim_{x\to 0}\left[\dfrac{a}{x}-\dfrac{\ln(1+ax)}{x^2}+a^2\ln(1+ax)\right]$$
$$=\lim_{x\to 0}\dfrac{ax-\ln(1+ax)}{x^2}+\lim_{x\to 0}a^2\ln(1+ax)$$
$$=\lim_{x\to 0}\dfrac{ax-\ln(1+ax)}{x^2}+\lim_{x\to 0}(a^2\cdot ax)=\lim_{x\to 0}\dfrac{ax-\ln(1+ax)}{x^2}.$$

因 $x\to 0$ 时，有 $ax\to 0$，且 $ax-\ln(1+ax)\sim\dfrac{1}{2}(ax)^2$，故 $原式=\lim_{x\to 0}\dfrac{\dfrac{1}{2}(ax)^2}{x^2}=\dfrac{a^2}{2}.$

3. $0\cdot\infty$ 型未定式

求 $0\cdot\infty$ 型未定式的极限需先将 $0\cdot\infty$ 型未定式中简单因子项除作分母，化为 $\dfrac{\infty}{\infty}$ 型或 $\dfrac{0}{0}$ 型未定式，然后根据函数特点求极限，方法与求 $\dfrac{0}{0}$ 型或 $\dfrac{\infty}{\infty}$ 型未定式极限的方法基本相同.

例 1.44 $\lim_{x\to 0^+}x\ln x=\underline{\qquad}.$

解析 $\lim_{x\to 0^+}x\ln x=\lim_{x\to 0^+}\dfrac{\ln x}{\dfrac{1}{x}}\overset{"\frac{\infty}{\infty}"}{=\!=\!=}\lim_{x\to 0^+}\dfrac{\dfrac{1}{x}}{-\dfrac{1}{x^2}}=\lim_{x\to 0^+}(-x)=0.$

名师助记 一般而言，对于 $0\cdot\infty$ 型的极限，对数函数、反三角函数应保留作分子，即将更简单的函数除到分母中去. 另外，本题的结果应当记住，多次考到，更一般地有 $\lim_{x\to 0^+}x^a\ln x=0\ (a>0).$

例 1.45 求 $\lim_{x\to +\infty}x^2\left[\arctan(x+1)-\arctan x\right].$

解析 $原式=\lim_{x\to +\infty}\dfrac{\arctan(x+1)-\arctan x}{\dfrac{1}{x^2}}=\lim_{x\to +\infty}\dfrac{\dfrac{1}{1+(x+1)^2}-\dfrac{1}{1+x^2}}{\dfrac{-2}{x^3}}$

$$=\lim_{x\to+\infty}\frac{x^3[x^2-(x+1)^2]}{-2[1+(x+1)^2](1+x^2)}=\lim_{x\to+\infty}\frac{-x^3(2x+1)}{-2[1+(x+1)^2](1+x^2)}=1.$$

名师助记 最后一步采用了"抓大头"的思想,即当 $x\to+\infty$ 时, $x^4\geqslant x^3$,只考虑 x^4 的系数之比即可.

4. 1^∞, 0^0, ∞^0 型未定式

此类未定式均由幂指函数 $u(x)^{v(x)}$ 构成.其一般形式为 $\lim\limits_{x\to\square}u(x)^{v(x)}$,利用换底方法,将其恒等变形为

$$\lim_{x\to\square}u(x)^{v(x)}=\lim_{x\to\square}e^{\ln u(x)^{v(x)}}=\lim_{x\to\square}e^{v(x)\ln u(x)}=e^{\lim\limits_{x\to\square}v(x)\ln u(x)}.$$

注

常用的极限结论:① $\lim\limits_{x\to0^+}x^x=1$;② $\lim\limits_{x\to0}(1+x)^{\frac{1}{x}}=e$;③ $\lim\limits_{x\to0}\dfrac{\sin x}{x}=1$;④ $\lim\limits_{x\to+\infty}x^{\frac{1}{x}}=$

$\lim\limits_{n\to\infty}\sqrt[n]{n}=1$;⑤ $\lim\limits_{x\to0^+}x\ln^p x=0$(p 为大于零的常数);⑥ $\lim\limits_{x\to+\infty}\dfrac{\ln^p x}{x}=0$ (p 为大于零的常数).

名师助记 对于 1^∞ 型未定式中 $\lim\limits_{x\to x_0}f(x)^{g(x)}$ 的求解方法如下:

① 使用恒等变形, $\lim\limits_{x\to x_0}f(x)^{g(x)}=\lim\limits_{x\to x_0}e^{g(x)\ln f(x)}$.

② 使用等价代换, $\lim\limits_{x\to x_0}\ln f(x)=f(x)-1$.

③ 原极限 $=e^{\lim\limits_{x\to x_0}g(x)(f(x)-1)}$.

同学们可以直接记住该结论而不需要再写出具体的推导过程.

例 1.46 $\lim\limits_{x\to\frac{\pi}{4}}(\tan x)^{\frac{1}{\cos x-\sin x}}=$_____.

解析 这是 1^∞ 型,直接有

$$\lim_{x\to\frac{\pi}{4}}(\tan x)^{\frac{1}{\cos x-\sin x}}=e^{\lim\limits_{x\to\frac{\pi}{4}}\frac{\ln(\tan x)}{\cos x-\sin x}}=e^{\lim\limits_{x\to\frac{\pi}{4}}\frac{\tan x-1}{\cos x-\sin x}}=e^{\lim\limits_{x\to\frac{\pi}{4}}\frac{\sin x-\cos x}{\cos x(\cos x-\sin x)}}=e^{\lim\limits_{x\to\frac{\pi}{4}}\frac{-1}{\cos x}}=e^{\sqrt{2}}.$$

例 1.47 求 $\lim\limits_{x\to\infty}\left(\sin\dfrac{1}{x}+\cos\dfrac{1}{x}\right)^x$.

解析 这是 1^∞ 型,直接有 $\lim\limits_{x\to\infty}\left(\sin\dfrac{1}{x}+\cos\dfrac{1}{x}\right)^x=e^{\lim\limits_{x\to\infty}x\cdot\left(\sin\frac{1}{x}+\cos\frac{1}{x}-1\right)}=e^A$,而

$$A=\lim_{x\to\infty}x\cdot\left(\sin\frac{1}{x}+\cos\frac{1}{x}-1\right)=\lim_{t\to0}\frac{\sin t+\cos t-1}{t}$$

$$=\lim_{t\to0}\frac{\sin t}{t}+\lim_{t\to0}\frac{\cos t-1}{t}=1.$$

故原式＝e.

名师助记 在 $x \to \infty$（或 $+\infty$，$-\infty$）且含有" $\dfrac{1}{x}$ "时，考虑作倒代换 $t = \dfrac{1}{x} \to 0$（或 0^+，0^-），求解往往更加简单.

例 1.48 求 $\lim\limits_{x \to 0} \left(\dfrac{a_1^x + a_2^x + \cdots + a_n^x}{n} \right)^{\frac{1}{x}}$，$a_1$，$a_2$，$\cdots$，$a_n$ 均为正数，n 是正整数.

解析 令 $I = \mathrm{e}^A$，式中

$$A = \lim_{x \to 0} \frac{1}{x} \left(\frac{a_1^x + a_2^x + \cdots + a_n^x}{n} - 1 \right) = \lim_{x \to 0} \frac{a_1^x + a_2^x + \cdots + a_n^x - n}{nx}$$

$$\overset{\text{"}\frac{0}{0}\text{"}}{=} \lim_{x \to 0} \frac{a_1^x \ln a_1 + a_2^x \ln a_2 + \cdots + a_n^x \ln a_n}{n}$$

$$= \frac{\ln a_1 + \ln a_2 + \cdots + \ln a_n}{n} = \ln (a_1 a_2 \cdots a_n)^{\frac{1}{n}},$$

故 $I = \mathrm{e}^{\ln (a_1 a_2 \cdots a_n)^{\frac{1}{n}}} = (a_1 a_2 \cdots a_n)^{\frac{1}{n}} = \sqrt[n]{a_1 a_2 \cdots a_n}.$

名师助记 当 a，b，$c > 0$ 时，$\lim\limits_{x \to 0} \left(\dfrac{a^x + b^x + c^x}{3} \right)^{\frac{1}{x}} = \sqrt[3]{abc}$ 为本题的特例之一.

考点八　左右分解求极限

注意到当 $x \to 0^-$ 与 $x \to 0^+$ 时，含有函数 $\mathrm{e}^{\frac{1}{x}}$，$|x|$，$\arctan \dfrac{1}{x}$，$[x]$ 等，在零点的左右极限不相同，故应先求出左右极限. 另外，求分段函数的极限也一定要讨论其左右极限，然后再判断该极限是否存在.

例 1.49 当 $x \to 1$ 时，函数 $\dfrac{x^2 - 1}{x - 1} \mathrm{e}^{\frac{1}{x-1}}$ 的极限（　　　）.

(A) 等于 2 　　　　　　　　　　　(B) 等于 0

(C) 为 ∞ 　　　　　　　　　　　(D) 不存在但不为 ∞

解析 选（D）.

$x \to 1^-$，$x - 1 \to 0^-$，$\dfrac{1}{x-1} \to -\infty$，故 $\lim\limits_{x \to 1^-} \dfrac{x^2 - 1}{x - 1} \mathrm{e}^{\frac{1}{x-1}} = \lim\limits_{x \to 1^-} (x+1) \mathrm{e}^{\frac{1}{x-1}} = 0.$

$x \to 1^+$，$x - 1 \to 0^+$，$\dfrac{1}{x-1} \to +\infty$，故 $\lim\limits_{x \to 1^+} \dfrac{x^2 - 1}{x - 1} \mathrm{e}^{\frac{1}{x-1}} = \lim\limits_{x \to 1^+} (x+1) \mathrm{e}^{\frac{1}{x-1}} = +\infty.$

当 $x \to 1$ 时，函数 $\dfrac{x^2 - 1}{x - 1} \mathrm{e}^{\frac{1}{x-1}}$ 的极限不存在，但不为 ∞.

例 1.50 求 $\lim\limits_{x \to 1} \left(\dfrac{2 + \mathrm{e}^{\frac{1}{x-1}}}{1 + \mathrm{e}^{\frac{4}{x-1}}} + \dfrac{\sin(x-1)}{|x-1|} \right).$

解析 令所求极限的函数为 $f(x)$，则

$$\lim_{x \to 1^-} f(x) = \lim_{x \to 1^-} \left[\frac{2 + e^{\frac{1}{x-1}}}{1 + e^{\frac{4}{x-1}}} - \frac{\sin(x-1)}{x-1} \right] = \lim_{x \to 1^-} \frac{2 + e^{\frac{1}{x-1}}}{1 + e^{\frac{4}{x-1}}} - \lim_{x \to 1^-} \frac{\sin(x-1)}{x-1}. \qquad ①$$

因 $\lim\limits_{x \to 1^-} e^{\frac{1}{x-1}} = 0 = \lim\limits_{x \to 1^-} e^{\frac{4}{x-1}}$，故 $\lim\limits_{x \to 1^-} f(x) = 2 - 1 = 1$.

又因 $\lim\limits_{x \to 1^+} e^{\frac{1}{x-1}} = \infty = \lim\limits_{x \to 1^+} e^{\frac{4}{x-1}}$，将式①中左端第一个极限式的分子、分母同除以 $e^{\frac{4}{x-1}}$，由

$\lim\limits_{x \to 1^+} e^{-\frac{1}{x-1}} = 0$ 得到 $\lim\limits_{x \to 1^+} \frac{2 + e^{\frac{1}{x-1}}}{1 + e^{\frac{4}{x-1}}} = \lim\limits_{x \to 1^+} \frac{2e^{-\frac{4}{x-1}} + e^{-\frac{3}{x-1}}}{e^{-\frac{4}{x-1}} + 1} = \frac{0 + 0}{0 + 1} = 0$，故

$$\lim_{x \to 1^+} f(x) = \lim_{x \to 1^+} \left[\frac{2 + e^{\frac{1}{x-1}}}{1 + e^{\frac{4}{x-1}}} + \frac{\sin(x-1)}{x-1} \right] = \lim_{x \to 1^+} \frac{2e^{\frac{4}{x-1}} + e^{-\frac{3}{x-1}}}{e^{-\frac{4}{x-1}} + 1} + \lim_{x \to 1^+} \frac{\sin(x-1)}{x-1}$$

$$= 0 + 1 = 1.$$

由左右极限相同得到原式 $= 1$.

名师助记　注意到当 $x \to 1^+$ 与 $x \to 1^-$ 时，$e^{\frac{1}{x-1}}$ 的极限不一样，且带绝对值的函数极限也不一样，应先分别求左、右极限.

例 1.51　求 $\lim\limits_{x \to 0} \dfrac{x}{\sqrt{1 - \cos(ax)}} \ (0 < |a| < \pi)$.

解析　当 $a > 0$ 时，

$$\lim_{x \to 0^-} \frac{x}{\sqrt{2\sin^2(ax/2)}} = \lim_{x \to 0^-} \left[-\frac{x}{\sqrt{2}\sin(ax/2)} \right] = -\frac{\sqrt{2}}{a},$$

$$\lim_{x \to 0^+} \frac{x}{\sqrt{2\sin^2(ax/2)}} = \lim_{x \to 0^+} \frac{x}{\sqrt{2}\sin(ax/2)} = \frac{\sqrt{2}}{a}.$$

当 $a < 0$ 时，

$$\lim_{x \to 0^-} \frac{x}{\sqrt{2\sin^2(ax/2)}} = \lim_{x \to 0^-} \frac{x}{\sqrt{2}\sin(ax/2)} = \frac{\sqrt{2}}{a},$$

$$\lim_{x \to 0^+} \frac{x}{\sqrt{2\sin^2(ax/2)}} = \lim_{x \to 0^+} \frac{-x}{\sqrt{2}\sin(ax/2)} = -\frac{\sqrt{2}}{a}.$$

因左、右极限不等，故所求极限不存在.

例 1.52　求 $\lim\limits_{x \to \infty} \dfrac{\sqrt[3]{2x^3 + 3}}{\sqrt{3x^2 - 2}}$.

解析　因 x 的趋向为 ∞，需分 $x \to +\infty$ 及 $x \to -\infty$ 两种情况求其极限. 令所求极限的函数为 $f(x)$，则

$$\lim_{x \to -\infty} f(x) = \lim_{x \to -\infty} \frac{\sqrt[3]{2x^3 + 3}}{\sqrt{3x^2 - 2}} = \lim_{x \to -\infty} \frac{\sqrt[3]{x^3(2 + 3x^{-3})}}{\sqrt{x^2(3 - 2x^{-2})}} = \lim_{x \to -\infty} \frac{x \cdot \sqrt[3]{2 + 3x^{-3}}}{(-x) \cdot \sqrt{3 - 2x^{-2}}}$$

$$= \lim_{x \to -\infty} \frac{\sqrt[3]{2+3x^{-3}}}{-\sqrt{3-2x^{-2}}} = -\frac{\sqrt[3]{2}}{\sqrt{3}},$$

$$\lim_{x \to +\infty} f(x) = \lim_{x \to +\infty} \frac{\sqrt[3]{x^3(2+3x^{-3})}}{\sqrt{x^2(3-2x^{-2})}} = \lim_{x \to +\infty} \frac{x\sqrt[3]{2+3x^{-3}}}{x\sqrt{3-2x^{-2}}} = \frac{\sqrt[3]{2}}{\sqrt{3}}.$$

因 $\lim\limits_{x \to -\infty} f(x) \neq \lim\limits_{x \to +\infty} f(x)$,故所求极限不存在.

第三节　数列极限

考点九　数列极限的定义与性质

1. $\lim\limits_{n \to \infty} x_n = A$ 定义

任给 $\varepsilon > 0$,存在正整数 N,当 $n > N$ 时,就有 $|x_n - A| < \varepsilon$.

2. 性质

唯一性　数列不能收敛于两个不同的极限.

有界性　如果数列 $\{x_n\}$ 收敛,那么数列 $\{x_n\}$ 一定有界.

保号性　如果数列 $\{x_n\}$ 收敛于 A,且 $A > 0$(或 $A < 0$),那么存在正整数 N,当 $n > N$ 时,有 $x_n > 0$(或 $x_n < 0$).

例 1.53　下列关于数列 $\{x_n\}$ 极限是 a 的定义,哪些对?哪些错?说明理由.

(1) 对于任意给定的 $\varepsilon > 0$,存在 $N \in \mathbf{N}_+$,当 $n > N$ 时,有无穷多项 x_n,使不等式 $|x_n - a| < \varepsilon$ 成立;

(2) 对于任意给定的 $\varepsilon > 0$,存在 $N \in \mathbf{N}_+$,当 $n > N$ 时,不等式 $|x_n - a| < c\varepsilon$ 成立,其中 c 为某个正常数;

(3) 对于任意给定的 $m \in \mathbf{N}_+$,存在 $N \in \mathbf{N}_+$,当 $n > N$ 时,不等式 $|x_n - a| < \dfrac{1}{m}$ 成立.

解析　(1) $\lim\limits_{n \to \infty} x_n = a$ 说的是从第 N 项之后的所有项 x_n 都使不等式 $|x_n - a| < \dfrac{1}{m}$ 成立,但这里说有无穷多项 x_n,显然比所有项弱了很多,故该命题不成立.

(2) $\lim\limits_{n \to \infty} x_n = a$ 要求 x_n 与 a 可以任意无限接近,即 $|x_n - a| < \varepsilon$ 中的 ε 可以任意小,而这里的 $c\varepsilon$ 其实也可以任意小,故该命题成立.

(3) 与(2)中一致,这里 m 可以取任意正整数,故 $\dfrac{1}{m}$ 自然也可以任意小,该命题成立.

例 1.54　已知数列 $\{x_n\}$,则下列命题不正确的是(　　).

(A) 若 $\lim\limits_{n \to \infty} x_n = a$,则 $\lim\limits_{n \to \infty} x_{2n} = \lim\limits_{n \to \infty} x_{2n+1} = a$

(B) 若 $\lim\limits_{n \to \infty} x_{2n} = \lim\limits_{n \to \infty} x_{2n+1} = a$,则 $\lim\limits_{n \to \infty} x_n = a$

(C) 若 $\lim\limits_{n\to\infty} x_n = a$，则 $\lim\limits_{n\to\infty} x_{3n} = \lim\limits_{n\to\infty} x_{3n+1} = a$

(D) 若 $\lim\limits_{n\to\infty} x_{3n} = \lim\limits_{n\to\infty} x_{3n+1} = a$，则 $\lim\limits_{n\to\infty} x_n = a$

解析 选(D).

本题考查数列与其子数列极限的关系，(D)中对于子列 $\{x_{3n+2}\}$ 的变化规律并不清楚，即不确定 $\lim\limits_{n\to\infty} x_{3n+2}$ 是否存在且也为 a，故(D)不正确.

考点十　数列 n 项和求极限

求数列 n 项和表达式的方法常用的有等比数列、等差数列、部分和公式、正整数求和、正整数平方求和等.

$$1 + 2 + \cdots + n = \frac{n(n+1)}{2}, \quad 1^2 + 2^2 + \cdots + n^2 = \frac{n(n+1)(2n+1)}{6}.$$

有时也需要把通项中的每一项拆分为两项的和，通过正负项相加，消去中间项，得到 n 项和的表达式.

例 1.55 求 $\lim\limits_{n\to\infty}\left(\dfrac{1}{2} + \dfrac{3}{2^2} + \dfrac{5}{2^3} + \cdots + \dfrac{2n-1}{2^n}\right)$.

解析 所求极限的数列为混合数列. 先求其前 n 项的部分和 S_n.

设 $S_n = \dfrac{1}{2} + \dfrac{3}{2^2} + \dfrac{5}{2^3} + \cdots + \dfrac{2n-1}{2^n}$，则 $\dfrac{1}{2}S_n = \dfrac{1}{2^2} + \dfrac{3}{2^3} + \dfrac{5}{2^4} + \cdots + \dfrac{2n-3}{2^n} + \dfrac{2n-1}{2^{n+1}}$.

上两式相减得到 $\dfrac{1}{2}S_n = \dfrac{1}{2} + \left(\dfrac{2}{2^2} + \dfrac{2}{2^3} + \dfrac{2}{2^4} + \cdots + \dfrac{2}{2^n}\right) - \dfrac{2n-1}{2^{n+1}}$，即

$$S_n = 1 + 4\left(\dfrac{1}{2^2} + \dfrac{1}{2^3} + \dfrac{1}{2^4} + \cdots + \dfrac{1}{2^n}\right) - \dfrac{2n-1}{2^n}$$

$$= 1 + 4 \times \dfrac{1}{2^2}\left(1 + \dfrac{1}{2} + \dfrac{1}{2^2} + \cdots + \dfrac{1}{2^{n-2}}\right) - \dfrac{2n-1}{2^n} = 1 + \dfrac{1 - 1/2^{n-1}}{1 - 1/2} - \dfrac{2n-1}{2^n}.$$

故

$$\lim\limits_{n\to\infty} S_n = 1 + 2 - \lim\limits_{n\to\infty}\dfrac{2n}{2^n} + \lim\limits_{n\to\infty}\dfrac{1}{2^n} = 3.$$

名师助记 由等差数列与等比数列对应项的积构成的数列称为混合数列. 求这类数列的极限一般是先求混合数列前 n 项和 S_n，其方法与求等比数列的前 n 项部分和的方法相似.

考点十一　夹逼准则

若存在 $N > 0$，当 $n > N$ 时，$x_n \leqslant y_n \leqslant z_n$，且 $\lim\limits_{n\to\infty} x_n = \lim\limits_{n\to\infty} z_n = a$，则 $\lim\limits_{n\to\infty} y_n = a$.

名师助记 遇到无限项分式数列求和，常考虑"分子相加，分母放缩"方法来进行夹逼准

则的计算.

例 1.56 求 $\lim\limits_{n\to\infty}\left(\dfrac{1}{n^2+n+1}+\dfrac{2}{n^2+n+2}+\cdots+\dfrac{n}{n^2+n+n}\right)$.

解析 由 $\dfrac{1}{n^2+n+n}+\cdots+\dfrac{n}{n^2+n+n}$

$$\leqslant\dfrac{1}{n^2+n+1}+\cdots+\dfrac{n}{n^2+n+n}\leqslant\dfrac{1}{n^2+n+1}+\cdots+\dfrac{n}{n^2+n+1},$$

知 $\dfrac{\frac{1}{2}n(n+1)}{n^2+n+n}\leqslant\dfrac{1}{n^2+n+1}+\cdots+\dfrac{n}{n^2+n+n}\leqslant\dfrac{\frac{1}{2}n(n+1)}{n^2+n+1}$，故原极限 $=\dfrac{1}{2}$.

例 1.57 求 $\lim\limits_{n\to\infty}\left(\dfrac{n}{n^2+1}+\dfrac{n}{n^2+2}+\cdots+\dfrac{n}{n^2+n}\right)$.

解析 由于 $\dfrac{n}{n^2+n}\cdot n\leqslant\dfrac{n}{n^2+1}+\dfrac{n}{n^2+2}+\cdots+\dfrac{n}{n^2+n}\leqslant\dfrac{n}{n^2+1}\cdot n$，因此

$$\lim\limits_{n\to\infty}\left(\dfrac{n}{n^2+1}+\dfrac{n}{n^2+2}+\cdots+\dfrac{n}{n^2+n}\right)=1.$$

例 1.58 求极限 $\lim\limits_{n\to\infty}\sqrt[n]{a_1^n+a_2^n+\cdots+a_m^n}$，其中 $a_i(i=1,2,\cdots,m)$ 都是非负数.

解析 设 $b=\max\{a_1,a_2,\cdots,a_m\}$，则

$$b^n\leqslant a_1^n+a_2^n+\cdots+a_m^n\leqslant b^n\cdot m,\text{ 即 }b\leqslant\sqrt[n]{a_1^n+a_2^n+\cdots+a_m^n}\leqslant b\cdot m^{\frac{1}{n}},$$

$\lim\limits_{n\to\infty}m^{\frac{1}{n}}=1$，故 $\lim\limits_{n\to\infty}\sqrt[n]{a_1^n+a_2^n+\cdots+a_m^n}=\max\{a_1,a_2,\cdots,a_m\}$.

名师助记 这是一个结论，应当记住，如

$$\lim\limits_{n\to\infty}\sqrt[n]{99+2^n+3^n+4^n}=\lim\limits_{n\to\infty}\sqrt[n]{1^n+1^n+\cdots+1^n+2^n+3^n+4^n}=4.$$

考点十二 单调有界准则

在数列通项未知，只知满足某等式的情况下，证明数列极限的存在，考虑单调有界定理. 单调增加有上界的数列必有极限；单调减少有下界的数列必有极限. 根据"两头" a_1，a_∞ 大小可先判出单调性，如：$a_1<a_\infty$ 时单调增加，此时求解 a_∞ 的值也就是数列的上界；$a_1>a_\infty$ 时单调减少，此时求解 a_∞ 的值就是数列的下界.

例 1.59 设 $x_1=10$，$x_{n+1}=\sqrt{6+x_n}(n=1,2,\cdots)$，证明数列 $\{x_n\}$ 有极限，并求此极限.

证法一 由 $x_1=10$，$x_2=\sqrt{6+x_1}=4$，知 $x_1>x_2$，据此可猜测数列 $\{x_n\}$ 单调减少，用数学归纳法证明.

假设 $x_k>x_{k+1}$，则 $x_{k+1}=\sqrt{6+x_k}>\sqrt{6+x_{k+1}}=x_{k+2}$，故 $x_n>x_{n+1}$ 对一切正整数 n 成立，即 $\{x_n\}$ 单调减少.

又已知 $x_{n+1} = \sqrt{6+x_n} > 0$，则 $\{x_n\}$ 有下界，所以 $\lim\limits_{n\to\infty} x_n$ 存在.

设 $\lim\limits_{n\to\infty} x_n = A$，由原等式 $x_{n+1} = \sqrt{6+x_n}$ 知 $A = \sqrt{6+A}$，解得 $A=3$ 或 $A=-2$，因为 $x_n > 0$，故 $A = -2$ 舍去，所以 $\lim\limits_{n\to\infty} x_n = 3$.

证法二　$x_1 = 10 > 3$，设 $x_k > 3$，则 $x_{k+1} = \sqrt{6+x_k} > \sqrt{6+3} = 3$，故对一切的正整数 n，都有 $x_n > 3$，又

$$x_{n+1} - x_n = \sqrt{6+x_n} - x_n = \frac{(3-x_n)(2+x_n)}{\sqrt{6+x_n}+x_n} < 0,$$

则 $x_{n+1} < x_n$，即数列 $\{x_n\}$ 单调减少. 根据单调有界准则知 $\lim\limits_{n\to\infty} x_n$ 存在. 剩余步骤同证法 1.

名师助记　证法二中的下界 3 对证明单调性很重要，这个 3 是本题的极限值 $\lim\limits_{n\to\infty} x_n$，实际上数列的极限值往往就是它的一个界，可以以此极限值作为目标，去说明这个极限值就是数列的界.

例 1.60　设 $x_1 = 2$，$x_{n+1} = \dfrac{1}{2}\left(x_n + \dfrac{1}{x_n}\right)$ $(n = 1, 2, \cdots)$，证明数列 $\{x_n\}$ 有极限，并求此极限.

解析　显然 $x_n > 0$，则 $x_{n+1} = \dfrac{1}{2}\left(x_n + \dfrac{1}{x_n}\right) \geqslant \sqrt{x_n \cdot \dfrac{1}{x_n}} = 1$，有下界；

又 $x_{n+1} - x_n = \dfrac{1}{2}\left(x_n + \dfrac{1}{x_n}\right) - x_n = \dfrac{1-x_n^2}{2x_n} \leqslant 0$，所以 $\{x_n\}$ 单调减少. 故 $\lim\limits_{n\to\infty} x_n$ 存在.

设 $\lim\limits_{n\to\infty} x_n = A$，在原等式 $x_{n+1} = \dfrac{1}{2}\left(x_n + \dfrac{1}{x_n}\right)$ 两端取极限 $(n \to \infty)$，则 $A = \dfrac{1}{2}\left(A + \dfrac{1}{A}\right)$，解得 $A = \pm 1$（舍负），故 $\lim\limits_{n\to\infty} x_n = 1$.

第四节　连续与间断

考点十三　函数的连续性

1. 定义

设函数 $y = f(x)$ 在点 x_0 的某个邻域内有定义，若

$$\lim_{x\to x_0} f(x) = f(x_0),$$

则称函数 $y = f(x)$ 在点 x_0 处连续.

2. 左连续与右连续

设函数 $y = f(x)$ 在点 x_0 的某左邻域 $x_0 - \delta < x \leqslant x_0$ 内有定义，若

$$\lim_{x \to x_0^-} f(x) = f(x_0),$$

则称函数 $y = f(x)$ 在点 x_0 处左连续.

设函数 $y = f(x)$ 在点 x_0 的某右邻域 $x_0 \leqslant x < x_0 + \delta$ 内有定义，若

$$\lim_{x \to x_0^+} f(x) = f(x_0),$$

则称函数 $y = f(x)$ 在点 x_0 处右连续.

例 1.61 设函数 $f(x) = \begin{cases} \dfrac{1 - \mathrm{e}^{\tan x}}{\arcsin \dfrac{x}{2}}, & x > 0, \\ a\mathrm{e}^{2x}, & x \leqslant 0 \end{cases}$ 在 $x = 0$ 处连续，求 a.

解析 当 $x \to 0^+$ 时，$1 - \mathrm{e}^{\tan x} \sim -\tan x \sim -x$，$\arcsin \dfrac{x}{2} \sim \dfrac{x}{2}$，

所以有

$$\lim_{x \to 0^+} f(x) = \lim_{x \to 0^+} \frac{1 - \mathrm{e}^{\tan x}}{\arcsin \dfrac{x}{2}} = \lim_{x \to 0^+} \frac{-\tan x}{\dfrac{x}{2}} = \lim_{x \to 0^+} \frac{-x}{\dfrac{x}{2}} = -2,$$

又

$$\lim_{x \to 0^-} f(x) = \lim_{x \to 0^-} a\mathrm{e}^{2x} = a,$$

由 $f(x)$ 在 $x = 0$ 处连续，必有 $\lim\limits_{x \to 0^-} f(x) = \lim\limits_{x \to 0^+} f(x) = f(0)$，即 $a = -2$.

名师助记 若分段函数 $f(x)$ 连续，则 $f(x)$ 在分段点处的左右极限相等，从而确定参数的值.

例 1.62 已知函数 $f(x)$ 连续，且 $\lim\limits_{x \to 0} \dfrac{1 - \cos[xf(x)]}{(\mathrm{e}^{x^2} - 1)f(x)} = 1$，则 $f(0) = $ _____.

解析 因为函数 $f(x)$ 连续，所以 $\lim\limits_{x \to 0} f(x) = f(0)$.

$$\lim_{x \to 0} \frac{1 - \cos[xf(x)]}{(\mathrm{e}^{x^2} - 1)f(x)} = \lim_{x \to 0} \frac{\dfrac{1}{2}x^2 f^2(x)}{x^2 f(x)} = \frac{1}{2}\lim_{x \to 0} f(x) = 1,$$

故 $f(0) = 2$.

考点十四 函数的间断点及其分类

1. 函数的间断点的定义

如果函数 $y = f(x)$ 在点 x_0 不连续，则称 x_0 为 $f(x)$ 的间断点.

2. 函数的间断点的分类

(1) 第一类间断点

设 x_0 是函数 $y = f(x)$ 的间断点. 如果 $f(x)$ 在间断点 x_0 处的左、右极限都存在，则称

x_0 是 $f(x)$ 的第一类间断点. 第一类间断点包括可去间断点和跳跃间断点.

(2) 第二类间断点

第一类间断点以外的其他间断点统称为第二类间断点. 常见的第二类间断点有无穷间断点和振荡间断点.

🔊注

两类间断点总结如表 1-4 所示.

表 1-4　两类间断点

第一类间断点		第二类间断点	
$f(x_0-0)$, $f(x_0+0)$ 均存在		$f(x_0-0)$, $f(x_0+0)$ 至少有一个不存在	
$f(x_0-0)=$ $f(x_0+0)$	$f(x_0-0)\neq$ $f(x_0+0)$	$f(x_0-0)$, $f(x_0+0)$ 至少有一个为 ∞	除前面所述情况外
可去间断点	跳跃间断点	无穷间断点	振荡间断点

例 1.63　求函数 $f(x)=\dfrac{x^2}{\mid x\mid \ln\mid x-1\mid}$ 的间断点,并确定它们的类型.

解析　$f(x)=\dfrac{x^2}{\mid x\mid \ln\mid x-1\mid}$,可知 $f(x)$ 在 $x=0$,$x=1$,$x=2$ 处无意义,

$$\lim_{x\to 0^-}f(x)=\lim_{x\to 0^-}\frac{x^2}{-x\ln(1-x)}=\lim_{x\to 0^-}\frac{x^2}{(-x)(-x)}=1,$$

$$\lim_{x\to 0^+}f(x)=\lim_{x\to 0^+}\frac{x^2}{x\ln(1-x)}=\lim_{x\to 0^+}\frac{x^2}{x(-x)}=-1,$$

$$\lim_{x\to 0^-}f(x)\neq\lim_{x\to 0^+}f(x),$$

故 $x=0$ 为 $f(x)$ 的跳跃间断点;

$$\lim_{x\to 1^-}f(x)=\lim_{x\to 1^+}f(x)=\lim_{x\to 1}\frac{x^2}{x\ln\mid x-1\mid}=\lim_{x\to 1}\frac{x}{\ln\mid x-1\mid}=0,$$

故 $x=1$ 为 $f(x)$ 的可去间断点;

$$\lim_{x\to 2^-}f(x)=\lim_{x\to 2^-}\frac{x^2}{x\ln(x-1)}=\lim_{x\to 2^-}\frac{x}{\ln(x-1)}=-\infty,$$

$$\lim_{x\to 2^+}f(x)=\lim_{x\to 2^+}\frac{x^2}{x\ln(x-1)}=\lim_{x\to 2^+}\frac{x}{\ln(x-1)}=+\infty,$$

故 $x=2$ 为 $f(x)$ 的无穷间断点.

名师助记　不连续就是间断,由于初等函数在它们的定义区间内是连续的,因此找函数的间断点就是找函数无定义的点,例如使分式分母为零的点,再根据定义判断间断点的类型.

例 1.64　判断函数 $f(x)=\dfrac{\ln x}{\mid x-1\mid}\sin x\,(x>0)$ 间断点的情况(　　　)

(A) 有 1 个可去间断点,1 个跳跃间断点　　(B) 有 1 个跳跃间断点,1 个无穷间断点

(C) 有两个无穷间断点　　(D) 有两个跳跃间断点

解析　选(A).

$f(x)$ 的间断点为 $x=1,0$,而 $\lim\limits_{x\to 0}f(x)=0$,故 $x=0$ 是可去间断点;

$\lim\limits_{x\to 1^{+}}f(x)=\sin 1$,$\lim\limits_{x\to 1^{-}}f(x)=-\sin 1$,故 $x=1$ 是跳跃间断点.选(A).

例 1.65　函数 $f(x)=\dfrac{x-x^{3}}{\sin \pi x}$ 的可去间断点的个数为(　　　).

(A) 1　　(B) 2

(C) 3　　(D) 无穷多个

解析　选(C).

由题可知,$f(x)$ 的无定义点有无穷多个(即 x 取整数时).但是可去间断点要求极限存在,当 x 的整数值满足 $x-x^{3}\neq 0$ 时,取极限必为无穷,故可去间断点要在 $x-x^{3}=0$ 的解中找,即 $x=0,\pm 1$.

$$\lim_{x\to 0}\frac{x-x^{3}}{\sin \pi x}=\frac{1}{\pi},\ \lim_{x\to 1}\frac{x-x^{3}}{\sin \pi x}=\lim_{x\to 1}\frac{1-3x^{2}}{\pi\cos \pi x}=\frac{2}{\pi},\ \lim_{x\to -1}\frac{x-x^{3}}{\sin \pi x}=\lim_{x\to -1}\frac{1-3x^{2}}{\pi\cos \pi x}=\frac{2}{\pi},$$

故函数的可去间断点共有 3 个.

考点十五　闭区间上连续函数的性质

1. 最大值和最小值定理

在闭区间上连续的函数在该区间上一定能取得它的最大值和最小值.

2. 有界性定理

在闭区间上连续的函数一定在该区间上有界.

3. 零点定理

设函数 $f(x)$ 在闭区间 $[a,b]$ 上连续,且 $f(a)$ 与 $f(b)$ 异号,那么在开区间 (a,b) 内至少有一点,使 $f(\xi)=0$.

4. 介值定理 1

设函数 $f(x)$ 在闭区间 $[a,b]$ 上连续,且在这区间的端点取不同的函数值 $f(a)=A$ 及 $f(b)=B$,那么,对于 A 与 B 之间的任意一个数 C,在开区间 (a,b) 内至少有一点,使得 $f(\xi)=C$.

5. 介值定理 2

设函数 $f(x)$ 在闭区间 $[a,b]$ 上连续,那么,对于最大值 M 与最小值 m 之间的任意一个数 C,在开区间 (a,b) 内至少有一点,使得 $f(\xi)=C$.

例 1.66　证明方程 $x^{3}-4x^{2}+1=0$ 在区间 $(0,1)$ 内至少有一个根.

证明　函数 $f(x)=x^{3}-4x^{2}+1$ 在闭区间 $[0,1]$ 上连续,又

$$f(0)=1>0,\ f(1)=-2<0.$$

根据零点定理,在 $(0,1)$ 内至少有一点 ξ,使得 $f(\xi)=0$,即

$$\xi^3 - 4\xi^2 + 1 = 0.$$

故方程 $x^3 - 4x^2 + 1 = 0$ 在区间 $(0,1)$ 内至少有一个根是 ξ.

第二章 一元函数微分学

基础阶段考点要求

（1）理解导数的几何意义，会求平面曲线的切线方程和法线方程.

（2）理解导数和微分的概念，理解导数与微分的关系.

（3）理解函数的可导性与连续性之间的关系.

（4）掌握导数的四则运算法则和复合函数求导法则，掌握基本初等函数导数公式.

（5）了解微分的四则运算法则和一阶微分形式的不变性，会求函数的微分.

（6）了解高阶导数的概念，会求简单函数的高阶导数.

（7）会求分段函数的导数，会求隐函数和参数方程所确定的函数以及反函数导数.

（8）理解函数的极值概念，掌握用导数判断函数的单调性和求函数极值的方法，掌握函数最大值和最小值的求法及其应用.

（9）会用导数判断函数图形的凹凸性，会求函数图形的拐点以及水平、铅直和斜渐近线，会描绘函数的图形.

第一节 导数与微分的定义

考点一 导数定义

引例 设曲线 $y = f(x)$ 的图形如图 2-1 所示，点 $M(x_0, y_0)$ 为曲线上的定点，在曲线上另取一点 $N(x_0 + \Delta x, y_0 + \Delta y)$，作割线 MN，设其倾斜角（与 x 轴正向的夹角）为 φ，则有

$$\tan \varphi = \frac{\Delta y}{\Delta x} = \frac{f(x_0 + \Delta x) - f(x_0)}{\Delta x}.$$

当 $\Delta x \to 0$ 时，点 N 沿曲线趋于点 M，如果点 M 处的切线为 MT，显然割线 MN 趋于切线 MT 时，其倾斜角 φ 也趋于切线 MT 的倾斜角 α，因此切线 MT 的斜率为

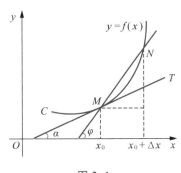

图 2-1

$$k = \tan \alpha = \lim_{\Delta x \to 0} \tan \varphi = \lim_{\Delta x \to 0} \frac{\Delta y}{\Delta x} = \lim_{\Delta x \to 0} \frac{f(x_0 + \Delta x) - f(x_0)}{\Delta x}.$$

以上引例是几何学上的切线问题,实质是函数增量和自变量增量之比在自变量增量趋于零时的极限,即 $\lim\limits_{\Delta x \to 0} \dfrac{f(x_0 + \Delta x) - f(x_0)}{\Delta x}$,我们把这种特定形式的极限定义为函数的导数.

名师助记 上述导数几何意义的引入,可知曲线在点 $M(x_0, f(x_0))$ 处的切线方程和法线方程分别为:

切线方程 $\qquad\qquad y - f(x_0) = f'(x_0)(x - x_0).$

法线方程 $\qquad\qquad y - f(x_0) = -\dfrac{1}{f'(x_0)}(x - x_0), \ f'(x_0) \neq 0.$

例 2.1 求曲线 $y = \cos x$ 上点 $\left(\dfrac{\pi}{3}, \dfrac{1}{2}\right)$ 处的切线方程和法线方程.

解析 $\left. y' \right|_{x = \frac{\pi}{3}} = \left. -\sin x \right|_{x = \frac{\pi}{3}} = -\dfrac{\sqrt{3}}{2}$,所以 $y = \cos x$ 在点 $\left(\dfrac{\pi}{3}, \dfrac{1}{2}\right)$ 处切线的斜率为 $-\dfrac{\sqrt{3}}{2}$,在点 $\left(\dfrac{\pi}{3}, \dfrac{1}{2}\right)$ 处法线的斜率为 $\dfrac{2\sqrt{3}}{3}$.

$y = \cos x$ 在点 $\left(\dfrac{\pi}{3}, \dfrac{1}{2}\right)$ 处的切线方程为 $y - \dfrac{1}{2} = -\dfrac{\sqrt{3}}{2}\left(x - \dfrac{\pi}{3}\right)$,即

$$y = -\frac{\sqrt{3}}{2}x + \frac{\sqrt{3}\pi + 3}{6}.$$

$y = \cos x$ 在点 $\left(\dfrac{\pi}{3}, \dfrac{1}{2}\right)$ 处的法线方程为 $y - \dfrac{1}{2} = \dfrac{2\sqrt{3}}{3}\left(x - \dfrac{\pi}{3}\right)$,即

$$y = \frac{2\sqrt{3}}{3}x + \frac{1}{2} - \frac{2\sqrt{3}}{9}\pi.$$

定义 1 设函数 $y = f(x)$ 点 x_0 的某个邻域内有定义,当自变量 x 在点 x_0 处取得增量 Δx($\Delta x \neq 0$,点 $x_0 + \Delta x$ 仍在该邻域内)时,函数 $y = f(x)$ 取得对应的增量 $\Delta y = f(x_0 + \Delta x) - f(x_0)$. 当 $\Delta x \to 0$ 时,若 Δy 与 Δx 之比(即差商)的极限存在,则称此极限为函数 $y = f(x)$ 在点 x_0(对 x)处的导数,记作 $f'(x_0)$,$\left. y' \right|_{x = x_0}$,$\left. \dfrac{dy}{dx} \right|_{x = x_0}$ 或 $\left. \dfrac{df(x)}{dx} \right|_{x = x_0}$,即 $f'(x_0) = \lim\limits_{\Delta x \to 0} \dfrac{\Delta y}{\Delta x} = \lim\limits_{\Delta x \to 0} \dfrac{f(x_0 + \Delta x) - f(x_0)}{\Delta x}$. 此时,也称函数 $y = f(x)$ 在点 x_0 处可导或导数存在.

注

若记 $x_0 + \Delta x = x$,则 $\Delta x = x - x_0$,因为 $\Delta x \to 0$ 与 $x \to x_0$ 等价,所以导数定义可改写成

$$f'(x_0) = \lim_{x \to x_0} \frac{f(x) - f(x_0)}{x - x_0}.$$

若记 $\Delta x = \Delta$，则导数定义又可改写成

$$f'(x_0) = \lim_{\Delta \to 0} \frac{f(x_0 + \Delta) - f(x_0)}{\Delta}.$$

名师助记 $f'(x_0)$ 存在就是 $f(x)$ 在 x_0 处可导的意思，也就是 $f'(x_0) = A$（数）；$f'(x_0)$ 不仅与 $f(x_0)$ 有关，还与 x_0 附近的其他点有关，所以仅由 $f(x_0) = 0 \Rightarrow f'(x_0) = 0$ 并不正确.

定义 2 如果单侧极限 $\lim\limits_{\Delta x \to 0^-} \dfrac{\Delta y}{\Delta x}$ 存在，则称此极限为函数 $y = f(x)$ 在点 x_0 处的左导数，记作 $f'_-(x_0)$；若单侧极限 $\lim\limits_{\Delta x \to 0^+} \dfrac{\Delta y}{\Delta x}$ 存在，则称此极限为函数 $y = f(x)$ 在点 x_0 处的右导数，记作 $f'_+(x_0)$，即

$$f'_-(x_0) = \lim_{\Delta x \to 0^-} \frac{f(x_0 + \Delta x) - f(x_0)}{\Delta x} = \lim_{x \to x_0^-} \frac{f(x) - f(x_0)}{x - x_0}.$$

$$f'_+(x_0) = \lim_{\Delta x \to 0^+} \frac{f(x_0 + \Delta x) - f(x_0)}{\Delta x} = \lim_{x \to x_0^+} \frac{f(x) - f(x_0)}{x - x_0}.$$

名师助记 若仅其中某个单侧导数存在，推不出在该点处一定可导，当且仅当左右导数存在且相等，才有该点导数必存在.

例 2.2 若极限 $\lim\limits_{h \to 0} \dfrac{f(a+h) - f(a-h)}{2h}$ 存在，问：$f(x)$ 在 $x = a$ 处是否一定可导？

解析 不妨假设 $y = |x| = \begin{cases} x, & x > 0, \\ 0, & x = 0, \\ -x, & x < 0, \end{cases}$ 取 $a = 0$，则有极限

$$\lim_{h \to 0} \frac{f(0+h) - f(0-h)}{2h} = \lim_{h \to 0} \frac{|h| - |-h|}{2h} = 0.$$

但

$$f'_+(0) = \lim_{x \to 0^+} \frac{f(x) - f(0)}{x - 0} = \lim_{x \to 0^+} \frac{|x| - 0}{x - 0} = \lim_{x \to 0^+} \frac{x}{x} = 1,$$

$$f'_-(0) = \lim_{x \to 0^-} \frac{f(x) - f(0)}{x - 0} = \lim_{x \to 0^-} \frac{|x| - 0}{x - 0} = \lim_{x \to 0^-} \frac{-x}{x} = -1.$$

因 $f'_+(0) \neq f'_-(0)$，故函数在 $x = 0$ 处不可导.

由此特例可知，仅 $\lim\limits_{h \to 0} \dfrac{f(a+h) - f(a-h)}{2h}$ 存在时，$f(x)$ 在 $x = a$ 处不一定可导.

名师助记 此题中极限 $\lim\limits_{h \to 0} \dfrac{f(a+h) - f(a-h)}{2h}$ 与导数定义极限的不同之处是分子

上为两动点函数值之差,而不是动点与定点的差值,故该极限存在与函数在 $x=a$ 处可导无关.另外,在构造导数定义的表达式中,分子的表达式一定要满足在定点处的"一动一定"原则,即 $f(x)-f(x_0)$ 或者 $f(x_0+\Delta x)-f(x_0)$.

例 2.3 设 $\lim\limits_{h \to 0} \dfrac{f(3-\cos h)-f(2)}{h^2}$ 存在,问: $f'(2)$ 是否存在? 说明理由.

解析
$$\lim_{h \to 0} \frac{f(3-\cos h)-f(2)}{h^2}=\lim_{h \to 0} \frac{f(2+1-\cos h)-f(2)}{1-\cos h} \cdot \frac{1-\cos h}{h^2}$$

$$=\frac{1}{2}\lim_{h \to 0} \frac{f(2+1-\cos h)-f(2)}{1-\cos h}$$

$$=\frac{1}{2} \lim_{1-\cos h \to 0^+} \frac{f(2+1-\cos h)-f(2)}{1-\cos h}=\frac{1}{2}f'_+(2),$$

仅能确定在 $x=2$ 点处右侧可导,无法推出 $f'(2)$ 存在.

🔊**注**

① 这里增量 $\Delta=1-\cos x \to 0^+$ (因为 $\cos x \leqslant 1$),故只能表示 $f'_+(2)$ 存在,但 $f'(2)$ 不一定存在.

② 根据此题可知,在构造导数定义的表达式中,分母如果起初并不对应分子函数的增量,则先做恒等变形,确定整体增量一定要满足左右同时趋于零.

名师助记 根据上述两道例题,可以得到导数定义构造的三个考点:

① 分子必须要有相对于定点处的函数增长量,即要有 " $-f(x_0)$ " 运算.

② 分母一定要对应分子的增长量,即分子中函数变量增多少,分母对应写多少.

③ 分母整体增长量必需满足左右同时趋于无穷小.

例 2.4 设 $f(0)=0$,则 $f(x)$ 在 $x=0$ 可导的充要条件为(　　　)

(A) $\lim\limits_{h \to 0} \dfrac{1}{h^2}f(h^2)$ 存在

(B) $\lim\limits_{h \to 0} \dfrac{1}{h}f(1-e^h)$ 存在

(C) $\lim\limits_{h \to 0} \dfrac{1}{h^2}f(\sin h-h)$ 存在

(D) $\lim\limits_{h \to 0} \dfrac{1}{h}\left[f(2h)-f(h)\right]$ 存在

解析 选(B).

(A) 选项中令 $\Delta=h^2$,则 $\lim\limits_{h \to 0} \dfrac{1}{h^2}f(h^2)=\lim\limits_{\Delta \to 0^+} \dfrac{f(\Delta)-f(0)}{\Delta}=f'_+(0)$,显然自变量的增量仅从右侧趋于零,它只说明函数 $f(x)$ 在点 $x=0$ 的右导数存在,故不能充当充要条件.

(B)选项中令 $\Delta=1-e^h$,则

$$\lim_{h \to 0} \frac{1}{h}f(1-e^h)=\lim_{h \to 0} \frac{f(1-e^h)-f(0)}{1-e^h} \cdot \frac{1-e^h}{h}$$

$$=-\lim_{\Delta=1-e^h \to 0} \frac{f(1-e^h)-f(0)}{1-e^h}=-f'(0),$$

$f(x)$ 在点 $x=0$ 的导数存在.

(C)选项中极限等价为 $\lim\limits_{h \to 0} \dfrac{1}{h^2} f(\sin h - h) = \lim\limits_{h \to 0} \dfrac{f(\sin h - h) - f(0)}{\sin h - h} \cdot \dfrac{\sin h - h}{h^2}$，注意到 $\lim\limits_{h \to 0} \dfrac{\sin h - h}{h^2} = 0$ 为无穷小量，这导致前半部分因子 $\lim\limits_{h \to 0} \dfrac{f(\sin h - h) - f(0)}{\sin h - h}$ 的极限存在性不确定. 若改为 $\lim\limits_{h \to 0} \dfrac{1}{h^3} f(\sin h - h)$ 存在，则此选项也正确，这是因为 $\lim\limits_{h \to 0} \dfrac{1}{h^3} f(\sin h - h) =$ $\lim\limits_{h \to 0} \dfrac{f(\sin h - h) - f(0)}{\sin h - h} \cdot \dfrac{\sin h - h}{h^3} = -\dfrac{1}{6} \lim\limits_{h \to 0} \dfrac{f(\sin h - h) - f(0)}{\sin h - h} = -\dfrac{1}{6} f'(0)$.

(D)选项中分子为两个动点差值，与函数 $f(x)$ 在点 $x = 0$ 处的差值无关，因而不能作为可导的充要条件. 事实上，如函数 $f(x) = \begin{cases} 0, & x \neq 0, \\ 1, & x = 0, \end{cases}$ 显然在点 $x = 0$ 处不连续，当然也不可导，但(D)中极限存在，即 $\lim\limits_{h \to 0} \dfrac{f(2h) - f(h)}{h} = \lim\limits_{h \to 0} \dfrac{0 - 0}{h} = 0$，故(D)不正确.

名师助记　解此类题需要紧抓定义的三个考点：一动一定[该点处的函数值（静点）与其横坐标增加一个增量后所对应的函数值（动点）之差]；上下对应（分母增量对应分子增量）；左右存在（增量要保证左右极限存在且相等）.

例 2.5　设 $f(x)$ 在 x_0 处连续，且 $\lim\limits_{x \to x_0} \dfrac{f(x)}{x - x_0} = A$，证明：$f(x)$ 在 $x = x_0$ 处可导，且 $f'(x_0) = A$.

证明　$\lim\limits_{x \to x_0} \dfrac{f(x)}{x - x_0} = A$，且分母 $\lim\limits_{x \to x_0} (x - x_0) = 0$，则分子 $\lim\limits_{x \to x_0} f(x) = 0$，又 $f(x)$ 在 x_0 处连续，有 $\lim\limits_{x \to x_0} f(x) = f(x_0)$，则 $f(x_0) = 0$，从而 $\lim\limits_{x \to x_0} \dfrac{f(x)}{x - x_0} = \lim\limits_{x \to x_0} \dfrac{f(x) - f(x_0)}{x - x_0} = A$，故 $f'(x_0) = A$.

名师助记　本题的推导及结论已多次考过，是重要的工具：

若 $f(x)$ 在 x_0 处连续，且 $\lim\limits_{x \to x_0} \dfrac{f(x) - A}{x - x_0} = B$，则 $f(x_0) = A$，$f'(x_0) = B$.

例 2.6　设 $g(x)$ 在 $x = x_0$ 的某邻域内有定义，$f(x) = |x - x_0| g(x)$，则 $f(x)$ 在 $x = x_0$ 处可导的充要条件是（　　）

(A) $\lim\limits_{x \to x_0} g(x)$ 存在　　　　　　　　(B) $g(x)$ 在 $x = x_0$ 处连续

(C) $g(x)$ 在 $x = x_0$ 处可导　　　　　　　(D) $\lim\limits_{x \to x_0^+} g(x)$ 与 $\lim\limits_{x \to x_0^-} g(x)$ 都存在，且反号

解析　$f'_-(x_0) = \lim\limits_{x \to x_0^-} \dfrac{f(x) - f(x_0)}{x - x_0} = \lim\limits_{x \to x_0^-} \dfrac{-(x - x_0) g(x)}{x - x_0}$

$\qquad\qquad = \lim\limits_{x \to x_0^-} [-g(x)] = -\lim\limits_{x \to x_0^-} g(x)$,

$\qquad f'_+(x_0) = \lim\limits_{x \to x_0^+} \dfrac{f(x) - f(x_0)}{x - x_0} = \lim\limits_{x \to x_0^+} \dfrac{(x - x_0) g(x)}{x - x_0} = \lim\limits_{x \to x_0^+} g(x)$.

当 $-\lim\limits_{x \to x_0^-} g(x) \neq \lim\limits_{x \to x_0^+} g(x)$ 时，则 $f'_-(x_0) \neq f'_+(x_0)$，故 $f(x)$ 在点 $x = x_0$ 处不可导；

当$-\lim\limits_{x\to x_0^-}g(x)=\lim\limits_{x\to x_0^+}g(x)$时，即$\lim\limits_{x\to x_0^+}g(x)$与$\lim\limits_{x\to x_0^-}g(x)$都存在，且反号，则$f'_-(x_0)=f'_+(x_0)$，故$f(x)$在点$x=x_0$处可导.

名师助记　可导的充要条件为左右导数存在且相等.

考点二　利用导数定义求极限

若已知某点导数存在,并且函数的表达式未知,则可通过导数极限定义的变形求其他极限.

例2.7　设$f(x)=x(x+1)(x+2)\cdots(x+n)$，则$f'(0)=$_____.

解析　$f'(0)=\lim\limits_{x\to 0}\dfrac{f(x)-f(0)}{x}=\lim\limits_{x\to 0}\dfrac{x(x+1)(x+2)\cdots(x+n)}{x}$

$=\lim\limits_{x\to 0}(x+1)(x+2)\cdots(x+n)=n!.$

例2.8　设$f(x)$在$x=a$处可导,则$\lim\limits_{x\to a}\dfrac{f(a+x)-f(a-x)}{x}$等于(　　).

(A) $f'(a)$　　　　(B) $2f'(a)$　　　　(C) 0　　　　(D) $f'(2a)$

解析　选(B).

$\lim\limits_{x\to a}\dfrac{f(a+x)-f(a-x)}{x}=\lim\limits_{x\to a}\dfrac{f(a+x)-f(a)+f(a)-f(a-x)}{x}$

$=\lim\limits_{x\to a}\dfrac{f(a+x)-f(a)}{x}+\lim\limits_{x\to a}\dfrac{f(a-x)-f(a)}{-x}$

$=2f'(a).$

名师助记　注意该题是极限的四则运算和导数定义求极限相结合的题目,在构造分子函数差值之后,由于可导,拆分之后的每个极限一定存在.

例2.9　设$f(x)$和$g(x)$都在$x=x_0$处可导,且$g'(x_0)\neq0$,则$\lim\limits_{x\to x_0}\dfrac{f(x)-f(x_0)}{g(x)-g(x_0)}=$_____.

解析　$\lim\limits_{x\to x_0}\dfrac{f(x)-f(x_0)}{g(x)-g(x_0)}=\lim\limits_{x\to x_0}\dfrac{f(x)-f(x_0)}{x-x_0}\cdot\dfrac{x-x_0}{g(x)-g(x_0)}$

$=f'(x_0)\cdot\dfrac{1}{g'(x_0)}=\dfrac{f'(x_0)}{g'(x_0)}.$

名师助记　若使用洛必达法则,$\lim\limits_{x\to x_0}\dfrac{f(x)-f(x_0)}{g(x)-g(x_0)}=\lim\limits_{x\to x_0}\dfrac{f'(x)}{g'(x)}=\dfrac{f'(x_0)}{g'(x_0)}$,这是不对的.首先,$f(x)$和$g(x)$都只是在$x=x_0$这一点可导,而在$x_0$两侧是否可导不清楚;其次,最后一步$\lim\limits_{x\to x_0}\dfrac{f'(x)}{g'(x)}=\dfrac{f'(x_0)}{g'(x_0)}$的成立需要$f'(x)$,$g'(x)$在$x=x_0$处连续,这也是本题无法保证的.

例2.10　设函数$f(x)$在$x=a$处可导,且$f(a)>0$,求$\lim\limits_{n\to\infty}\left[\dfrac{f\left(a+\dfrac{1}{n}\right)}{f(a)}\right]^n$.

解析 这是 1^∞ 型极限. 注意到 $f(x)$ 在 $x=a$ 处可导, 故其在 $x=a$ 处连续, 因而

$$\lim_{n\to\infty} f\left(a+\frac{1}{n}\right)=f(a),$$

故 $\left[f\left(a+\dfrac{1}{n}\right)-f(a)\right]\to 0$, 即 $f\left(a+\dfrac{1}{n}\right)-f(a)$ 为无穷小,

则

$$\ln\left[1+\frac{f\left(a+\frac{1}{n}\right)-f(a)}{f(a)}\right]\sim\frac{f\left(a+\frac{1}{n}\right)-f(a)}{f(a)}.$$

原式 $=\mathrm{e}^{\lim\limits_{n\to\infty} n\ln\frac{f\left(a+\frac{1}{n}\right)}{f(a)}}=\mathrm{e}^{\lim\limits_{n\to\infty} n\ln\left[1+\frac{f\left(a+\frac{1}{n}\right)-f(a)}{f(a)}\right]}=\mathrm{e}^{\frac{1}{f(a)}\lim\limits_{n\to\infty}\left[\frac{f\left(a+\frac{1}{n}\right)-f(a)}{\frac{1}{n}}\right]}=\mathrm{e}^{\frac{f'(a)}{f(a)}}.$

例 2.11 设 $f'(a)$ 存在, 则 $\lim\limits_{x\to a}\dfrac{xf(a)-af(x)}{x-a}=(\quad)$.

(A) $af'(a)$ 　　　　　　　　　　　　(B) $f(a)-af'(a)$

(C) $-af'(a)$ 　　　　　　　　　　　　(D) $f(a)+af'(a)$

解析 选 (B).

已知 $f'(a)=\lim\limits_{x\to a}\dfrac{f(x)-f(a)}{x-a}$ 存在, 显然所给极限式的分子不是导数定义的标准形式, 用加减 $af(a)$ 再拆分的方法进行恒等变形, 即

$$\begin{aligned}
\lim_{x\to a}\frac{xf(a)-af(x)}{x-a}&=\lim_{x\to a}\frac{-af(x)+af(a)-af(a)+xf(a)}{x-a}\\
&=\lim_{x\to a}\frac{-a\left[f(x)-f(a)\right]}{x-a}+\lim_{x\to a}\frac{f(a)(x-a)}{x-a}\\
&=-af'(a)+f(a).
\end{aligned}$$

考点三 导数的性质

1. 连续与可导

若函数 $f(x)$ 在点 x_0 处可导, 则 $f(x)$ 在点 x_0 处连续.

证明 函数 $f(x)$ 在点 x_0 处可导, 即 $\lim\limits_{x\to x_0}\dfrac{f(x)-f(x_0)}{x-x_0}$ 存在,

$$\lim_{x\to x_0}\left[f(x)-f(x_0)\right]=\lim_{x\to x_0}\frac{f(x)-f(x_0)}{x-x_0}\cdot(x-x_0)=0,$$

即 $\lim\limits_{x\to x_0}f(x)=f(x_0)$, 故 $f(x)$ 在点 x_0 处连续.

名师助记 函数连续是可导的必要条件, 但不是充分条件. 即函数在点 x_0 处连续, 该点处不一定可导, 若函数在点 x_0 处不连续, 则在该点处必不可导.

例 2.12 讨论函数 $f(x)=|x|$ 在 $x=0$ 处的连续性与可导性.

解析 $\lim\limits_{x\to 0^-}f(x)=\lim\limits_{x\to 0^+}f(x)=f(0)=\lim\limits_{x\to 0}|x|=0$，故 $f(x)$ 在点 $x=0$ 处是连续的．

$$f'_-(0)=\lim\limits_{x\to 0^-}\frac{f(x)-f(0)}{x-0}=\lim\limits_{x\to 0^-}\frac{-x}{x}=-1,\quad f'_+(0)=\lim\limits_{x\to 0^+}\frac{f(x)-f(0)}{x-0}=\lim\limits_{x\to 0^+}\frac{x}{x}=1,$$

即 $f'_-(0)\neq f'_+(0)$，故函数 $f(x)$ 在 $x=0$ 处不可导．

名师助记 连续函数在不可导点处的两种几何特征：一是该点处不存在切线，该点为折点；二是该点处尽管存在切线，但是切线是铅直的．

例 2.13 设函数 $f(x)=\begin{cases}x^2, & x\leqslant 1,\\ ax+b, & x>1,\end{cases}$ 为使函数 $f(x)$ 在点 $x=1$ 处连续且可导，a，b 取何值？

解析 由题意得 $\lim\limits_{x\to 1^-}f(x)=\lim\limits_{x\to 1^-}x^2=1=\lim\limits_{x\to 1^+}f(x)=\lim\limits_{x\to 1^+}(ax+b)=a+b=f(1)=1,$

$$\lim\limits_{x\to 1^-}\frac{f(x)-f(1)}{x-1}=\lim\limits_{x\to 1^-}\frac{x^2-1}{x-1}=2,$$

$$\lim\limits_{x\to 1^+}\frac{f(x)-f(1)}{x-1}=\lim\limits_{x\to 1^+}\frac{ax+b-1}{x-1}=\lim\limits_{x\to 1^+}\frac{a(x-1)+a+b-1}{x-1}=a,$$

故 $\begin{cases}0=a+b-1,\\ 2=a,\end{cases}$ 即 $a=2$，$b=-1$．

名师助记 分段函数中待定常数由分段函数分界点的连续性及可导性确定，故可利用下述条件建立方程组求函数中的两个参数．

① 函数可导则必连续，且连续的充要条件是其在该点处的左、右极限存在且等于在该点的函数值．

② 函数在一点可导的充要条件是其在该点处的左、右导数存在且相等．

2. 讨论函数性质

例 2.14 设函数 $f(x)$ 连续，且 $f'(0)>0$，则存在 $\delta>0$，使得（　　）．

(A) $f(x)$ 在 $(0,\delta)$ 内单调增加

(B) $f(x)$ 在 $(-\delta,0)$ 内单调减少

(C) 对任意 $x\in(0,\delta)$ 有 $f(x)>f(0)$

(D) 对任意 $x\in(-\delta,0)$ 有 $f(x)>f(0)$

解析 选（C）．

因题设有函数 $f(x)$ 在 $x=0$ 处可导，由导数定义知

$$f'(0)=\lim\limits_{x\to 0}\frac{f(x)-f(0)}{x-0}=\lim\limits_{x\to 0}\frac{f(x)-f(0)}{x}>0.$$

根据极限的保号性知，存在 $\delta>0$，当 $x\in(-\delta,0)\bigcup(0,\delta)$ 时，有 $\dfrac{f(x)-f(0)}{x}>0$．

当 $x\in(-\delta,0)$，即 $x<0$ 时，有 $f(x)-f(0)<0$，即 $f(x)<f(0)$．

当 $x\in(0,\delta)$，即 $x>0$ 时，有 $f(x)-f(0)>0$，即 $f(x)>f(0)$．仅（C）入选．

名师助记 注意极限保号性质的使用，若 $\lim\limits_{x \to x_0} f(x) = A > 0$，则在 $\overset{\circ}{U}(x_0)$ 内有 $f(x) > 0$.

3. 奇偶性与周期性

口诀"奇导偶，偶导奇，周期导周期".

意思是奇函数的导数为偶函数，偶函数的导数为奇函数，周期函数的导数为周期函数，且周期不变.

🔊 **注**

如果函数是奇函数，则 $f(-x) = -f(x)$，左右同时求导可得 $-f'(-x) = -f'(x)$，则 $f'(-x) = f'(x)$，故其导函数为偶函数. 同理可证偶函数的导数一定是奇函数.

如果函数是周期函数，则 $f(x+T) = f(x)$，左右同时求导可得 $f'(x+T) = f'(x)$，故其导函数为周期函数，且周期不变.

例 2.15 已知函数 $f(x) = \dfrac{1}{1+x^2}$，则 $f'''(0) = $ _____.

解析 因为 $f(x) = \dfrac{1}{1+x^2}$ 是偶函数，则 $f'(x)$ 为奇函数，$f''(x)$ 为偶函数，$f'''(x)$ 为奇函数，则 $f'''(0) = 0$.

例 2.16 已知 $f(x)$ 是周期为 5 的连续函数，它在 $x = 0$ 的某个邻域内满足

$$f(1 + \sin x) - 3f(1 - \sin x) = 8x + \alpha(x),$$

其中，$\alpha(x)$ 是当 $x \to 0$ 时比 x 高阶的无穷小，且 $f(x)$ 在 $x = 1$ 处可导，求曲线 $y = f(x)$ 在点 $(6, f(6))$ 处的切线方程.

解析 由 $\lim\limits_{x \to 0}[f(1 + \sin x) - 3f(1 - \sin x)] = \lim\limits_{x \to 0}[8x + \alpha(x)]$，

得 $f(1) - 3f(1) = 0$，故 $f(1) = 0$.

又

$$\lim_{x \to 0} \frac{f(1 + \sin x) - 3f(1 - \sin x)}{\sin x} = \lim_{x \to 0}\left[\frac{8x}{\sin x} + \frac{\alpha(x)}{x} \cdot \frac{x}{\sin x}\right] = 8,$$

令 $\sin x = t$，则有

$$\lim_{x \to 0} \frac{f(1 + \sin x) - 3f(1 - \sin x)}{\sin x} = \lim_{t \to 0} \frac{f(1+t) - f(1)}{t} + 3\lim_{t \to 0} \frac{f(1-t) - f(1)}{-t}$$
$$= 4f'(1),$$

所以 $f'(1) = 2$.

由于 $f(x+5) = f(x)$，所以 $f(6) = f(1) = 0$，$f'(6) = f'(1) = 2$，故所求的切线方程为 $y = 2(x-6)$，即 $2x - y - 12 = 0$.

名师助记 本题涉及函数的周期性、连续性、极限、导数定义及曲线的切线等内容，问题的关键点在于求出 $f'(1)$，而又只能由导数的定义求 $f'(1)$，这也是本题的难点所在.

考点四　一元函数的微分

1. 微分定义

设函数 $y = f(x)$ 在某区间内有定义，x_0 及 $x_0 + \Delta x$ 在该区间内，如果函数的增量 $\Delta y = f(x_0 + \Delta x) - f(x_0)$ 可表示成 $\Delta y = A \cdot \Delta x + o(\Delta x)$，其中 A 是与 Δx 无关的常数，则称函数 $y = f(x)$ 在点 x_0 处可微，并且称 $A \cdot \Delta x$ 为函数 $y = f(x)$ 在点 x_0 处相对于自变量的改变量 Δx 的微分，记作 $\mathrm{d}y$，即 $\mathrm{d}y = A \cdot \Delta x$.

◁)) 注

① 函数 $y = f(x)$ 在点 x_0 处的微分 $\mathrm{d}y$ 是自变量的改变量 Δx 的线性函数.

② $\Delta y - \mathrm{d}y = o(\Delta x)$，即 $\Delta y - \mathrm{d}y$ 是比自变量的改变量 Δx 高阶的无穷小，由此可得到 $\Delta y = \mathrm{d}y + o(\Delta x)$，称 $\mathrm{d}y$ 是 Δy 的线性主部.

③ 当 $A \neq 0$ 时，$\mathrm{d}y$ 与 Δy 是等价无穷小，

$$\frac{\Delta y}{\mathrm{d}y} = \frac{\mathrm{d}y + o(\Delta x)}{\mathrm{d}y} = 1 + \frac{o(\Delta x)}{A \Delta x} \to 1 (\Delta x \to 0).$$

名师助记　在定义中，可以将 $\Delta y = A \cdot \Delta x + o(\Delta x)$ 根据高阶无穷小定义得到 $\lim\limits_{\Delta x \to 0} \dfrac{\Delta y - A \Delta x}{\Delta x} = 0$，即 $\lim\limits_{\Delta x \to 0} \dfrac{\Delta y}{\Delta x} = A$，则 A 为函数的一阶导. 所以微分的运算为 $\mathrm{d}y = A \cdot \Delta x = f'(x)\mathrm{d}x (\Delta x = \mathrm{d}x)$. 由此可知，函数 $y = f(x)$ 在点 x_0 处可微与可导是等价的.

例 2.17　将适当的函数填入下列括号内，使等式成立.

(1) $\mathrm{d}(\quad\quad) = 2\mathrm{d}x$；

(2) $\mathrm{d}(\quad\quad) = 3x\,\mathrm{d}x$；

(3) $\mathrm{d}(\quad\quad) = \cos t\,\mathrm{d}t$；

(4) $\mathrm{d}(\quad\quad) = \mathrm{e}^{-2x}\,\mathrm{d}x$；

(5) $\mathrm{d}(\quad\quad) = \dfrac{1}{\sqrt{x}}\mathrm{d}x$；

(6) $\mathrm{d}(\quad\quad) = \sec^2 3x\,\mathrm{d}x$.

解析　(1) $\mathrm{d}(2x + C) = 2\mathrm{d}x$；

(2) $\mathrm{d}\left(\dfrac{3}{2}x^2 + C\right) = 3x\,\mathrm{d}x$；

(3) $\mathrm{d}(\sin t + C) = \cos t\,\mathrm{d}t$；

(4) $\mathrm{d}\left(-\dfrac{1}{2}\mathrm{e}^{-2x} + C\right) = \mathrm{e}^{-2x}\,\mathrm{d}x$；

(5) $\mathrm{d}(2\sqrt{x} + C) = \dfrac{1}{\sqrt{x}}\mathrm{d}x$；

(6) $\mathrm{d}\left(\dfrac{1}{3}\tan 3x + C\right) = \sec^2 3x\,\mathrm{d}x$.

例 2.18　判别函数 $f(x) = \begin{cases} x\sin\dfrac{1}{x}, & x \neq 0, \\ 0, & x = 0 \end{cases}$ 在点 $x = 0$ 处是否连续，是否可微.

解析　$\lim\limits_{x \to 0} x\sin\dfrac{1}{x} = 0 = f(0)$，

故函数 $f(x)$ 在 $x = 0$ 处连续.

$$f(0)' = \lim_{x \to 0} \frac{f(x) - f(0)}{x - 0} = \lim_{x \to 0} \frac{x \sin \dfrac{1}{x}}{x} = \lim_{x \to 0} \sin \frac{1}{x} \text{ 不存在, 故函数 } f(x) \text{ 在 } x = 0 \text{ 处}$$

不可微.

名师助记 由本题可知, 若函数在一点可微, 则函数在该点连续, 但要注意反过来不成立, 即函数在某点连续并不能推出在该点可微.

2. 微分的几何意义

如图 2-2 所示, 在直角坐标系中, 函数 $y = f(x)$ 的图形是一条曲线, 设 $M(x_0, y_0)$ 是该曲线上的一个定点, 当自变量 x 在点 x_0 处取改变量 Δx 时, 就得到曲线上另一个点 $N(x_0 + \Delta x,$ $y_0 + \Delta y)$, 过 M 作曲线的切线 MT, 它的倾斜角为 α, 则 $QP = MQ \cdot \tan \alpha = \Delta x f'(x_0)$, 即 $\mathrm{d}y = QP$. 由此可知, 当 Δy 是曲线 $y = f(x)$ 在点 M 的纵坐标的增量时, $\mathrm{d}y$ 就是曲线的切线上该点的纵坐标相应的增量, 当 $|\Delta x|$ 很小时, $|\Delta y - \mathrm{d}y|$ 比 $|\Delta x|$ 要小得多, 因此在点 M 的邻近处, 可用切线段 MP 近似代替曲线 MN.

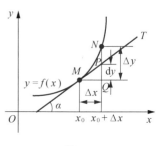

图 2-2

名师助记 在几何上, 上述为微分在几何应用中"以直代曲", 即可用局部的切线段近似代替函数曲线段, 在数学上称为非线性函数的局部线性化, 这是微分学的基本思想之一.

例 2.19 设函数 $y = f(x)$ 具有二阶导数, 且 $f'(x) > 0$, $f''(x) > 0$, Δx 为自变量 x 在点 x_0 处的增量, Δy 与 $\mathrm{d}y$ 分别为 $f(x)$ 在点 x_0 处对应的增量与微分, 若 $\Delta x > 0$, 则 (   )

(A) $0 < \mathrm{d}y < \Delta y$

(B) $0 < \Delta y < \mathrm{d}y$

(C) $\Delta y < \mathrm{d}y < 0$

(D) $\mathrm{d}y < \Delta y < 0$

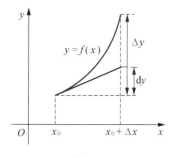

图 2-3

解析 选 (A).

由条件知, $y = f(x)$ 单调增加且图形是凹的, 于是根据 Δy, $\mathrm{d}y$ 的几何意义, 如图 2-3 所示, 可直接得到 $0 < \mathrm{d}y < \Delta y$, 选 (A).

第二节　导数的计算

考点五　预备知识

1. 导数公式

$(c)' = 0$;　　　　　　　　　　　　　　　$(x^\alpha)' = \alpha x^{\alpha - 1}$ (α 实常数);

$(\sin x)' = \cos x$;　　　　　　　　　$(\cos x)' = -\sin x$;

$(\tan x)' = \sec^2 x$;　　　　　　　　$(\cot x)' = -\csc^2 x$;

$(\sec x)' = \sec x \tan x$;　　　　　　$(\csc x)' = -\csc x \cot x$;

$(\log_a x)' = \dfrac{1}{x \ln a}\ (a > 0,\ a \neq 1)$;　　$(\ln x)' = \dfrac{1}{x}$;

$(a^x)' = a^x \ln a\ (a > 0,\ a \neq 1)$;　　$(e^x)' = e^x$;

$(\arcsin x)' = \dfrac{1}{\sqrt{1-x^2}}$;　　　　$(\arccos x)' = -\dfrac{1}{\sqrt{1-x^2}}$;

$(\arctan x)' = \dfrac{1}{1+x^2}$;　　　　　$(\text{arccot}\ x)' = -\dfrac{1}{1+x^2}$;

$\left[\ln(x + \sqrt{x^2 + a^2})\right]' = \dfrac{1}{\sqrt{x^2 + a^2}}$;　　$\left[\ln(x + \sqrt{x^2 - a^2})\right]' = \dfrac{1}{\sqrt{x^2 - a^2}}$.

2. 导数四则运算

若函数 $u(x)$，$v(x)$ 在点 x 处可导,则有

① $[u(x) \pm v(x)]' = u'(x) \pm v'(x)$.

② $[u(x)v(x)]' = u'(x)v(x) + u(x)v'(x)$.

特别地,若 $u(x) = C$ 时,$[Cv(x)]' = Cv'(x)$（C 为常数）.

③ $\left[\dfrac{u(x)}{v(x)}\right]' = \dfrac{u'(x)v(x) - u(x)v'(x)}{v^2(x)}$ （$v(x) \neq 0$）.

特别地,若 $u(x) = 1$ 时,$\left[\dfrac{1}{v(x)}\right]' = -\dfrac{v'(x)}{v^2(x)}$.

🔊 注

导数四则运算法则①②可推广到任意有限个可导函数的情形. 例如,若 $u(x)$，$v(x)$，$w(x)$ 在点 x 处可导,则

$$[u(x) \pm v(x) \pm w(x)]' = u'(x) \pm v'(x) \pm w'(x);$$
$$[u(x)v(x)w(x)]' = u'(x)v(x)w(x) + u(x)v'(x)w(x) + u(x)v(x)w'(x).$$

名师助记　若 u 可导,而 v 不可导,则 $u \pm v$ 必不可导;若 u,v 都不可导,则 $u \pm v$ 未必不可导.

例 2.20　求函数 $y = \sec x$ 的导数.

解析　$y' = (\sec x)' = \left(\dfrac{1}{\cos x}\right)' = \dfrac{\sin x}{\cos^2 x} = \tan x \sec x$.

例 2.21　设函数 $f(x) = (e^x - 1)(e^{2x} - 2) \cdots (e^{nx} - n)$，其中, n 为正整数.求 $f'(0)$.

解析　记 $g(x) = (e^{2x} - 2)(e^{3x} - 3) \cdots (e^{nx} - n)$，则 $f(x) = (e^x - 1)g(x)$.

$f'(x) = e^x g(x) + (e^x - 1)g'(x)$，$f'(0) = g(0) = (-1)^{n-1}(n-1)!$.

考点六　复合函数求导

若函数 $u=\varphi(x)$ 在点 x 处可导，而 $y=f(u)$ 在点 $u=\varphi(x)$ 处可导，则复合函数 $y=f[\varphi(x)]$ 在点 x 处可导，且其导数为 $y'=f'(u)\varphi'(x)$ 或 $\dfrac{\mathrm{d}y}{\mathrm{d}x}=\dfrac{\mathrm{d}y}{\mathrm{d}u}\cdot\dfrac{\mathrm{d}u}{\mathrm{d}x}$.

名师助记　求复合函数导数时，要一层一层地计算，不要漏层，每一层都可以使用如下形式：$(\text{复合函数})'_x=(\text{复合函数})'_{\text{中间变量}}\times(\text{中间变量})'_x$. 即"由外到内，逐层求导".

例 2.22　求下列函数的导数：

(1) $y=\arctan\dfrac{x+1}{x-1}$；　(2) $y=\ln[\ln(\ln x)]$；

(3) $[\ln(x+\sqrt{x^2+a^2})]'$.

解析　(1) $y'=\dfrac{1}{1+\left(\dfrac{x+1}{x-1}\right)^2}\cdot\left(\dfrac{x+1}{x-1}\right)'=\dfrac{1}{1+\left(\dfrac{x+1}{x-1}\right)^2}\cdot\dfrac{(x-1)-(x+1)}{(x-1)^2}$

$$=-\dfrac{1}{1+x^2};$$

(2) $y'=\dfrac{1}{\ln(\ln x)}\cdot[\ln(\ln x)]'=\dfrac{1}{\ln(\ln x)}\cdot\dfrac{1}{\ln x}\cdot(\ln x)'=\dfrac{1}{\ln(\ln x)}\cdot\dfrac{1}{\ln x}\cdot\dfrac{1}{x}$

$$=\dfrac{1}{x\ln x\cdot\ln(\ln x)};$$

(3) $y'=\dfrac{1+\dfrac{2x}{2\sqrt{x^2+a^2}}}{x+\sqrt{x^2+a^2}}=\dfrac{\sqrt{x^2+a^2}+x}{(x+\sqrt{x^2+a^2})\sqrt{x^2+a^2}}=\dfrac{1}{\sqrt{x^2+a^2}}.$

例 2.23　设 $y=\sin[f(x^2)]$，其中 f 具有二阶导数，求 $\dfrac{\mathrm{d}^2y}{\mathrm{d}x^2}$.

解析　用复合函数求导法则求之.

$y'=\cos[f(x^2)]f'(x^2)(2x)=2xf'(x^2)\cos[f(x^2)]$,

$y''=2f'(x^2)\cos[f(x^2)]+4x^2f''(x^2)\cos[f(x^2)]-2xf'(x^2)\sin[f(x^2)]\cdot f'(x^2)\cdot 2x$

$\qquad=2f'(x^2)\cos[f(x^2)]+4x^2\{f''(x^2)\cos[f(x^2)]-[f'(x^2)]^2\sin[f(x^2)]\}.$

名师助记　对于多层复合函数求导，要分清自变量、中间变量和因变量，求导时应由外往里按复合层次一层一层地计算，直到对自变量求导为止. 复合函数的表达式较复杂时，用一个中间变量还不够，需要引入多个中间变量. 还要注意 $f'[g(x)]$ 与 $\{f[g(x)]\}'$ 之间的区别与联系：$f'[g(x)]$ 表示 f 对中间变量 $g(x)$ 求导；$\{f[g(x)]\}'$ 表示整个函数对自变量 x 求导，且有关系式 $\{f[g(x)]\}'=f'[g(x)]g'(x)$.

例 2.24　设 $y=x(\sin x)^{\cos x}$，求 y'.

解法一　在所给方程两端取对数，得 $\ln y=\ln x+\cos x\ln\sin x$. 在两端求导得

$$\dfrac{y'}{y}=\dfrac{1}{x}+\cos x\cot x-\sin x\ln\sin x,\text{ 即}$$

$$y' = y\left(\frac{1}{x} + \cos x \cot x - \sin x \ln \sin x\right)$$

$$= x (\sin x)^{\cos x}\left(\frac{1}{x} + \cos x \cot x - \sin x \ln \sin x\right).$$

解法二 将 y 化成 $y = \mathrm{e}^{\ln[x(\sin x)^{\cos x}]}$ 后再求导,得

$$y' = \mathrm{e}^{\ln[x(\sin x)^{\cos x}]}\left[\ln x (\sin x)^{\cos x}\right]' = y(\ln x + \ln \sin x^{\cos x})'$$

$$= y\left(\frac{1}{x} + \cos x \cot x - \sin x \ln \sin x\right)$$

$$= x (\sin x)^{\cos x}\left(\frac{1}{x} + \cos x \cot x - \sin x \ln \sin x\right).$$

名师助记 幂指函数的求导,一个方法是将其改写成指数型复合函数 $u(x)^{v(x)} = \mathrm{e}^{v(x)\ln u(x)}$,然后用复合函数求导法则;另一方法是用对数求导法,即先在函数表达式两端同取对数,然后用复合函数求导法则.

考点七 分段函数求导

分段函数的求导,要注意分段点的可导性判定,口诀为"分段点处用定义,非分段点处用公式",即在分段点处只能使用导数的定义求解,非分段点直接用公式求解.

例 2.25 设 $f(x) = \begin{cases} \dfrac{1-\cos x}{\sqrt{x}}, & x > 0, \\ x^2 g(x), & x \leqslant 0, \end{cases}$ $g(x)$ 是有界函数,则 $f(x)$ 在 $x = 0$ 处( ).

(A) 极限不存在   (B) 极限存在,但不连续

(C) 连续,但不可导   (D) 可导

解析 选(D).

$$\lim_{x \to 0^+} f(x) = \lim_{x \to 0^+} \frac{1-\cos x}{\sqrt{x}} = 0, \quad \lim_{x \to 0^-} f(x) = \lim_{x \to 0^-} x^2 g(x) = 0,$$

$\lim_{x \to 0} f(x) = f(0) = 0$,故函数在 $x = 0$ 处连续.

$$f'_+(0) = \lim_{x \to 0^+} \frac{f(x) - f(0)}{x - 0} = \lim_{x \to 0^+} \frac{\dfrac{1-\cos x}{\sqrt{x}}}{x} = \lim_{x \to 0^+} \frac{1-\cos x}{x^{\frac{3}{2}}} = 0,$$

$$f'_-(0) = \lim_{x \to 0^-} \frac{f(x) - f(0)}{x - 0} = \lim_{x \to 0^-} \frac{x^2 g(x)}{x} = \lim_{x \to 0^-} x g(x) = 0.$$

$f'_+(0) = f'_-(0) = 0$,故函数在 $x = 0$ 处可导,且 $f'(0) = 0$.

例 2.26 求 $f(x) = \begin{cases} x^2 \sin \dfrac{1}{x}, & x \neq 0, \\ 0, & x = 0 \end{cases}$ 的导数 $f'(x)$,并证明 $f'(x)$ 在 $x = 0$ 处不连续.

解析 当 $x \neq 0$ 时，$f'(x) = \left(x^2 \sin\dfrac{1}{x}\right)' = 2x\sin\dfrac{1}{x} - \cos\dfrac{1}{x}$；

当 $x = 0$ 时，$f'(0) = \lim\limits_{x\to 0}\dfrac{f(x)-f(0)}{x} = \lim\limits_{x\to 0}\dfrac{x^2\sin\dfrac{1}{x}-0}{x} = \lim\limits_{x\to 0} x\sin\dfrac{1}{x} = 0$（无穷小乘有界）.

因此，$f'(x) = \begin{cases} 2x\sin\dfrac{1}{x} - \cos\dfrac{1}{x}, & x \neq 0, \\ 0, & x = 0. \end{cases}$

由于 $\lim\limits_{x\to 0} f'(x) = \lim\limits_{x\to 0}\left(2x\sin\dfrac{1}{x} - \cos\dfrac{1}{x}\right)$ 不存在$\left(\text{因为} \lim\limits_{x\to 0} 2x\sin\dfrac{1}{x} = 0 \text{ 存在，但}\right.$ $\lim\limits_{x\to 0}\cos\dfrac{1}{x}$ 不存在$\Big)$，因此 $f'(x)$ 在 $x = 0$ 处不连续.

考点八　反函数求导

1. 一阶导求解

设 $y = f(x)$ 在区间 I_x 内单调可导，且 $f'(x) \neq 0$，值域为区间 I_y，则它的反函数 $x = \varphi(y)$ 在 I_y 内可导，且其反函数的导数为 $\varphi'(y) = \dfrac{1}{f'(x)}$.

名师助记
实际上，反函数的导数等于其原函数导数的倒数.

2. 二阶导求解

$$\frac{\mathrm{d}^2 x}{\mathrm{d}y^2} = \frac{\mathrm{d}}{\mathrm{d}y}\left(\frac{\mathrm{d}x}{\mathrm{d}y}\right) = \frac{\mathrm{d}}{\mathrm{d}y}\big[\varphi'(y)\big] = \frac{\mathrm{d}}{\mathrm{d}y}\left[\frac{1}{f'(x)}\right] = \frac{\mathrm{d}\left[\dfrac{1}{f'(x)}\right]/\mathrm{d}x}{\mathrm{d}y/\mathrm{d}x}$$

$$= -\frac{f''(x)}{\big[f'(x)\big]^2} \cdot \frac{1}{f'(x)} = -\frac{f''(x)}{\big[f'(x)\big]^3}.$$

名师助记　注意反函数的二阶导是在一阶导的基础上，继续对"y"求导，且一阶导的表达式 $\dfrac{1}{f'(x)}$ 中含有原函数的自变量 x，故分子分母同时除以 $\mathrm{d}x$ 恒等变形后，分别对 x 求导即可，求导过程务必注意求导对象.

例 2.27　证明：$(\arctan x)' = \dfrac{1}{1+x^2}$.

证明　令 $y = \arctan x$，则 $x = \tan y$，$y \in \left(-\dfrac{\pi}{2}, \dfrac{\pi}{2}\right)$，因反函数 $x = \tan y$ 求导容易，先求反函数的导数 $\dfrac{\mathrm{d}x}{\mathrm{d}y} = \sec^2 y$. 再由反函数的导数法则得

$$\frac{\mathrm{d}y}{\mathrm{d}x}=\frac{1}{\dfrac{\mathrm{d}x}{\mathrm{d}y}}=\frac{1}{\sec^2 y}=\frac{1}{1+\tan^2 y}=\frac{1}{1+[\tan(\arctan x)]^2}=\frac{1}{1+x^2},$$

即 $(\arctan x)'=\dfrac{1}{1+x^2}$.

例 2.28 设 $x=\psi(y)$ 是单调连续函数 $y=\varphi(x)$ 的反函数,且 $\varphi(1)=2$,$\varphi'(1)=-\sqrt{3}/3$,求 $\psi'(2)$.

解析 $x'=\psi'(y)$,$y'=\varphi'(x)$,由 $x'=\dfrac{1}{y'}$ 即 $\psi'(y)=\dfrac{1}{\varphi'(x)}$ 及 $x=1$ 知,$y=\varphi(1)=2$,得

$$\psi'(2)=\frac{1}{\varphi'(1)}=\frac{1}{-\dfrac{\sqrt{3}}{3}}=-\sqrt{3}.$$

考点九 隐函数求导

设方程 $F(x,y)=0$ 确定 y 是 x 的隐函数(或 x 是 y 的隐函数),y 对 x (或 x 对 y)的一阶导数求法主要有三种方法:

① 直接求导法:即在所给方程两端直接对 x (或对 y)求导.求导过程中始终把 y (或 x)视为 x (或 y)的函数,得到一个关于 y'_x (或 x'_y)的方程,解出 y'_x (或 x'_y)就得到结果.

② 微分法:即在所给方程两端利用一阶微分形式不变性求微分,求出 $\mathrm{d}x$ 与 $\mathrm{d}y$ 所满足的关系后,其比值即为所求的导数 $\dfrac{\mathrm{d}y}{\mathrm{d}x}\left(\text{或}\dfrac{\mathrm{d}x}{\mathrm{d}y}\right)$.

③ 公式法:用公式 $y'=\dfrac{\mathrm{d}y}{\mathrm{d}x}=-\dfrac{F'_x(x,y)}{F'_y(x,y)}$ 求之,其中,$F'_x(x,y)$,$F'_y(x,y)$ 分别表示 $F(x,y)$ 对 x,y 的偏导数,且 $F'_y(x,y)\neq 0$.

例 2.29 设函数 $y=y(x)$ 由方程 $\mathrm{e}^{x+y}+\cos(xy)=0$ 确定,求 $\dfrac{\mathrm{d}y}{\mathrm{d}x}$.

解法一(直接求导法) 在方程两端对 x 求导,视 y 为 x 的函数得到

$$\mathrm{e}^{x+y}(1+y')-\sin(xy)(y+xy')=0,$$

所以

$$y'=\frac{y\sin(xy)-\mathrm{e}^{x+y}}{\mathrm{e}^{x+y}-x\sin(xy)}.$$

解法二(微分法) 方程两端同时取微分可得 $\mathrm{d}(\mathrm{e}^{x+y}+\cos(xy))=0$,即

$$\mathrm{d}\mathrm{e}^{x+y}+\mathrm{d}\cos(xy)=0,$$

故

$$\mathrm{e}^{x+y}(\mathrm{d}x+\mathrm{d}y)-\sin(xy)(y\mathrm{d}x+x\mathrm{d}y)=0,$$

所以

$$\mathrm{e}^{x+y}\mathrm{d}x+\mathrm{e}^{x+y}\mathrm{d}y-y\sin(xy)\mathrm{d}x-x\sin(xy)\mathrm{d}y=0,$$

$$e^{x+y}dy - x\sin(xy)dy = y\sin(xy)dx - e^{x+y}dx,$$
$$(e^{x+y} - x\sin(xy))dy = (y\sin(xy) - e^{x+y})dx,$$

故
$$y' = \frac{dy}{dx} = \frac{y\sin(xy) - e^{x+y}}{e^{x+y} - x\sin(xy)}.$$

解法三（公式法） 令 $F(x, y) = e^{x+y} + \cos(xy)$，由公式可知：

$$y' = \frac{dy}{dx} = -\frac{F'_x(x, y)}{F'_y(x, y)} = -\frac{e^{x+y} - y\sin(xy)}{e^{x+y} - x\sin(xy)}.$$

名师助记 通过以上三种解法，不难看出在求解一阶导函数表达式时，通过公式法求解更加简单有效．接下来我们通过下一题，体会在求解某点导函数值时，利用直接求导法会更加简便．

例 2.30 已知函数 $y = y(x)$ 由方程 $e^y + 6xy + x^2 - 1 = 0$ 确定，则 $y''(0) = $ _____．

解析 令 $x = 0$，得 $y(0) = 0$．两端对 x 两次求导，分别得到

$$e^y y' + 6y + 6xy' + 2x = 0, \qquad \text{①}$$
$$e^y(y')^2 + e^y y'' + 6y' + 6y' + 6xy'' + 2 = 0. \qquad \text{②}$$

在式①中令 $x = 0$，由 $y(0) = 0$ 得 $y'(0) = 0$．

在式②中令 $x = 0$，由 $y(0) = y'(0) = 0$ 得 $y''(0) = -2$．

名师助记 此题可以利用直接求导法或者微分法，先求出导函数表达式，再代入数值，但计算量明显更大．所以在求解某点导函数值的时候，建议利用直接求导法，不需要化简导函数表达式，直接带点计算更加简便．

考点十　参数方程求导

1. 一阶导求解

设 $\varphi(t)$，$\psi(t)$ 是可导函数，且 $\varphi'(t) \neq 0$，则参数方程 $\begin{cases} x = \varphi(t), \\ y = \psi(t) \end{cases}$ 所确定的函数关系

$y = y(x)$，其导数 $y'(x)$ 存在，且有 $\dfrac{dy}{dx} = \dfrac{\dfrac{dy}{dt}}{\dfrac{dx}{dt}} = \dfrac{\psi'(t)}{\varphi'(t)}$．

2. 二阶导求解

$$\frac{d^2y}{dx^2} = \frac{d}{dx}\left(\frac{dy}{dx}\right) = \frac{\dfrac{d\left(\dfrac{dy}{dx}\right)}{dt}}{\dfrac{dx}{dt}} = \frac{\left[\dfrac{\psi'(t)}{\varphi'(t)}\right]'\Big|_t}{\varphi'(t)} = \frac{\psi''(t)\varphi'(t) - \psi'(t)\varphi''(t)}{[\varphi'(t)]^3}.$$

名师助记 注意求二阶导时，原本在一阶导的基础上，先对 x 求导．而内部表达式都是

t 的函数,不能直接对 x 求导,故将 t 视为中间变量,上下对 t 求导.

例 2.31　已知 $\begin{cases} x = e^t \sin t, \\ y = e^t \cos t, \end{cases}$ 求当 $t = \dfrac{\pi}{3}$ 时 $\dfrac{dy}{dx}$ 的值.

解析　$\dfrac{dy}{dx} = \dfrac{\dfrac{dy}{dt}}{\dfrac{dx}{dt}} = \dfrac{e^t \cos t - e^t \sin t}{e^t \sin t + e^t \cos t} = \dfrac{\cos t - \sin t}{\sin t + \cos t}.$

当 $t = \dfrac{\pi}{3}$ 时,$\dfrac{dy}{dx}\Big|_{t=\frac{\pi}{3}} = \dfrac{\dfrac{1}{2} - \dfrac{\sqrt{3}}{2}}{\dfrac{1}{2} + \dfrac{\sqrt{3}}{2}} = \dfrac{1 - \sqrt{3}}{1 + \sqrt{3}} = \sqrt{3} - 2.$

例 2.32　求参数方程 $\begin{cases} x = 3e^{-t}, \\ y = 2e^t \end{cases}$ 所确定的函数的二阶导数 $\dfrac{d^2 y}{dx^2}.$

解析　$\dfrac{dy}{dx} = \dfrac{\dfrac{dy}{dt}}{\dfrac{dx}{dt}} = \dfrac{2e^t}{-3e^{-t}} = -\dfrac{2}{3}e^{2t}$；$\dfrac{d^2 y}{dx^2} = \dfrac{d\left(\dfrac{dy}{dx}\right)}{\dfrac{dx}{dt}} = \dfrac{-\dfrac{2}{3} \cdot 2e^{2t}}{-3e^{-t}} = \dfrac{4}{9}e^{3t}.$

例 2.33　已知 $\begin{cases} x = \sin t, \\ y = \cos 2t, \end{cases}$ 求曲线在 $t = \dfrac{\pi}{4}$ 处的切线方程和法线方程.

解析　先求一阶导,$\dfrac{dy}{dx} = \dfrac{\dfrac{dy}{dt}}{\dfrac{dx}{dt}} = \dfrac{-2\sin 2t}{\cos t}.$

当 $t = \dfrac{\pi}{4}$ 时,$\dfrac{dy}{dx}\Big|_{t=\frac{\pi}{4}} = \dfrac{-2\sin\left(2 \cdot \dfrac{\pi}{4}\right)}{\cos \dfrac{\pi}{4}} = \dfrac{-2}{\dfrac{\sqrt{2}}{2}} = -2\sqrt{2}$,$x_0 = \dfrac{\sqrt{2}}{2}$,$y_0 = 0.$

所求切线方程为

$$y = -2\sqrt{2}\left(x - \frac{\sqrt{2}}{2}\right), \text{即 } 2\sqrt{2}\,x + y - 2 = 0;$$

所求法线方程为

$$y = -\frac{1}{-2\sqrt{2}}\left(x - \frac{\sqrt{2}}{2}\right), \text{即 } \sqrt{2}\,x - 4y - 1 = 0.$$

考点十一　求高阶导数

1. 利用归纳法

先逐一求出 $y = f(x)$ 的一阶、二阶、三阶导数,若能观察出规律,就可写出 $y^{(n)}$ 的表达式.

🔊 **注**

以下基本高阶导数公式,均可由归纳法得到:

$(e^{ax+b})^{(n)} = a^n e^{ax+b}$.

$[\sin(ax+b)]^{(n)} = a^n \sin\left(ax+b+\dfrac{n\pi}{2}\right)$.

$[\cos(ax+b)]^{(n)} = a^n \cos\left(ax+b+\dfrac{n\pi}{2}\right)$.

$[\ln(1+x)]^{(n)} = (-1)^{n-1}\dfrac{(n-1)!}{(1+x)^n}$.

$\left(\dfrac{1}{ax+b}\right)^{(n)} = (-1)^n a^n \dfrac{n!}{(ax+b)^{n+1}}$.

2. 利用莱布尼茨公式

$$(uv)^{(n)} = \sum_{k=0}^{n} C_n^k u^{(n-k)} v^{(k)} = \sum_{k=0}^{n} C_n^k u^{(k)} v^{(n-k)}，这里 u^{(0)} = u，v^{(0)} = v.$$

名师助记 当两个函数中有一个因子为次数较低的多项式函数时,由于在阶数高于该次数的导数时,函数均为零,因此在用莱布尼茨公式计算其高阶导数时,将有许多项为零,从而简化计算.另外,对由两个函数乘积构成的函数,若其中的每个函数的各阶导数均能有规律地写出,也常用莱布尼茨公式求其高阶导数.

例 2.34 已知 $y = e^x \cos x$, 求 $y^{(4)}$.

解析
$$y^{(4)} = (e^x \cos x)^{(4)}$$
$$= C_4^0 e^x \cos x + C_4^1 e^x (\cos x)' + C_4^2 e^x (\cos x)'' + C_4^3 e^x (\cos x)'''$$
$$+ C_4^4 e^x (\cos x)^{(4)}$$
$$= e^x \cos x - 4e^x \sin x - 6e^x \cos x + 4e^x \sin x + e^x \cos x$$
$$= -4e^x \cos x.$$

例 2.35 已知 $y = x^2 \sin 2x$, 求 $y^{(50)}$.

解析 注意到 x^2 的三阶及三阶以上的导数均为零,由 $(\sin 2x)^{(n)} = 2^n \sin\left(2x+\dfrac{n\pi}{2}\right)$ 及莱布尼茨公式得到

$$y^{(50)} = x^2 (\sin 2x)^{(50)} + 50(x^2)'(\sin 2x)^{(49)} + \frac{50 \times (50-1)}{2}(x^2)''(\sin 2x)^{(48)}$$

$$= 2^{50} x^2 \sin\left(2x+\frac{50\pi}{2}\right) + 2^{50} \times 50x \sin\left(2x+\frac{49\pi}{2}\right) + 2 \times 2^{48}$$

$$\times \frac{50 \times (50-1)}{2} \sin\left(2x+\frac{48\pi}{2}\right)$$

$$= 2^{50} x^2 \sin(2x + 25\pi) + 2^{50} \times 50x \cos 2x + 2^{50} \times \frac{50 \times (50-1)}{4} \sin 2x$$

$$= 2^{50} \left(50x \cos 2x - x^2 \sin 2x + \frac{1\,225}{2} \sin 2x \right).$$

名师助记　注意到 $f(x) = u(x)v(x)$，其中 $u(x) = x^2$ 是一个次数为 2 的幂函数，它的三阶或高于三阶的导数全为零，用莱布尼茨公式时，$f^{(n)}(x)$ 的非零项只有三项.

3. 用泰勒公式

(1) 泰勒公式的概念

如果函数 $f(x)$ 在含有 x_0 的某个开区间 (a, b) 内具有直到 $n+1$ 阶的导数，则对任意 $x \in (a, b)$，有

$$f(x) = f(x_0) + f'(x_0)(x - x_0) + \frac{f''(x_0)}{2!}(x - x_0)^2 + \cdots + \frac{f^{(n)}(x_0)}{n!}(x - x_0)^n + R_n(x).$$

其中，$R_n(x)$ 称为泰勒余项，共有两种余项.

① 拉格朗日型余项：$R_n(x) = \dfrac{f^{(n+1)}(\xi)}{(n+1)!}(x - x_0)^{n+1}$.

② 皮亚诺型余项：$R_n(x) = o\left[(x - x_0)^n\right]$.

(2) 常用的麦克劳林公式（函数 $f(x)$ 在 $x = 0$ 处展开）

$$\sin x = x - \frac{1}{3!}x^3 + \frac{1}{5!}x^5 - \cdots + (-1)^n \frac{x^{2n+1}}{(2n+1)!} + o(x^{2n+1}),$$

$$\cos x = 1 - \frac{1}{2!}x^2 + \frac{1}{4!}x^4 - \cdots + (-1)^n \frac{x^{2n}}{(2n)!} + o(x^{2n}),$$

$$e^x = 1 + x + \frac{x^2}{2!} + \frac{x^3}{3!} + \cdots + \frac{x^n}{n!} + o(x^n),$$

$$\ln(1 + x) = x - \frac{x^2}{2} + \frac{x^3}{3} - \cdots + (-1)^{n-1}\frac{x^n}{n} + o(x^n),$$

$$(1 + x)^\alpha = 1 + \alpha x + \frac{\alpha(\alpha-1)}{2!}x^2 + \cdots + \frac{\alpha(\alpha-1)\cdots(\alpha-n+1)}{n!}x^n + o(x^n).$$

名师助记　麦克劳林公式在求极限、求高阶导数、级数求和（仅数一、数三）中有非常重要的应用，请务必将上述常用公式熟记.

(3) 利用泰勒公式求解 $f^{(n)}(0)$ 步骤

① 先将函数按照泰勒展开式 $f(x) = \displaystyle\sum_{n=0}^{\infty} \frac{f^{(n)}(0)}{n!}x^n$ 表达.

② 根据麦克劳林公式对函数作具体展开.

③ 由泰勒展开式的唯一性，得到泰勒系数中 $f^{(n)}(0)$ 的表达式.

例 2.36　已知函数 $f(x) = x^3 \sin x$，试求 $f^{(6)}(0)$.

解析　① 由麦克劳林公式，$f(x) = f(0) + \dfrac{f'(0)}{1!}x + \cdots + \dfrac{f^{(n)}(0)}{n!}x^n + o(x^n)$.

② 将函数 $\sin x$ 在 $x = 0$ 处展开，得

$$\sin x = x - \frac{1}{3!}x^3 + \frac{1}{5!}x^5 - \cdots + (-1)^n \frac{x^{2n+1}}{(2n+1)!} + o(x^{2n+1}),$$

则 $f(x) = x^3 \sin x = x^3 \left[x - \frac{x^3}{6} + \frac{x^5}{5!} - \cdots + (-1)^n \frac{x^{2n+1}}{(2n+1)!} + o(x^{2n+1}) \right].$

③ 由泰勒展开后对应系数相等可得 $\dfrac{f^{(6)}(0)x^6}{6!} = -\dfrac{x^6}{6}$，故 $f^{(6)}(0) = -5!.$

例 2.37 求函数 $f(x) = x^2 \ln(1+x)$ 在 $x=0$ 处 n 阶导数 $f^{(n)}(0)(n \geqslant 3).$

解法一 设 $v(x) = \ln(1+x)$，且由 $v^{(n)}(x) = [\ln(1+x)]^{(n)} = \dfrac{(-1)^{n-1}(n-1)!}{(1+x)^n},$

取莱布尼茨公式的前三项，得到

$$
\begin{aligned}
f^{(n)}(x) &= [u(x)v(x)]^{(n)} = [x^2 \ln(1+x)]^{(n)} \\
&= (x^2)^{(0)}[\ln(1+x)]^{(n)} + C_n^1 (x^2)'[\ln(1+x)]^{(n-1)} + C_n^2 (x^2)''[\ln(1+x)]^{(n-2)} \\
&= x^2 \frac{(-1)^{n-1}(n-1)!}{(1+x)^n} + 2nx \frac{(-1)^{n-2}(n-2)!}{(1+x)^{n-1}} + n(n-1) \frac{(-1)^{n-3}(n-3)!}{(1+x)^{n-2}},
\end{aligned}
$$

故 $\quad f^{(n)}(0) = (-1)^{n-3} n(n-1) \cdot (n-3)! = \dfrac{(-1)^{n-1} n!}{n-2}.$

解法二 ① 由麦克劳林公式，$f(x) = f(0) + \dfrac{f'(0)}{1!}x + \cdots + \dfrac{f^{(n)}(0)}{n!}x^n + o(x^n).$

② 将函数 $\ln(1+x)$ 在 $x=0$ 处展开，得

$$\ln(1+x) = x - \frac{x^2}{2} + \frac{x^3}{3} - \cdots + (-1)^{n-1} \frac{x^n}{n} + o(x^n),$$

则

$$
\begin{aligned}
f(x) &= x^2 \ln(1+x) = x^2 \left(x - \frac{x^2}{2} + \frac{x^3}{3} - \cdots + (-1)^{n-1} \frac{x^n}{n} + o(x^n) \right) \\
&= x^3 - \frac{x^4}{2} + \frac{x^5}{3} - \cdots + (-1)^{n-3} \frac{x^n}{n-2} + (-1)^{n-2} \frac{x^{n+1}}{n-1} + (-1)^{n-1} \frac{x^{n+2}}{n} + x^2 \cdot o(x^n) \\
&= \sum_{n=1}^{\infty} (-1)^{n-1} \frac{x^{n+2}}{n} = \sum_{n=3}^{\infty} (-1)^{n-1} \frac{x^n}{n-2}.
\end{aligned}
$$

③ 由泰勒展开对应系数相等，可得 $\dfrac{f^{(n)}(0)x^n}{n!} = (-1)^{n-1} \dfrac{x^n}{n-2}$，故

$$f^{(n)}(0) = \frac{(-1)^{n-1} n!}{n-2}.$$

第三节　导数的应用

考点十二　函数的单调性

定理　设函数 $f(x)$ 在 I 上连续,在 I 上除最多有限个点外满足 $f'(x)>0$(或 $f'(x)<0$),则函数 $f(x)$ 在 I 上单调增加(单调减少).

名师助记　只有驻点(导数为零的点)和不可导点(导数不存在的点)才能成为单调区间的分界点.

例 2.38　设 $f(x)$,$g(x)$ 是恒大于零的可导函数,且 $f'(x)g(x)-f(x)g'(x)<0$,则当 $a<x<b$ 时,有(　　).

(A) $f(x)g(b)>f(b)g(x)$　　　　　　(B) $f(x)g(a)>f(a)g(x)$

(C) $f(x)g(x)>f(b)g(b)$　　　　　　(D) $f(x)g(x)>f(a)g(a)$

解析　选(A).

从题目条件 $f'(x)g(x)-f(x)g'(x)$ 可看出需要构造辅助函数 $F(x)=\dfrac{f(x)}{g(x)}$,于是

$F'(x)=\dfrac{f'(x)g(x)-f(x)g'(x)}{g^2(x)}<0$,故 $f(x)$ 单调减少,于是在 $a<x<b$ 时,有

$F(a)>F(x)>F(b)$,即 $\dfrac{f(a)}{g(a)}>\dfrac{f(x)}{g(x)}>\dfrac{f(b)}{g(b)}$. 再注意 $f(x)$,$g(x)$ 恒大于零,所以

$f(x)g(b)>f(b)g(x)$,选(A).

考点十三　函数的凹凸性

1. 定义

设 $f(x)$ 在区间 I 上连续,若对任意不同的两点 x_1,x_2,恒有

$f\left(\dfrac{x_1+x_2}{2}\right)<\dfrac{1}{2}\left[f(x_1)+f(x_2)\right]$,则称 $f(x)$ 在 I 上是凹的;

$f\left(\dfrac{x_1+x_2}{2}\right)>\dfrac{1}{2}\left[f(x_1)+f(x_2)\right]$,则称 $f(x)$ 在 I 上是凸的.

🔊注

上述凹凸性定义总结如表 2-1 所示.

表 2-1　函数的凹凸性的定义

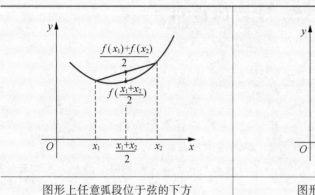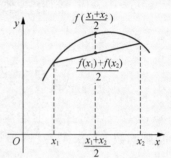

图形上任意弧段位于弦的下方	图形上任意弧段位于弦的上方
$\dfrac{f(x_1)+f(x_2)}{2}>f\left(\dfrac{x_1+x_2}{2}\right)$	$\dfrac{f(x_1)+f(x_2)}{2}<f\left(\dfrac{x_1+x_2}{2}\right)$

2. 判定

设函数 $f(x)$ 在 $[a,b]$ 上连续,在 (a,b) 内具有二阶导数,那么

① 若 $f''(x)>0$,则曲线 $y=f(x)$ 在 $[a,b]$ 上是凹的.

② 若 $f''(x)<0$,则曲线 $y=f(x)$ 在 $[a,b]$ 上是凸的.

例 2.39　设函数 $f(x)$ 具有二阶导数,$g(x)=f(0)(1-x)+f(1)x$,则在区间 $[0,1]$ 上(　　)

(A) 当 $f'(x)\geqslant0$ 时,$f(x)\geqslant g(x)$　　　　(B) 当 $f'(x)\geqslant0$ 时,$f(x)\leqslant g(x)$

(C) 当 $f''(x)\geqslant0$ 时,$f(x)\geqslant g(x)$　　　　(D) 当 $f''(x)\geqslant0$ 时,$f(x)\leqslant g(x)$

解析　选(D).

$g(x)=f(0)(1-x)+f(1)x$ 变形为 $g(x)=\dfrac{f(1)-f(0)}{1-0}x+f(0)$,可知 $g(x)$ 为经过函数 $f(x)$ 在 $x=0,1$ 两点处的直线.不论函数 $f(x)$ 单调增加或单调减少,$f(x)$ 为凹函数,则有 $f(x)\leqslant g(x)$;$f(x)$ 为凸函数,则有 $f(x)\geqslant g(x)$.根据二阶导数判定法可知选项(D)正确.

考点十四　函数的极值

1. 定义

设函数 $f(x)$ 在 (a,b) 内有定义,x_0 是 (a,b) 内的某一点.

若存在点 x_0 的一个邻域,使对此邻域内的任一点 x $(x\neq x_0)$,总有 $f(x)<f(x_0)$,则称 $f(x_0)$ 为函数 $f(x)$ 的一个极大值,称 x_0 为函数 $f(x)$ 的一个极大值点.

若存在点 x_0 的一个邻域,使对此邻域内的任一点 x $(x\neq x_0)$,总有 $f(x)>f(x_0)$,则称 $f(x_0)$ 为函数 $f(x)$ 的一个极小值,称 x_0 为函数 $f(x)$ 的一个极小值点.

🔊 **注**

函数的极大值与极小值统称极值,极大值点与极小值点统称极值点.

2. 极值存在的必要条件

设函数 $f(x)$ 在 x_0 处可导,且 x_0 为 $f(x)$ 的一个极值点,则 $f'(x_0)=0$.

3. 极值存在的充分条件

第一充分条件 设函数 $f(x)$ 在 x_0 处连续,在 x_0 的去心邻域 $\overset{\circ}{U}(x_0)$ 内可导,且 $f'(x)$ 在 x_0 两侧异号,则 x_0 为极值点,即

① 如果在 $(x_0-\delta, x_0)$ 内的任一点 x 处,有 $f'(x)>0$,而在 $(x_0, x_0+\delta)$ 内的任一点 x 处,有 $f'(x)<0$,则 $f(x_0)$ 为极大值,x_0 为极大值点.

② 如果在 $(x_0-\delta, x_0)$ 内的任一点 x 处,有 $f'(x)<0$,而在 $(x_0, x_0+\delta)$ 内的任一点 x 处,有 $f'(x)>0$,则 $f(x_0)$ 为极小值,x_0 为极小值点.

第二充分条件 设函数 $f(x)$ 在 x_0 处有二阶导数,且 $f'(x_0)=0$,$f''(x_0)\neq 0$,则

① 当 $f''(x_0)<0$ 时,$f(x_0)$ 为极大值,x_0 为极大值点.

② 当 $f''(x_0)>0$ 时,$f(x_0)$ 为极小值,x_0 为极小值点.

名师助记 求极值点可分两步,先求可疑点($f'(x)=0$ 及 $f'(x)$ 不存在的点),然后对上述可疑点使用充分条件判定该点是否为极值点.

例 2.40 已知 $f(x)$ 在 $x=0$ 的某个邻域内连续,且 $\lim\limits_{x\to 0}\dfrac{f(x)}{1-\cos x}=2$,则在点 $x=0$ 处 $f(x)$(   ).

(A)不可导

(B)可导且 $f'(0)\neq 0$

(C)取得极大值

(D)取得极小值

解析 选(D).

已知函数 $f(x)$ 在 $x=0$ 处连续,则 $\lim\limits_{x\to 0}f(x)=0=f(0)$.

对于 $\lim\limits_{x\to 0}\dfrac{f(x)}{1-\cos x}=2$,由极限保号性可知存在 $x=0$ 的某个去心邻域,在此去心邻域内 $\dfrac{f(x)}{1-\cos x}>0$. 又 $1-\cos x>0$,则 $f(x)>0$. 由极值定义可知 $f(x)$ 在 $x=0$ 处取得极小值.

名师助记 此题为极限保号性与极值定义的结合,是较为典型的一类题,考查考生对概念的理解,把握好概念即可.

例 2.41 试问 a 为何值时,函数 $f(x)=a\sin x+\dfrac{1}{3}\sin 3x$ 在 $x=\dfrac{\pi}{3}$ 处取得极值? 它是极大值还是极小值? 并求此极值.

解析 $f'(x)=a\cos x+\cos 3x$,$f'\left(\dfrac{\pi}{3}\right)=a\cos\dfrac{\pi}{3}+\cos\left(3\times\dfrac{\pi}{3}\right)=0$,故 $a=2$.

$f''(x)=-2\sin x-3\sin 3x$,$f''\left(\dfrac{\pi}{3}\right)=-2\sin\dfrac{\pi}{3}-3\sin\left(3\times\dfrac{\pi}{3}\right)=-\sqrt{3}<0$,

$f\left(\dfrac{\pi}{3}\right)=2\sin\dfrac{\pi}{3}+\dfrac{1}{3}\sin\pi=\sqrt{3}$,故 $f\left(\dfrac{\pi}{3}\right)=\sqrt{3}$,且为极大值.

例 2.42 设 $f(x)$ 有二阶连续导数,且 $f'(0)=0,\lim\limits_{x\to 0}\dfrac{f''(x)}{|x|}=1$,则( ).

(A) $f(0)$ 是 $f(x)$ 的极大值

(B) $f(0)$ 是 $f(x)$ 的极小值

(C) $(0,f(0))$ 是曲线 $y=f(x)$ 的拐点

(D) $f(0)$ 不是 $f(x)$ 的极值,$(0,f(0))$ 也不是曲线 $y=f(x)$ 的拐点

解析 选(B).

由于 $\lim\limits_{x\to 0}\dfrac{f''(x)}{|x|}=1>0$,由极限的局部保号性知,存在 $x=0$ 的某个去心邻域,在此去心邻域内 $\dfrac{f''(x)}{|x|}>0$,即 $f''(x)>0$,$f'(x)$ 在 $x=0$ 的去心邻域内单调增加.因为 $f'(0)=0$,故在左半邻域内,有 $f'(x)<0$;在右半邻域内,有 $f'(x)>0$.可知 $f(0)$ 是 $f(x)$ 的极小值.

考点十五　函数的拐点

1. 定义

连续曲线 $f(x)$ 的凹弧与凸弧的分界点 $(x_0,f(x_0))$ 称为曲线的拐点.

2. 拐点存在的必要条件

若 $(x_0,f(x_0))$ 是曲线 $y=f(x)$ 的拐点,则 $f''(x_0)=0$ 或 $f''(x_0)$ 不存在.

3. 拐点存在的充分条件

第一充分条件 设 $f(x)$ 在 x_0 处连续,在 x_0 的某去心邻域内二阶可导.

① 若 $f''(x)$ 在 x_0 两侧变号,则 $(x_0,f(x_0))$ 是拐点;

② 若 $f''(x)$ 在 x_0 两侧不变号,则 $(x_0,f(x_0))$ 不是拐点.

第二充分条件 设 $f(x)$ 在 x_0 的某邻域内三阶可导,$f''(x_0)=0$.

① 若 $f'''(x_0)\neq 0$,则 $(x_0,f(x_0))$ 是拐点;

② 若 $f'''(x_0)=0$,则 $(x_0,f(x_0))$ 可能是拐点,也可能不是拐点.

名师助记 求拐点可分两步,先求可疑点($f''(x)=0$ 及 $f''(x)$ 不存在的点),然后对上述可疑点使用充分条件判定该点是否拐点.

例 2.43 求曲线 $y=\dfrac{1}{1+x^2}$ $(x>0)$ 的拐点.

解析 $\qquad y'=-\dfrac{2x}{(1+x^2)^2}$,$y''=\dfrac{2(3x^2-1)}{(1+x^2)^3}$.

令 $y''=0$,解得 $x=\dfrac{1}{\sqrt{3}}$.因在点 $x=\dfrac{1}{\sqrt{3}}$ 的左、右邻域 y'' 变号,故 $x=\dfrac{1}{\sqrt{3}}$ 是拐点的横坐标.

所以曲线的拐点是 $\left(\dfrac{1}{\sqrt{3}}, \dfrac{3}{4}\right)$.

例 2.44　设 $f(x)=|x(1-x)|$,则(　　)

(A) $x=0$ 是 $f(x)$ 的极值点,但 $(0,0)$ 不是曲线 $y=f(x)$ 的拐点.

(B) $x=0$ 不是 $f(x)$ 的极值点,但 $(0,0)$ 是曲线 $y=f(x)$ 的拐点.

(C) $x=0$ 是 $f(x)$ 的极值点,且 $(0,0)$ 是曲线 $y=f(x)$ 的拐点.

(D) $x=0$ 不是 $f(x)$ 的极值点,$(0,0)$ 也不是曲线 $y=f(x)$ 的拐点.

解析　应选(C).

因为 $f(x)=|x(1-x)|\geqslant 0$,$f(0)=0$,故 $x=0$ 是极值点,因而选项(B)与(D)不正确.
而在点 $x=0$ 的邻域内:

当 $x<0$ 时,$f(x)=-x(1-x)=x^2-x$,$f''(x)=2>0$;

当 $x>0$ 时,$f(x)=x(1-x)=x-x^2$,$f''(x)=-2<0$.

所以 $(0,0)$ 是曲线 $y=f(x)$ 的拐点.选项(C)正确.

考点十六　函数的最值

一般按下述步骤求 $f(x)$ 在 $[a,b]$ 上的最值:

① 求出 $f'(x)$,并在 (a,b) 内求出其驻点和不可导点(不必判断这些驻点和不可导点是否为极值点,但函数在这些点必有定义).

② 计算 $f(x)$ 在这些点的值,且求出 $f(a)$,$f(b)$.

③ 比较步骤②中所得的函数值,其中最大(小)者就是 $f(x)$ 在 $[a,b]$ 上的最大(小)值.

名师助记　值得注意的是,对区间端点 a,b,根据极值点的定义知它们不可能是极值点,极值点只能在区间内部取得,但它们可以是函数的最值点.

例 2.45　求函数 $f(x)=|x^2-3x+2|$ 在 $[-3,4]$ 上的最大值与最小值.

解析　由已知得 $f(x)=\begin{cases}x^2-3x+2, & x\in[-3,1]\bigcup[2,4], \\ -x^2+3x-2, & x\in(1,2),\end{cases}$

则

$$f'(x)=\begin{cases}2x-3, & x\in(-3,1)\bigcup(2,4), \\ -2x+3, & x\in(1,2).\end{cases}$$

在 $(-3,4)$ 内,$f(x)$ 的驻点为 $x=\dfrac{3}{2}$,不可导点为 $x=1$ 和 $x=2$.

由于 $f(-3)=20$,$f(1)=0$,$f\left(\dfrac{3}{2}\right)=\dfrac{1}{4}$,$f(2)=0$,$f(4)=6$,比较可得 $f(x)$ 在 $x=-3$ 处取得它在 $[-3,4]$ 上的最大值 20,在 $x=1$ 和 $x=2$ 处取得它在 $[-3,4]$ 上的最小值 0.

考点十七　函数的渐近线

1. 水平渐近线

若 $\lim\limits_{x \to +\infty} f(x) = a$ 或 $\lim\limits_{x \to -\infty} f(x) = a$，则称 $y = a$ 是 $f(x)$ 在右侧或左侧的水平渐近线.

2. 铅直渐近线

若 $\lim\limits_{x \to x_0^+} f(x) = \infty$ 或 $\lim\limits_{x \to x_0^-} f(x) = \infty$，则称 $x = x_0$ 是 $f(x)$ 的铅直渐近线.

名师助记　一般将无定义点作为铅垂渐近线的考查对象,如分母为零的点、对数的真数为零的点.

3. 斜渐近线

若 $\lim\limits_{x \to +\infty} \dfrac{f(x)}{x} = k \neq 0$，$\lim\limits_{x \to +\infty} [f(x) - kx] = b$，则称 $y = kx + b$ 是 $f(x)$ 在右侧的斜渐近线;

若 $\lim\limits_{x \to -\infty} \dfrac{f(x)}{x} = k \neq 0$，$\lim\limits_{x \to -\infty} [f(x) - kx] = b$，则称 $y = kx + b$ 是 $f(x)$ 在左侧的斜渐近线.

名师助记　在同一侧,水平渐近线与斜渐近线不会同时存在.

例 2.46　下列曲线有渐近线的是(　　　).

(A) $y = x + \sin x$　　　(B) $y = x^2 + \sin x$　　　(C) $y = x + \sin \dfrac{1}{x}$　　　(D) $y = x^2 + \sin^2 x$

解析　选(C).

① 当 $x \to \infty$ 时,选项(A)(B)(C)(D)中的 y 都不趋于有限数,故它们没有水平渐近线.

② 当 $x \to 0^+$ 或 $x \to 0^-$ 时,四选项中 y 都不趋于无穷,故它们都没有水平渐近线.

③ 当 $x \to \infty$ 时,只有选项(A)(C)中的 y 分别为 x 的同阶无穷大:

$\lim\limits_{x \to \infty} \dfrac{y}{x} = \lim\limits_{x \to \infty} \dfrac{x + \sin x}{x} = 1$，$\lim\limits_{x \to \infty} \dfrac{y}{x} = \lim\limits_{x \to \infty} \dfrac{x + \sin \dfrac{1}{x}}{x} = 1$，因而(A)(C)中的曲线可能有斜渐近线,但因极限 $b = \lim\limits_{x \to \infty}(y - kx) = \lim\limits_{x \to \infty}(x + \sin x - x) = \lim\limits_{x \to \infty} \sin x$ 不存在,故(A)中曲线没有斜渐近线,这时只有(C)中曲线有斜渐近线. 仅(C)入选,这是因为 $b = \lim\limits_{x \to \infty}(y - kx) = \lim\limits_{x \to \infty}(x + \sin \dfrac{1}{x} - x) = \lim\limits_{x \to \infty} \sin \dfrac{1}{x} = 0$. 因而该斜渐近线为 $y = kx + b = x$.

例 2.47　曲线 $y = \dfrac{1}{x} + \ln(1 + \mathrm{e}^x)$，其渐近线的条数为(　　　).

(A) 0　　　　　　(B) 1　　　　　　(C) 2　　　　　　(D) 3

解析　选(D).

先由 y 无定义的点找出铅直渐近线,因

$$\lim\limits_{x \to 0} y = \lim\limits_{x \to 0}\left(\dfrac{1}{x} + \ln(1 + \mathrm{e}^x)\right) = \infty,$$

故 $x=0$ 为曲线 y 的铅直渐近线.

又 $\lim\limits_{x \to -\infty}\left(\dfrac{1}{x}+\ln(1+\mathrm{e}^{x})\right)=0$，故 $y=0$ 为其水平渐近线.

再考虑另一趋向 $x \to +\infty$，因

$$\lim_{x \to +\infty}\left(\frac{1}{x}+\ln(1+\mathrm{e}^{x})\right)=+\infty,$$

故没有水平渐近线. 但 $x \to +\infty$ 时，$y \to +\infty$，曲线可能有斜渐近线. 事实上，有

$$k=\lim_{x \to +\infty}\frac{y}{x}=\lim_{x \to +\infty}\left(\frac{1}{x^{2}}+\frac{\ln(1+\mathrm{e}^{x})}{x}\right)=\lim_{x \to +\infty}\frac{\ln(1+\mathrm{e}^{x})}{x}\left(\frac{\infty}{\infty}\right)=\lim_{x \to +\infty}\frac{\mathrm{e}^{x}}{1+\mathrm{e}^{x}}=1,$$

$$b=\lim_{x \to +\infty}(y-kx)=\lim_{x \to +\infty}\left(\frac{1}{x}+\ln(1+\mathrm{e}^{x})-x\right)=\lim_{x \to +\infty}(\ln(1+\mathrm{e}^{x})-x)$$

$$=\lim_{x \to +\infty}(\ln \mathrm{e}^{x}(1+\mathrm{e}^{-x})-x)=\lim_{x \to +\infty}(x+\ln(1+\mathrm{e}^{-x})-x)=\lim_{x \to +\infty}\ln(1+\mathrm{e}^{-x})=0.$$

于是有斜渐近线 $y=x$. 故仅(D)入选.

名师助记　上例说明 x 取不同趋向时，曲线 y 既有水平渐近线，又有斜渐近线.

第三章　一元函数积分学

基础阶段考点要求

(1) 理解原函数的概念,理解不定积分和定积分的概念.

(2) 掌握不定积分的基本公式,掌握不定积分和定积分的性质及定积分中值定理,掌握换元积分法与分部积分法.

(3) 会求有理函数、三角函数有理式和简单无理函数的积分.

(4) 理解积分上限的函数,会求它的导数,掌握牛顿-莱布尼茨公式.

(5) 理解反常积分的概念,了解反常积分收敛的比较判别法,会计算反常积分.

(6) 掌握用定积分表达和计算一些几何量与物理量(平面图形的面积、平面曲线的弧长、旋转体的体积及侧面积、平行截面面积为已知的立体体积、功、引力、压力、质心、形心等)及函数平均值.

第一节　不定积分的概念

考点一　原函数与不定积分的概念

1. 原函数

设函数 $f(x)$ 在区间 I 上有定义,若存在函数 $F(x)$,使得对任意 $x \in I$ 均有 $F'(x) = f(x)$,则称 $F(x)$ 是 $f(x)$ 在区间 I 上的一个原函数.

例如 $(x^2)' = 2x$,则称 $2x$ 是 x^2 的导函数,称 x^2 是 $2x$ 的一个原函数;由于 $(x^2 + 1)' = 2x$,因此 $x^2 + 1$ 也是 $2x$ 的一个原函数.

🔊注

① 一个函数的原函数不是唯一的.

事实上,若 $f(x)$ 有一个原函数 $F(x)$,即 $F'(x) = f(x)$,那么对任意的常数 C,都有 $[F(x) + C]' = F'(x) = f(x)$,即 $F(x) + C$(C 为任意常数)都是 $f(x)$ 的原函数,因此,$f(x)$ 有一个原函数 $F(x)$ 时,则它就有无穷多个原函数.

② 同一个函数的任何两个原函数之差为一个常数.

事实上,如果 $f(x)$ 有两个原函数 $F(x)$ 和 $G(x)$,则

$$[F(x)-G(x)]'=F'(x)-G'(x)=f(x)-f(x)=0,$$

可知 $F(x)-G(x)=C$（C 为常数）,故同一个函数的任何两个原函数之间仅差一个常数.

名师助记　原函数求导后便是 $f(x)$,又因为常数求导为零,所以 $f(x)$ 的全体原函数为 $F(x)+C$（C 为常数）,即函数 $f(x)$ 的原函数的一般表达式是 $F(x)+C$.

2. 不定积分

函数 $f(x)$ 在区间 I 上的带有任意常数项的原函数称为 $f(x)$ 在区间 I 上的不定积分,记作 $\int f(x)\mathrm{d}x$,即 $\int f(x)\mathrm{d}x=F(x)+C$（$C$ 为任意常数）.其中,$F'(x)=f(x)$（$\forall x\in I$）,记号 $\int$ 称为积分号,$f(x)$ 称为被积函数,$f(x)\mathrm{d}x$ 称为被积表达式,而 x 称为被积变量.

注

① 一般情况下,区间 I 默认为函数 $f(x)$ 的定义域.

② 不定积分与原函数是两个不同的概念,前者是一个集合,后者是该集合中的一个元素,所以在计算不定积分时,求出原函数 $f(x)$ 之后,一定要加上一个任意常数 C.

③ 设 $f(x)$ 在区间 I 上连续,则 $f(x)$ 在区间 I 上原函数一定存在.

名师助记　初等函数的原函数不一定是初等函数,如 $\int \mathrm{e}^{\pm x^2}\mathrm{d}x$,$\int \dfrac{\sin x}{x}\mathrm{d}x$,$\int \dfrac{\cos x}{x}\mathrm{d}x$,$\int \sin x^2\mathrm{d}x$,$\int \cos x^2\mathrm{d}x$,$\int \dfrac{\mathrm{e}^x}{x}\mathrm{d}x$,$\int \dfrac{1}{\ln x}\mathrm{d}x$,$\int \dfrac{1}{\sqrt{1+x^4}}\mathrm{d}x$ 等,均不能用初等函数表示,故这些不定积分均积不出来.

例 3.1　求下列积分:(1) $\int \sec^2 x\mathrm{d}x$;(2) $\int \dfrac{1}{1+x^2}\mathrm{d}x$.

解析　(1) 因为 $(\tan x)'=\sec^2 x$,所以 $\tan x$ 是 $\sec^2 x$ 的一个原函数,故

$$\int \sec^2 x\mathrm{d}x=\tan x+C;$$

(2) 因为 $(\arctan x)'=\dfrac{1}{1+x^2}$,所以 $\arctan x$ 是 $\dfrac{1}{1+x^2}$ 的一个原函数,故

$$\int \dfrac{1}{1+x^2}\mathrm{d}x=\arctan x+C.$$

名师助记　对一些简单的函数可以用观察法,即直接利用导数或微分的运算来求出不定积分.

例 3.2 若 $f(x)$ 的导函数是 $\sin x$，则 $f(x)$ 有一个原函数为( ).

(A) $1+\sin x$ (B) $1-\sin x$ (C) $1+\cos x$ (D) $1-\cos x$

解析 选(B).

由题设可知 $f'(x)=\sin x$，于是 $f(x)=\int f'(x)\mathrm{d}x=-\cos x+C_1$，从而 $f(x)$ 的原函数为

$$F(x)=\int f(x)\mathrm{d}x=\int(-\cos x+C_1)\mathrm{d}x=-\sin x+C_1 x+C_2.$$

式中，C_1，C_2 为任意常数. 令 $C_1=0$，$C_2=1$，得 $f(x)$ 的一个原函数为 $1-\sin x$.

例 3.3 $F(x)=\begin{cases} x^2\sin\dfrac{1}{x}, & x\neq 0 \\ 0, & x=0 \end{cases}$ 是否为 $f(x)=\begin{cases} 2x\sin\dfrac{1}{x}-\cos\dfrac{1}{x}, & x\neq 0, \\ 0, & x=0 \end{cases}$ 的

原函数?

解析 当 $x\neq 0$ 时，$F'(x)=\left(x^2\sin\dfrac{1}{x}\right)'=2x\sin\dfrac{1}{x}-\cos\dfrac{1}{x}=f(x)$；

当 $x=0$ 时，$F'(0)=\lim\limits_{x\to 0}\dfrac{F(x)-F(0)}{x}=\lim\limits_{x\to 0}\dfrac{x^2\sin\dfrac{1}{x}}{x}=\lim\limits_{x\to 0}x\sin\dfrac{1}{x}=0=f'(0)$.

故 $\forall x\in(-\infty,+\infty)$，都有 $F'(x)=f(x)$，所以 $F(x)$ 是 $f(x)$ 在 $(-\infty,+\infty)$ 上的一个原函数.

名师助记 本题 $x=0$ 是 $f(x)$ 的第二类间断点(振荡间断点)，但 $f(x)$ 有原函数.

例 3.4 设 $f'(\ln x)=\begin{cases} 1, & x\in(0,1], \\ x, & x\in(1,+\infty), \end{cases}$ 则 $f(x)=$_____.

解析 令 $\ln x=t$，则 $f'(t)=\begin{cases} 1, & t\leqslant 0, \\ \mathrm{e}^t, & t>0, \end{cases}$ 于是 $f(t)=\begin{cases} t+C_1, & t\leqslant 0, \\ \mathrm{e}^t+C_2, & t>0. \end{cases}$

要保证 $f(t)$ 在点 $t=0$ 连续，于是 $C_1=1+C_2$，记 $C_1=C$，则 $C_2=C-1$，即

$$f(x)=\begin{cases} x+C, & x\leqslant 0, \\ \mathrm{e}^x+C-1, & x>0. \end{cases}$$

名师助记 本题是对分段函数的原函数求解. 原函数具有可导性，所以在分段点处也要保证连续性，需要通过任意常数 C 来表达.

考点二　不定积分的基本性质

假设 $f(x)$，$g(x)$ 均存在原函数，则：

① $\int kf(x)\mathrm{d}x=k\int f(x)\mathrm{d}x$，其中 $k\neq 0$ 为常数；

② $\int[f(x)\pm g(x)]\mathrm{d}x=\int f(x)\mathrm{d}x\pm\int g(x)\mathrm{d}x$；

③ $\left[\int f(x)\mathrm{d}x\right]' = f(x)$ 或 $\mathrm{d}\int f(x)\mathrm{d}x = f(x)\mathrm{d}x$;

④ $\int F'(x)\mathrm{d}x = F(x)+C$ 或 $\int \mathrm{d}F(x) = F(x)+C$.

名师助记 先积后导与先导后积不同,先微后积与先积后微也不同,请注意计算的先后顺序以及运算结果. d 与 $\int$ 是互逆的运算符号,两者相遇时要相互抵消,不过 d 在 $\int$ 之前,最后结果要与 $\mathrm{d}x$ 相乘,$\int$ 在 d 之前最后结果要加 C.

例 3.5 在下列等式中,正确的有几个( ).

① $\int f'(x)\mathrm{d}x = f(x)$;   ② $\int \mathrm{d}f(x) = f(x)$;

③ $\dfrac{\mathrm{d}}{\mathrm{d}x}\int f(x)\mathrm{d}x = f(x)$;   ④ $\mathrm{d}\int f(x)\mathrm{d}x = f(x)$.

(A) 0   (B) 1   (C) 2   (D) 3

解析 选(B).

①和②左侧为不定积分,所以右侧均应有积分常数 C,但它们没有,故错误;④左侧为微分,所以右侧应有 $\mathrm{d}x$,故错误. 只有③正确,故选(B).

第二节　不定积分的计算

考点三　基本积分公式

① $\int x^a \mathrm{d}x = \dfrac{x^{a+1}}{a+1}+C \ (a\neq -1)$;   ② $\int \dfrac{\mathrm{d}x}{x} = \ln|x|+C$;

③ $\int a^x \mathrm{d}x = \dfrac{a^x}{\ln a}+C \ (a>0 \text{ 且 } a\neq 1)$;   ④ $\int \mathrm{e}^x \mathrm{d}x = \mathrm{e}^x + C$;

⑤ $\int \sin x \mathrm{d}x = -\cos x + C$;   ⑥ $\int \cos x \mathrm{d}x = \sin x + C$;

⑦ $\int \tan x \mathrm{d}x = -\ln|\cos x|+C$;   ⑧ $\int \cot x \mathrm{d}x = \ln|\sin x|+C$;

⑨ $\int \sec x \mathrm{d}x = \ln|\sec x + \tan x|+C$;   ⑩ $\int \csc x \mathrm{d}x = \ln|\csc x - \cot x|+C$;

⑪ $\int \sec x \tan x \mathrm{d}x = \sec x + C$;   ⑫ $\int \csc x \cot x \mathrm{d}x = -\csc x + C$;

⑬ $\int \sec^2 x \mathrm{d}x = \tan x + C$;   ⑭ $\int \csc^2 x \mathrm{d}x = -\cot x + C$;

⑮ $\int \dfrac{1}{\sqrt{1-x^2}}\mathrm{d}x = \arcsin x + C$;   ⑯ $\int \dfrac{1}{1+x^2}\mathrm{d}x = \arctan x + C$;

⑰ $\int \dfrac{1}{\sqrt{a^2-x^2}}\mathrm{d}x = \arcsin\dfrac{x}{a}+C\ (a>0)$；⑱ $\int \dfrac{1}{a^2+x^2}\mathrm{d}x = \dfrac{1}{a}\arctan\dfrac{x}{a}+C$；

⑲ $\int \dfrac{1}{x^2-a^2}\mathrm{d}x = \dfrac{1}{2a}\ln\left|\dfrac{x-a}{x+a}\right|+C$；　　⑳ $\int \dfrac{1}{\sqrt{x^2+a^2}}\mathrm{d}x = \ln(x+\sqrt{x^2+a^2})+C$；

㉑ $\int \dfrac{1}{\sqrt{x^2-a^2}}\mathrm{d}x = \ln|x+\sqrt{x^2-a^2}|+C$.

名师助记　积分与微分是逆运算，可以利用导数公式来记忆，牢记常用的积分公式以及一些容易计算的积分形式可提高解题速度和解题效率.

考点四　直接积分法

直接积分法就是用基本积分公式和不定积分的运算性质，或者先将被积函数恒等变形，再用基本积分公式和不定积分的四则运算性质求出不定积分的结果.

名师助记　通常是对一些简单的被积函数进行适当的变形，变成可以直接应用积分基本公式或性质来计算积分.

例 3.6　求下列不定积分：

(1) $\int \dfrac{(x-1)^3}{x^2}\mathrm{d}x$；　　　　(2) $\int \dfrac{(2^x+3^x)^2}{6^x}\mathrm{d}x$；

(3) $\int \dfrac{\mathrm{d}x}{1+\sin x}$；　　　　(4) $\int \dfrac{\mathrm{d}x}{\sin^2 x\cos^2 x}$.

解析　(1) $\displaystyle\int \dfrac{(x-1)^3}{x^2}\mathrm{d}x = \int \dfrac{x^3-3x^2+3x-1}{x^2}\mathrm{d}x$

$$= \int\left(x-3+\dfrac{3}{x}-\dfrac{1}{x^2}\right)\mathrm{d}x = \int x\,\mathrm{d}x - 3\int\mathrm{d}x + 3\int\dfrac{\mathrm{d}x}{x} - \int\dfrac{\mathrm{d}x}{x^2}$$

$$= \dfrac{x^2}{2} - 3x + 3\ln|x| + \dfrac{1}{x} + C;$$

(2)　$\displaystyle\int \dfrac{(2^x+3^x)^2}{6^x}\mathrm{d}x = \int \dfrac{(2^x)^2+2\cdot 2^x\cdot 3^x+(3^x)^2}{2^x\cdot 3^x}\mathrm{d}x = \int\left[\left(\dfrac{2}{3}\right)^x+\left(\dfrac{3}{2}\right)^x+2\right]\mathrm{d}x$

$$= \dfrac{1}{\ln\dfrac{2}{3}}\left(\dfrac{2}{3}\right)^x + \dfrac{1}{\ln\dfrac{3}{2}}\left(\dfrac{3}{2}\right)^x + 2x + C$$

$$= \dfrac{1}{\ln 2-\ln 3}\left(\dfrac{2}{3}\right)^x + \dfrac{1}{\ln 3-\ln 2}\left(\dfrac{3}{2}\right)^x + 2x + C;$$

(3) $\displaystyle\int \dfrac{\mathrm{d}x}{1+\sin x} = \int \dfrac{1-\sin x}{1-\sin^2 x}\mathrm{d}x = \int \dfrac{1-\sin x}{\cos^2 x}\mathrm{d}x$

$$= \int\sec^2 x\,\mathrm{d}x - \int\sec x\tan x\,\mathrm{d}x = \tan x - \sec x + C;$$

(4) $\displaystyle\int \dfrac{\mathrm{d}x}{\sin^2 x\cos^2 x} = \int \dfrac{\sin^2 x+\cos^2 x}{\sin^2 x\cos^2 x}\mathrm{d}x = \int\left(\dfrac{1}{\cos^2 x}+\dfrac{1}{\sin^2 x}\right)\mathrm{d}x$

$$=\int \frac{\mathrm{d}x}{\cos^2 x}+\int \frac{\mathrm{d}x}{\sin^2 x}=\tan x-\cot x+C.$$

名师助记 对一些乘除形式的积分,可通过化乘除为和差,利用拆项求积分.拆项的目标是化难为易,拆项积分后,每个不定积分的结果都含有任意常数,任意常数之和仍是任意常数,因此最终只需写一个任意常数即可.

考点五 第一类换元积分法(凑微分法)

设 $\int f(u)\mathrm{d}u=F(u)+C$,又 $\varphi(x)$ 可导,则

$$\int f(\varphi(x))\varphi'(x)\mathrm{d}x=\int f(\varphi(x))\mathrm{d}\varphi(x)\xrightarrow{u=\varphi(x)}\int f(u)\mathrm{d}u=F(u)+C=F(\varphi(x))+C.$$

◁))注

常见的凑微分形式:

① $\int f(ax+b)\mathrm{d}x=\dfrac{1}{a}\int f(ax+b)\mathrm{d}(ax+b)$;

② $\int \sin x f(\cos x)\mathrm{d}x=-\int f(\cos x)\mathrm{d}\cos x$;

③ $\int \cos x f(\sin x)\mathrm{d}x=\int f(\sin x)\mathrm{d}\sin x$;

④ $\int \dfrac{1}{x}f(\ln x)\mathrm{d}x=\int f(\ln x)\mathrm{d}\ln x$;

⑤ $\int \dfrac{1}{x^2}f\left(\dfrac{1}{x}\right)\mathrm{d}x=-\int f\left(\dfrac{1}{x}\right)\mathrm{d}\left(\dfrac{1}{x}\right)$;

⑥ $\int \dfrac{1}{\sqrt{x}}f(\sqrt{x})\mathrm{d}x=2\int f(\sqrt{x})\mathrm{d}\sqrt{x}$;

⑦ $\int \mathrm{e}^x f(\mathrm{e}^x)\mathrm{d}x=\int f(\mathrm{e}^x)\mathrm{d}\mathrm{e}^x$;

⑧ $\int x^{n-1}f(x^n)\mathrm{d}x=\dfrac{1}{n}\int f(x^n)\mathrm{d}(x^n)$,$n\neq 0$.

名师助记 凑微思想的关键在于通过观察把某些函数放到微分"d"的后面,使得微分"d"后面的函数与前面复杂的被积函数具有相似的表达式,最后运用基本积分公式将其求出.

例 3.7 $\int x\sqrt{1-x^2}\,\mathrm{d}x=($).

(A) $\sqrt{1-x^2}+C$

(B) $-\dfrac{1}{3}\sqrt{(1-x^2)^3}+C$

(C) $x\sqrt{1-x^2}+C$

(D) $-\dfrac{1}{3}x\sqrt{(1-x^2)^3}+C$

解析 选(B).

根据第一类换元积分法，$\int x\sqrt{1-x^2}\,\mathrm{d}x = -\dfrac{1}{2}\int \sqrt{1-x^2}\,\mathrm{d}(1-x^2)$，令 $t=1-x^2$，则

原积分变为 $-\dfrac{1}{2}\int \sqrt{t}\,\mathrm{d}t = -\dfrac{1}{2}\int t^{\frac{1}{2}}\,\mathrm{d}t = -\dfrac{1}{2}\cdot\dfrac{2}{3}t^{\frac{3}{2}}+C = -\dfrac{1}{3}t^{\frac{3}{2}}+C$，则有

$\int x\sqrt{1-x^2}\,\mathrm{d}x = -\dfrac{1}{3}(1-x^2)^{\frac{3}{2}}+C$，故选(B).

名师助记 不难发现 $\sqrt{1-x^2}$ 比较复杂，且内函数的导数为 $(1-x^2)'=-2x$，除常数外恰好为积分的剩余表达式 x，故考虑凑微法，将 x 适当变形后移到微分后面，得到 $-\dfrac{1}{2}\int \sqrt{1-x^2}\,\mathrm{d}(1-x^2)$，这时可用基本积分公式进行计算. 这种凑微思想希望大家仔细体会.

例 3.8 求下列不定积分：

$(1)\displaystyle\int \dfrac{1}{\sqrt{1-3x}}\,\mathrm{d}x$；　　$(2)\displaystyle\int \dfrac{x^4}{(x^5+1)^4}\,\mathrm{d}x$；　　$(3)\displaystyle\int \dfrac{\mathrm{d}x}{a^2-x^2}\ (a\neq0)$.

解析 $(1)\displaystyle\int \dfrac{1}{\sqrt{1-3x}}\,\mathrm{d}x = -\dfrac{1}{3}\int \dfrac{1}{\sqrt{1-3x}}\,\mathrm{d}(1-3x) = -\dfrac{1}{3}\cdot 2\sqrt{1-3x}+C$

$\qquad\qquad\qquad\qquad = -\dfrac{2}{3}\sqrt{1-3x}+C$；

$(2)\displaystyle\int \dfrac{x^4}{(x^5+1)^4}\,\mathrm{d}x = \dfrac{1}{5}\int \dfrac{1}{(x^5+1)^4}\,\mathrm{d}(x^5+1) = \dfrac{1}{5}\cdot\left(-\dfrac{1}{3}\right)(x^5+1)^{-3}+C$

$\qquad\qquad\qquad\qquad = -\dfrac{1}{15}(x^5+1)^{-3}+C$；

$(3)\displaystyle\int \dfrac{\mathrm{d}x}{a^2-x^2} = \int \dfrac{\mathrm{d}x}{(a+x)(a-x)} = \dfrac{1}{2a}\int\left(\dfrac{1}{a+x}+\dfrac{1}{a-x}\right)\mathrm{d}x$

$\qquad\qquad = \dfrac{1}{2a}\int \dfrac{\mathrm{d}(a+x)}{a+x} - \dfrac{1}{2a}\int \dfrac{\mathrm{d}(a-x)}{a-x} = \dfrac{1}{2a}\ln|a+x| - \dfrac{1}{2a}\ln|a-x|+C$

$\qquad\qquad = \dfrac{1}{2a}\ln\left|\dfrac{a+x}{a-x}\right|+C$.

名师助记 此题使用多项式凑微思想：

$$\int f(ax+b)\,\mathrm{d}x = \dfrac{1}{a}\int f(ax+b)\,\mathrm{d}(ax+b)\ (a\neq0)；$$

$$\int f(ax^n+b)x^{n-1}\,\mathrm{d}x = \dfrac{1}{an}\int f(ax^n+b)\,\mathrm{d}(ax^n+b)\ (a\neq0,\ n\geq1).$$

例 3.9 求下列不定积分：

$(1)\displaystyle\int \dfrac{\cos\sqrt{t}}{\sqrt{t}}\,\mathrm{d}t$；　　$(2)\displaystyle\int \dfrac{(\ln x)^2}{x}\,\mathrm{d}x$；　　$(3)\displaystyle\int \dfrac{1}{1+\mathrm{e}^x}\,\mathrm{d}x$.

解析 $(1)\displaystyle\int \dfrac{\cos\sqrt{t}}{\sqrt{t}}\,\mathrm{d}t = 2\int \cos\sqrt{t}\,\mathrm{d}(\sqrt{t}) = 2\sin\sqrt{t}+C$；

(2) $\displaystyle\int \frac{(\ln x)^2}{x}\mathrm{d}x = \int(\ln x)^2\mathrm{d}\ln x = \frac{1}{3}(\ln x)^3 + C$;

(3) $\displaystyle\int \frac{1}{1+\mathrm{e}^x}\mathrm{d}x = \int \frac{\mathrm{e}^{-x}}{1+\mathrm{e}^{-x}}\mathrm{d}x = -\int\frac{1}{1+\mathrm{e}^{-x}}\mathrm{d}(1+\mathrm{e}^{-x}) = -\ln(1+\mathrm{e}^{-x}) + C.$

名师助记　此题使用凑微思想:

$$f(\sqrt{x})\,\frac{1}{\sqrt{x}}\mathrm{d}x = 2f(\sqrt{x})\mathrm{d}(\sqrt{x})\,;\quad f(\ln x)\,\frac{1}{x}\mathrm{d}x = f(\ln x)\mathrm{d}\ln x\,;$$

$$f(\mathrm{e}^x)\mathrm{e}^x\mathrm{d}x = f(\mathrm{e}^x)\mathrm{d}\mathrm{e}^x.$$

例 3.10　求下列不定积分:

(1) $\displaystyle\int \frac{\sin 2x}{\sqrt{1+\sin^2 x}}\mathrm{d}x$;　　　　(2) $\displaystyle\int \tan^3 x\,\mathrm{d}x$;　　　　(3) $\displaystyle\int \frac{7\cos x - 3\sin x}{5\cos x + 2\sin x}\mathrm{d}x$;

解析　(1) $\displaystyle\int \frac{\sin 2x}{\sqrt{1+\sin^2 x}}\mathrm{d}x = \int \frac{1}{\sqrt{1+\sin^2 x}}\mathrm{d}(\sin^2 x) = 2\sqrt{1+\sin^2 x} + C$;

(2) $\displaystyle\int \tan^3 x\,\mathrm{d}x = \int \tan x(\tan^2 x + 1)\mathrm{d}x - \int \tan x\,\mathrm{d}x = \int \tan x \sec^2 x\,\mathrm{d}x - \int \frac{\sin x}{\cos x}\mathrm{d}x$

$$= \int \tan x\,\mathrm{d}\tan x + \int \frac{\mathrm{d}\cos x}{\cos x} = \frac{1}{2}\tan^2 x + \ln|\cos x| + C\,;$$

(3) $\displaystyle\int \frac{7\cos x - 3\sin x}{5\cos x + 2\sin x}\mathrm{d}x = \int \frac{5\cos x + 2\sin x + 2\cos x - 5\sin x}{5\cos x + 2\sin x}\mathrm{d}x$

$$= \int \mathrm{d}x + \int \frac{2\cos x - 5\sin x}{5\cos x + 2\sin x}\mathrm{d}x$$

$$= x + \int \frac{\mathrm{d}(5\cos x + 2\sin x)}{5\cos x + 2\sin x}$$

$$= x + \ln|5\cos x + 2\sin x| + C.$$

名师助记　被积函数中含有三角函数,若不能直接积分,可先用三角恒等式将函数变形,再应用公式通过凑微法进行积分.

考点六　第二类换元积分法

设 $x = \varphi(t)$ 可导,且 $\varphi'(t) \neq 0$, 若 $\displaystyle\int f(\varphi(t))\varphi'(t)\mathrm{d}t = G(t) + C$, 则

$$\int f(x)\mathrm{d}x \xrightarrow{\;\text{令}\,x=\varphi(t)\;} \int f(\varphi(t))\varphi'(t)\mathrm{d}t = G(t) + C = G(\varphi^{-1}(x)) + C.$$

其中, $t = \varphi^{-1}(x)$ 为 $x = \varphi(t)$ 的反函数.

常用的换元公式如下.

1. 三角代换

被积函数含积分变量的二次根式,常见三种类型如表 3-1 所示.

表 3-1　三角代换的常见类型

根式的形式	所作代换	三角形示意图
$\sqrt{a^2-x^2}$	$x=a\sin t$	（示意图：直角三角形，斜边 a，对边 x，邻边 $\sqrt{a^2-x^2}$，角 t）
$\sqrt{a^2+x^2}$	$x=a\tan t$	（示意图：直角三角形，斜边 $\sqrt{a^2+x^2}$，对边 x，邻边 a，角 t）
$\sqrt{x^2-a^2}$	$x=a\sec t$	（示意图：直角三角形，斜边 x，对边 $\sqrt{x^2-a^2}$，邻边 a，角 t）

🔊注

　　某些根式 $\sqrt{ax^2+bx+c}$，可以通过"先配方，后换元"化为以下三种模型：$\sqrt{g(x)^2+k^2}$，$\sqrt{g(x)^2-k^2}$，$\sqrt{k^2-g(x)^2}$，此时可将 $g(x)$ 进行上述三角代换.

例 3.11　$\displaystyle\int\sqrt{a^2-x^2}\,\mathrm{d}x=(\qquad)$.

(A) $\dfrac{x}{2}\sqrt{a^2-x^2}+\dfrac{a^2}{2}\arcsin\dfrac{x}{a}+C$ 　　　　(B) $\sqrt{a^2-x^2}+\arcsin\dfrac{x}{a}+C$

(C) $\dfrac{x}{2}\sqrt{a^2-x^2}+\arcsin\dfrac{x}{a}+C$ 　　　　(D) $\dfrac{x}{2}\sqrt{a^2-x^2}+\dfrac{a}{2}\arcsin\dfrac{x}{a}+C$

解析　选(A).

设 $x=a\sin t$，则

$$\int\sqrt{a^2-x^2}\,\mathrm{d}x=\int(\sqrt{a^2-a^2\sin^2 t})a\cos t\,\mathrm{d}t=a^2\int\cos^2 t\,\mathrm{d}t=a^2\int\frac{\cos 2t+1}{2}\mathrm{d}t$$

$$=\frac{a^2}{4}\sin 2t+\frac{a^2}{2}t+C=\frac{x}{2}\sqrt{a^2-x^2}+\frac{a^2}{2}\arcsin\frac{x}{a}+C.$$

名师助记　注意积分结果可借助三角形将原函数进行还原.

例 3.12　计算 $\displaystyle\int\frac{x^3}{(1+x^2)^{\frac{3}{2}}}\mathrm{d}x$.

解析　令 $x=\tan t$，$\mathrm{d}x=\sec^2 t\,\mathrm{d}t$，

$$\int\frac{x^3}{(1+x^2)^{\frac{3}{2}}}\mathrm{d}x=\int\frac{\tan^3 t}{\sec^3 t}\cdot\sec^2 t\,\mathrm{d}t=\int\frac{\sin^3 t}{\cos^2 t}\mathrm{d}t$$

$$=-\int\frac{\sin^2 t}{\cos^2 t}\mathrm{d}\cos t=\int\frac{\cos^2 t-1}{\cos^2 t}\mathrm{d}\cos t=\int\left(1-\frac{1}{\cos^2 t}\right)\mathrm{d}\cos t$$

$$=\cos t+\frac{1}{\cos t}+C=\sqrt{1+x^2}+\frac{1}{\sqrt{1+x^2}}+C.$$

例 3.13　计算 $\int \dfrac{\sqrt{x^2-a^2}}{x^4}\mathrm{d}x$.

解析　令 $x = a\sec t$，则 $\mathrm{d}x = a\sec t\tan t\,\mathrm{d}t$，

$$\int \frac{\sqrt{x^2-a^2}}{x^4}\mathrm{d}x = \int \frac{a\tan t}{a^4\sec^4 t}\cdot a\tan t\sec t\,\mathrm{d}t = \frac{1}{a^2}\int \sin^2 t\cos t\,\mathrm{d}t = \frac{1}{3a^2}\sin^3 t + C$$

$$= \frac{1}{3a^2}\left(\frac{\sqrt{x^2-a^2}}{x}\right)^3 + C.$$

2. 幂代换

当被积函数含有 $\sqrt[n]{ax+b}$，$\sqrt{\dfrac{ax+b}{cx+d}}$ 等时，可直接令 $\sqrt[n]{ax+b}=t$，$\sqrt{\dfrac{ax+b}{cx+d}}=t$. 特别地，若被积函数形如 $f(\sqrt[k_1]{ax+b},\sqrt[k_2]{ax+b},\cdots,\sqrt[k_n]{ax+b})$，可令 $ax+b=t^N$，$N=k_1$，k_2，$\cdots$，k_n 的最小公倍数.

名师助记　幂代换就是想办法把根号去掉，根式内通常是一次多项式或分式.

例 3.14　求 $\int \dfrac{\mathrm{d}x}{1+\sqrt[3]{1-x}}$.

解析　令 $\sqrt[3]{1-x}=t$，则 $t^3=1-x$，即 $x=1-t^3$，故 $\mathrm{d}x=-3t^2\mathrm{d}t$，

$$\int \frac{\mathrm{d}x}{1+\sqrt[3]{1-x}} = \int \frac{-3t^2}{1+t}\mathrm{d}t = -3\int \frac{(t+1)^2-2t-1}{1+t}\mathrm{d}t = -3\int \frac{(t+1)^2-2(t+1)+1}{1+t}\mathrm{d}t$$

$$= -3\int \left[(t+1)-2+\frac{1}{1+t}\right]\mathrm{d}t = -3\int \left(t-1+\frac{1}{1+t}\right)\mathrm{d}t$$

$$= -3\left(\frac{t^2}{2}-t+\ln|1+t|\right)+C$$

$$= -\frac{3}{2}(1-x)^{\frac{2}{3}}+3(1-x)^{\frac{1}{3}}-3\ln|1+(1-x)^{\frac{1}{3}}|+C.$$

3. 指数代换

当被积函数是关于指数函数 a^x 的函数时，采用指数代换：令 $a^x=t$，则 $x=\dfrac{1}{\ln a}\ln t$；特别地，若被积函数是关于指数函数 e^x 的函数，令 $\mathrm{e}^x=t$，则 $x=\ln t$.

名师助记　当被积函数的根式中含指数函数 e^x 的代数式 $\sqrt{\mathrm{e}^{kx}\pm a}$（或 $\sqrt{a\pm\mathrm{e}^{kx}}$）时，常作变量代换 $t=\sqrt{\mathrm{e}^{kx}\pm a}$ 或 $t=\sqrt{a\pm\mathrm{e}^{kx}}$，将其化为有理函数积分. 有时也可作代换 $t=\mathrm{e}^{kx}$.

例 3.15　$\int \dfrac{1}{\mathrm{e}^x(1+\mathrm{e}^{2x})}\mathrm{d}x = ($　　$)$.

(A) $\dfrac{1}{\mathrm{e}^x}-\arctan \mathrm{e}^x+C$

(B) $-\dfrac{1}{\mathrm{e}^x}+\arctan \mathrm{e}^x+C$

(C) $\dfrac{1}{\mathrm{e}^x}+\arctan \mathrm{e}^x+C$

(D) $-\dfrac{1}{\mathrm{e}^x}-\arctan \mathrm{e}^x+C$

解析 选(D).

设 $e^x = t$,

$$\int \frac{1}{e^x(1+e^{2x})} dx = \int \frac{e^x}{e^{2x}(1+e^{2x})} dx = \int \frac{d(e^x)}{e^{2x}(1+e^{2x})} = \int \frac{dt}{t^2(1+t^2)}$$

$$= \int \left(\frac{1}{t^2} - \frac{1}{1+t^2}\right) dt = -\frac{1}{t} - \arctan t + C = -\frac{1}{e^x} - \arctan e^x + C.$$

4. 倒代换

被积函数为分式函数,且分子的最高幂次远远低于分母的最高幂次时,作倒代换 $x = \dfrac{1}{t}$.

名师助记 利用此法可降低被积函数分母中的变量因子 x^n 或 $(x-a)^n$ 的次数,甚至可消去这些变量因子,因而当被积函数为分式,其分母关于 x 或 $x-a$ 的次数比分子关于 x 或 $x-a$ 的次数高出一次以上时,可试着用倒代换求其积分.

例 3.16 求 $\displaystyle\int \frac{dx}{x(x^8+1)}$.

解析 令 $x = \dfrac{1}{t}$,

$$\int \frac{dx}{x(x^8+1)} = \int \frac{-\dfrac{1}{t^2}}{\dfrac{1}{t}\left(\dfrac{1}{t^8}+1\right)} dt = -\int \frac{t^7 dt}{t^8+1}$$

$$= -\frac{1}{8}\ln(1+t^8) + C = -\frac{1}{8}\ln\left(1+\frac{1}{x^8}\right) + C.$$

考点七　分部积分法

设函数 $u = u(x)$, $v = v(x)$ 具有连续导数,则有分部积分公式

$$\int uv' dx = uv - \int u'v dx \text{ 或 } \int u dv = uv - \int v du.$$

🔊 **注**

① 用上述公式一般要遵循两个原则: $v(x)$ 要容易求得; $\displaystyle\int v(x) du(x)$ 要比 $\displaystyle\int u(x) dv(x)$ 容易计算.

② 被积函数中含有两种不同类型函数的乘积时,常考虑用分部积分法.

③ 选择 $v'(x)$ 时可按反三角函数、对数函数、幂函数、三角函数、指数函数的顺序把排在前面的函数选作 $u(x)$,把排在后面的函数选作 $v'(x)$.

例 3.17 求 $\displaystyle\int x\cos x\, dx$.

解析 $\int x\cos x\,\mathrm{d}x=\int x(\sin x)'\mathrm{d}x=\int x\mathrm{d}(\sin x)=x\sin x-\int \sin x\,\mathrm{d}x$

$\qquad =x\sin x+\cos x+C.$

例 3.18 求 $\int x^2\mathrm{e}^{-x}\,\mathrm{d}x.$

解析 $\int x^2\mathrm{e}^{-x}\,\mathrm{d}x=\int x^2\mathrm{d}(-\mathrm{e}^{-x})=x^2(-\mathrm{e}^{-x})+\int \mathrm{e}^{-x}\mathrm{d}x^2$

$\qquad =-x^2\mathrm{e}^{-x}+2\int x\mathrm{e}^{-x}\mathrm{d}x=-x^2\mathrm{e}^{-x}+2\int x\mathrm{d}(-\mathrm{e}^{-x})$

$\qquad =-x^2\mathrm{e}^{-x}+2(-x\mathrm{e}^{-x}+\int \mathrm{e}^{-x}\mathrm{d}x)=-\mathrm{e}^{-x}(x^2+2x+2)+C.$

例 3.19 求 $\int x\arctan x\,\mathrm{d}x.$

解法一 原式 $=\dfrac{1}{2}\int \arctan x\,\mathrm{d}(x^2)=\dfrac{1}{2}x^2\arctan x-\dfrac{1}{2}\int x^2\cdot\dfrac{1}{1+x^2}\mathrm{d}x$

$\qquad =\dfrac{1}{2}x^2\arctan x-\dfrac{1}{2}\int\dfrac{x^2+1-1}{1+x^2}\mathrm{d}x$

$\qquad =\dfrac{1}{2}x^2\arctan x-\dfrac{1}{2}\int\left(1-\dfrac{1}{1+x^2}\right)\mathrm{d}x$

$\qquad =\dfrac{1}{2}x^2\arctan x-\dfrac{1}{2}(x-\arctan x)+C.$

解法二 原式 $=\dfrac{1}{2}\int \arctan x\,\mathrm{d}(x^2+1)$

$\qquad =\dfrac{1}{2}(x^2+1)\arctan x-\dfrac{1}{2}\int (x^2+1)\cdot\dfrac{1}{1+x^2}\mathrm{d}x$

$\qquad =\dfrac{1}{2}(x^2+1)\arctan x-\dfrac{1}{2}x+C.$

例 3.20 求 $\int \sin x\,\mathrm{e}^x\,\mathrm{d}x.$

解析 $\int \sin x\,\mathrm{e}^x\,\mathrm{d}x=\int \sin x\,\mathrm{d}\mathrm{e}^x=\sin x\,\mathrm{e}^x-\int \mathrm{e}^x\mathrm{d}\sin x=\sin x\,\mathrm{e}^x-\int \mathrm{e}^x\cos x\,\mathrm{d}x$

$\qquad =\sin x\,\mathrm{e}^x-\int \cos x\,\mathrm{d}\mathrm{e}^x=\sin x\,\mathrm{e}^x-(\cos x\,\mathrm{e}^x-\int \mathrm{e}^x\mathrm{d}\cos x)$

$\qquad =\sin x\,\mathrm{e}^x-\cos x\,\mathrm{e}^x-\int \sin x\,\mathrm{e}^x\,\mathrm{d}x.$

故 $\int \sin x\,\mathrm{e}^x\,\mathrm{d}x=\dfrac{1}{2}(\sin x\,\mathrm{e}^x-\cos x\,\mathrm{e}^x)+C.$

名师助记 对于被积函数为指数函数与正弦函数或是余弦函数的乘积形式,令 $u(x)$ 为指数函数或三角函数均可,但要注意在前后两次分部积分中 $u(x)$ 需要保持同一类型函数,然后利用分部积分构成一个方程,最后解这个方程可得到结果.

考点八　有理函数的积分

1. 有理函数相关定义

有理函数是指两个多项式的商表示的函数：

$$\frac{P(x)}{Q(x)} = \frac{a_0 x^n + a_1 x^{n-1} + \cdots + a_n}{b_0 x^m + b_1 x^{m-1} + \cdots + b_m}.$$

其中，$a_0, a_1, a_2, \cdots, a_n$ 及 $b_0, b_1, b_2, \cdots, b_m$ 为常数，且 $a_0 \neq 0$，$b_0 \neq 0$.

名师助记　如果分子多项式 $P(x)$ 的次数 n 小于分母多项式 $Q(x)$ 的次数 m，称分式为真分式；如果分子多项式 $P(x)$ 的次数 n 大于或等于分母多项式 $Q(x)$ 的次数 m，称分式为假分式. 利用多项式除法可得，任一假分式均可转化为多项式与真分式之和.

2. 有理真分式函数积分法

有理真分式函数积分可分为两步进行：

① 若 $Q_m(x)$ 的因式分解中含有因式 $(x-a)^k$，则其部分分式对应的有

$$\frac{A_1}{x-a} + \frac{A_2}{(x-a)^2} + \cdots + \frac{A_k}{(x-a)^k},$$

其中，$A_i(i=1, 2, \cdots, k)$ 为待定系数.

② 若 $Q_m(x)$ 的因式分解中含有因式 $(x^2+px+q)^r$（其中 $p^2-4q<0$），则其部分分式对应的有

$$\frac{B_1 x + C_1}{x^2+px+q} + \frac{B_2 x + C_2}{(x^2+px+q)^2} + \cdots + \frac{B_r x + C_r}{(x^2+px+q)^r},$$

其中，$B_i, C_j(i, j=1, 2, \cdots, r)$ 皆为待定系数.

📣**注**

由分解式可见有理真分式的积分可归结为以下四种形式的积分：

$$\int \frac{1}{x-a} dx, \int \frac{1}{(x-a)^t} dx, \int \frac{Bx+C}{x^2+px+q} dx, \int \frac{Bx+C}{(x^2+px+q)^s} dx \ (s \geqslant 2).$$

其中，后两种均满足 $p^2-4q<0$.

名师助记　先将有理真分式化为部分分式之和，再用待定系数法或者赋值法确定部分分式之和的待定系数，最后分项积分求出积分结果.

例 3.21　求 $\displaystyle\int \frac{4x^2-6x-1}{(x+1)(2x-1)^2} dx$.

解析　先将被积函数分解为分式之和，设为

$$\frac{4x^2-6x-1}{(x+1)(2x-1)^2}=\frac{A}{x+1}+\frac{B}{2x-1}+\frac{C}{(2x-1)^2},$$

由式子左、右端的分子相等,得

$$4x^2-6x-1=A(2x-1)^2+B(x+1)(2x-1)+C(x+1).$$

由恒等式确定出 A,B,C,常用的方法有两种:

① 将右端展开,得到

$$4x^2-6x-1=(4A+2B)x^2+(-4A+B+C)x+(A-B+C),$$

等号左右两端 x 同次幂的系数相等,有

$$\begin{cases}4A+2B=4,\\-4A+B+C=-6,\\A-B+C=-1,\end{cases}$$

解得 $A=1$,$B=0$,$C=-2$.

这种方法较死板,且解系数的联立方程组时较烦琐.

② 等式中以变量 x 的任何值代入等号两端得到相同的值来做,在等式中,

令 $x=-1$,有 $9=9A$,$A=1$;

令 $x=\frac{1}{2}$,有 $-3=\frac{3}{2}C$,$C=-2$;

令 $x=0$,有 $-1=A-B+C$,可求出 $B=0$.

两种方法求得的结果一致:

$$\frac{4x^2-6x-1}{(x+1)(2x-1)^2}=\frac{1}{x+1}-\frac{2}{(2x-1)^2}.$$

于是

$$\int\frac{4x^2-6x-1}{(x+1)(2x-1)^2}\mathrm{d}x=\int\frac{\mathrm{d}x}{x+1}-\int\frac{2}{(2x-1)^2}\mathrm{d}x=\ln|x+1|+\frac{1}{2x-1}+C.$$

例 3.22　求 $\displaystyle\int\frac{3x^2-x+4}{x^3-x^2+2x-2}\mathrm{d}x$.

解析　$x^3-x^2+2x-2=(x-1)(x^2+2)$.

令

$$\frac{3x^2-x+4}{x^3-x^2+2x-2}=\frac{A}{x-1}+\frac{Bx+C}{x^2+2},$$

解得 $A=2$,$B=1$,$C=0$.

所以

$$\int \frac{3x^2-x+4}{x^3-x^2+2x-2}\mathrm{d}x = \int \frac{2}{x-1}\mathrm{d}x + \int \frac{x}{x^2+2}\mathrm{d}x$$
$$= 2\ln|x-1| + \frac{1}{2}\ln(x^2+2) + C.$$

第三节 定 积 分

考点九 定积分的概念

1. 定积分的定义

设函数 $f(x)$ 在 $[a,b]$ 上有定义，在 $[a,b]$ 上任意插入 $n-1$ 个分点，

$$a = x_0 < x_1 < x_2 < \cdots < x_{i-1} < x_i < \cdots < x_n = b,$$

把 $[a,b]$ 分为 n 个子区间 $[x_{i-1}, x_i](i=1,2,\cdots,n)$，用

$$\Delta x_i = x_i - x_{i-1} \quad (i=1,2,\cdots,n)$$

表示各子区间的长度，在每个子区间上任取一点 $\xi_i(x_{i-1} \leqslant \xi_i \leqslant x_i)$，作如下和式

$$\sum_{i=1}^{n} f(\xi_i)\Delta x_i = f(\xi_1)\Delta x_1 + f(\xi_2)\Delta x_2 + \cdots + f(\xi_n)\Delta x_n,$$

令 $\lambda = \max_{1 \leqslant i \leqslant n}\{\Delta x_i\}$，如果极限

$$\lim_{\lambda \to 0} \sum_{i=1}^{n} f(\xi_i)\Delta x_i$$

存在，且与 $[a,b]$ 的划分及 ξ_i 的取法无关，则该极限值就称为函数 $f(x)$ 在 $[a,b]$ 上的定积分，记为

$$\int_a^b f(x)\mathrm{d}x = \lim_{\lambda \to 0} \sum_{i=1}^{n} f(\xi_i)\Delta x_i,$$

式中，$f(x)$ 称为被积函数，$f(x)\mathrm{d}x$ 称为被积表达式，x 称为积分变量，$[a,b]$ 称为积分区间，a,b 分别称为积分的下限、上限.

名师助记 求曲边三角形和曲边梯形的面积就是用定积分来算. 分割取近似，求和取极限，这就是求曲边三角形和曲边梯形面积的方法. 这个面积其实就是定积分. 所以定积分算出来是一个数. 这和不定积分完全不同，因为不定积分是求一个函数的原函数. 但我们求解定积分的值可以用到不定积分所求得的原函数.

◁))注
① 定积分只与被积函数和积分区间有关.
② 积分值仅与被积函数及积分区间有关，与积分变量用什么字母表示无关，即

$$\int_a^b f(x)\mathrm{d}x = \int_a^b f(t)\mathrm{d}t = \int_a^b f(u)\mathrm{d}u.$$

③ $\displaystyle\int_a^b f(x)\mathrm{d}x = -\int_b^a f(x)\mathrm{d}x$，特别地，$\displaystyle\int_a^a f(x)\mathrm{d}x = 0.$

④ 区间的划分方法和点 ξ_i 位置的选取是任意的. 为了方便起见，将 $[a,b]$ 区间 n 等分处理，取 ξ_i 为第 i 个区间的右端点，有

$$\int_a^b f(x)\mathrm{d}x = I = \lim_{\lambda \to 0}\sum_{i=1}^n f(\xi_i)\Delta x_i = \lim_{n \to \infty}\sum_{i=1}^n f\left[a + \frac{i}{n}(b-a)\right]\frac{b-a}{n}.$$

若再特取 $[a,b] = [0,1]$，就有公式 $\displaystyle\int_0^1 f(x)\mathrm{d}x = \lim_{n \to \infty}\frac{1}{n}\sum_{n=1}^\infty f\left(\frac{i}{n}\right).$

例 3.23 求 $\displaystyle\lim_{n \to \infty}\left(\frac{1}{n+1} + \frac{1}{n+2} + \frac{1}{n+3} + \cdots + \frac{1}{n+n}\right).$

解析 原式 $= \displaystyle\lim_{n \to \infty}\frac{1}{n}\left(\frac{1}{1+\dfrac{1}{n}} + \frac{1}{1+\dfrac{2}{n}} + \frac{1}{1+\dfrac{3}{n}} + \cdots + \frac{1}{1+\dfrac{n}{n}}\right)$

$$= \lim_{n \to \infty}\frac{1}{n}\sum_{i=1}^n \frac{1}{1+\dfrac{i}{n}} = \int_0^1 \frac{1}{1+x}\mathrm{d}x = \ln(1+x)\Big|_0^1$$

$$= \ln 2.$$

例 3.24 计算 $\displaystyle\lim_{n \to \infty} n\left(\frac{1}{1+n^2} + \frac{1}{2^2+n^2} + \cdots + \frac{1}{n^2+n^2}\right).$

解析 原式 $= \displaystyle\lim_{n \to \infty}\frac{1}{n}\left(\frac{n^2}{1+n^2} + \frac{n^2}{2^2+n^2} + \cdots + \frac{n^2}{n^2+n^2}\right)$

$$= \lim_{n \to \infty}\frac{1}{n}\left(\frac{1}{1+\left(\dfrac{1}{n}\right)^2} + \frac{1}{1+\left(\dfrac{2}{n}\right)^2} + \cdots + \frac{1}{1+\left(\dfrac{n}{n}\right)^2}\right)$$

$$= \int_0^1 \frac{1}{1+x^2}\mathrm{d}x = \arctan x\Big|_0^1 = \frac{\pi}{4}.$$

2. 定积分相关定理

函数 $f(x)$ 在 $[a,b]$ 上存在定积分，称 $f(x)$ 在 $[a,b]$ 上可积.

定理 1 设 $f(x)$ 在 $[a,b]$ 上连续，则 $f(x)$ 在 $[a,b]$ 上可积.

定理 2 设 $f(x)$ 在 $[a,b]$ 上有界，且只有有限个间断点，则 $f(x)$ 在 $[a,b]$ 上可积.

定理 3 设 $f(x)$ 在 $[a,b]$ 上无界，则 $f(x)$ 在 $[a,b]$ 上不可积.

3. 定积分的几何意义

当 $f(x) \geqslant 0$ 时，$\displaystyle\int_a^b f(x)\mathrm{d}x =$ 曲边梯形 $abBA$ 的面积，如图 3-1 所示.

当 $f(x) \leqslant 0$ 时，$\int_a^b f(x)\mathrm{d}x =$ —曲边梯形 $abBA$ 的面积，如图 3-2 所示.

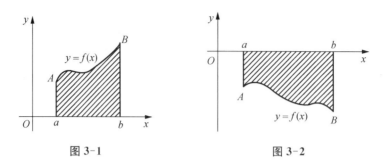

图 3-1　　　　　　　　　　图 3-2

🔊》注

常用的几个圆的面积：

$$\int_0^a \sqrt{a^2 - x^2}\,\mathrm{d}x = \frac{1}{4}\pi a^2，\int_0^a \sqrt{2ax - x^2}\,\mathrm{d}x = \int_0^a \sqrt{a^2 - (x-a)^2}\,\mathrm{d}x = \frac{1}{4}\pi a^2.$$

例 3.25　利用定积分的几何意义，说明下列等式成立：

(1) $\int_0^1 2x\,\mathrm{d}x = 1$；　　　(2) $\int_0^1 \sqrt{1-x^2}\,\mathrm{d}x = \frac{\pi}{4}$；　　　(3) $\int_{-\pi}^{\pi} \sin x\,\mathrm{d}x = 0$.

解析　(1) $\int_0^1 2x\,\mathrm{d}x = 1$ 表示由直线 $y = 2x$，x 轴及直线 $x = 1$ 所围成的面积，由三角形面积公式可得面积为 1.

(2) $\int_0^1 \sqrt{1-x^2}\,\mathrm{d}x$ 表示由曲线 $y = \sqrt{1-x^2}$，x 轴及 y 轴所围成的四分之一圆的面积，即圆 $x^2 + y^2 = 1$ 面积的四分之一，故 $\int_0^1 \sqrt{1-x^2}\,\mathrm{d}x = \frac{1}{4} \cdot \pi \cdot 1^2 = \frac{\pi}{4}$.

(3) $y = \sin x$ 为奇函数，在关于原点的对称区间 $[-\pi, \pi]$ 上与 x 轴所夹的面积的代数和为零，即 $\int_{-\pi}^{\pi} \sin x\,\mathrm{d}x = 0$.

考点十　定积分的性质

在下面的讨论中，对于积分区间 $[a, b]$，假定 $a < b$（至于 $a > b$ 的情形，可类似地推出相应的结论）.

1. 运算性质

设 $f(x)$，$g(x)$ 在 $[a, b]$ 上可积，则

$$\int_a^b [f(x) + g(x)]\mathrm{d}x = \int_a^b f(x)\mathrm{d}x + \int_a^b g(x)\mathrm{d}x,$$

$$\int_a^b kf(x)\mathrm{d}x = k\int_a^b f(x)\mathrm{d}x, \ k \in \mathbf{R}.$$

2. 区间可加性

设 $f(x)$ 在 $[a, b]$ 上可积，$c \in [a, b]$，则

$$\int_a^b f(x)\mathrm{d}x = \int_a^c f(x)\mathrm{d}x + \int_c^b f(x)\mathrm{d}x.$$

3. 比较性质

设函数 $f(x)$ 在区间 $[a, b]$ 上可积，且 $f(x) \geqslant 0$，则 $\int_a^b f(x)\mathrm{d}x \geqslant 0$.

推论 1（保序性） 设函数 $f(x), g(x)$ 在 $[a, b]$ 上都可积，并且 $f(x) \leqslant g(x)$，则

$$\int_a^b f(x)\mathrm{d}x \leqslant \int_a^b g(x)\mathrm{d}x.$$

推论 2（定积分绝对值不等式） 设函数 $f(x)$ 在 $[a, b]$ 上可积，那么函数 $|f(x)|$ 在 $[a, b]$ 上也可积，并且 $\left| \int_a^b f(x)\mathrm{d}x \right| \leqslant \int_a^b |f(x)|\mathrm{d}x$.

名师助记 利用定积分的几何意义来记，被积函数越大，那么围成的面积也越大. $f(x)$ 可能既有 x 轴上方又有 x 轴下方的部分（注意定积分结果是代数和，上方为正，下方为负），而 $|f(x)|$ 都在 x 轴上方，所以肯定 $|f(x)|$ 围成的面积更大.

推论 3（估值定理） 设函数 $f(x)$ 在 $[a, b]$ 上可积，且存在常数 m 和 M，满足不等式 $m \leqslant f(x) \leqslant M$，则 $m(b-a) \leqslant \int_a^b f(x)\mathrm{d}x \leqslant M(b-a)$.

例 3.26 证明不等式 $\dfrac{2}{\sqrt[4]{\mathrm{e}}} \leqslant \int_0^2 \mathrm{e}^{x^2-x}\mathrm{d}x \leqslant 2\mathrm{e}^2$.

证明 设 $f(x) = \mathrm{e}^{x^2-x}$，由 $f(x)$ 在 $[0, 2]$ 上连续，可知 $f(x)$ 在 $[0, 2]$ 上可积，下面求 $f(x)$ 在 $[0, 2]$ 上的最值. 因为 $f'(x) = \mathrm{e}^{x^2-x}(2x-1)$，令 $f'(x) = 0$，得 $f(x)$ 在 $[0, 2]$ 上的唯一驻点 $x = \dfrac{1}{2}$. 又 $f(0) = 1$，$f\left(\dfrac{1}{2}\right) = \dfrac{1}{\sqrt[4]{\mathrm{e}}}$，$f(2) = \mathrm{e}^2$，所以

$$m = \min_{0 \leqslant x \leqslant 2} f(x) = \frac{1}{\sqrt[4]{\mathrm{e}}}, \quad M = \max_{0 \leqslant x \leqslant 2} f(x) = \mathrm{e}^2,$$

故 $\dfrac{1}{\sqrt[4]{\mathrm{e}}} \cdot (2-0) \leqslant \int_0^2 \mathrm{e}^{x^2-x}\mathrm{d}x \leqslant \mathrm{e}^2 \cdot (2-0)$，即为 $\dfrac{2}{\sqrt[4]{\mathrm{e}}} \leqslant \int_0^2 \mathrm{e}^{x^2-x}\mathrm{d}x \leqslant 2\mathrm{e}^2$.

名师助记 运用估值定理证明不等式时，只要想办法求出 $f(x)$ 在积分区域上的最大值与最小值，然后乘以积分区域的长度即可证明.

例 3.27 设 $I = \int_0^{\frac{\pi}{4}} \ln \sin x \, \mathrm{d}x$，$J = \int_0^{\frac{\pi}{4}} \ln \cos x \, \mathrm{d}x$，则 I, J 的大小关系是（ ）.

(A) $I < J$ (B) $I > J$ (C) $I \leqslant J$ (D) $I \geqslant J$

解析 选(A).

当 $0 < x < \dfrac{\pi}{4}$ 时，$\cos x > \sin x$，故 $\ln \cos x > \ln \sin x$，根据定积分的比较性质，

$$J = \int_0^{\frac{\pi}{4}} \ln \cos x \, dx > I = \int_0^{\frac{\pi}{4}} \ln \sin x \, dx.$$

例 3.28 设 $M = \int_{-1}^1 \frac{\sin x}{1+x^2} \cos^4 x \, dx$,$N = \int_{-1}^1 (\sin^3 x + \cos^4 x) \, dx$,

$P = \int_{-1}^1 (x^2 \sin^3 x - \cos^4 x) \, dx$,则(　　　).

(A) $M < N < P$ 　　　　　　　　(B) $N < M < P$

(C) $P < M < N$ 　　　　　　　　(D) $P < N < M$

解析 选(C).

$\frac{\sin x}{1+x^2} \cos^4 x$ 为奇函数,则 $M = 0$.

又 $\sin^3 x$,$x^2 \sin^3 x$ 也为奇函数,有 $N = \int_{-1}^1 \cos^4 x \, dx > 0$,$P = -\int_{-1}^1 \cos^4 x \, dx < 0$.

故答案应选(C).

名师助记 定积分上下限关于原点对称,所以奇函数的定积分值为零,偶函数的定积分是零到上限积分的两倍(或者下限到零积分的两倍).

4. 积分中值定理

若 $f(x)$ 在 $[a,b]$ 上连续,则至少存在一点 $\xi \in [a,b]$,使

$$\int_a^b f(x) \, dx = f(\xi) \cdot (b-a).$$

◁))注

① 定理中 ξ 也可属于开区间 (a,b).

② 设 $f(x)$ 在 $[a,b]$ 上连续,称 $\overline{f(x)} = \dfrac{\int_a^b f(x) \, dx}{b-a}$ 为 $f(x)$ 在 $[a,b]$ 上的平均值.

名师助记 可以把 $f(x)$ 与直线 $x = a$,$x = b$,x 轴围成的图形进行拉伸压缩,变成一个面积不变的长方形,其高就是 $f(\xi)$,底是 $b-a$.

考点十一　定积分的计算

1. 牛顿-莱布尼茨公式

设函数 $f(x)$ 在区间 $[a,b]$ 上连续,如果 $F(x)$ 是 $f(x)$ 的一个原函数,则

$$\int_a^b f(x) \, dx = F(x) \Big|_a^b = F(b) - F(a).$$

名师助记 该公式进一步揭示了定积分与被积函数的原函数或不定积分之间的关系.它表明一个连续函数的定积分等于被积函数的任一原函数在积分区间 $[a,b]$ 上的增量,从

而把求定积分的问题转化为求不定积分的问题,这就给定积分的计算提供了有效而又简便的计算方法.

例 3.29 设函数 $f(x) = \begin{cases} \sqrt{x}, & 0 \leqslant x \leqslant 1, \\ e^{-x}, & 1 < x \leqslant 3, \end{cases}$ 计算 $\int_0^3 f(x)\mathrm{d}x$.

解析 $\int_0^3 f(x)\mathrm{d}x = \int_0^1 f(x)\mathrm{d}x + \int_1^3 f(x)\mathrm{d}x = \int_0^1 \sqrt{x}\,\mathrm{d}x + \int_1^3 e^{-x}\mathrm{d}x = \frac{2}{3}x^{\frac{3}{2}}\Big|_0^1 - e^{-x}\Big|_1^3$

$$= \frac{2}{3} - 0 - (e^{-3} - e^{-1}) = \frac{2}{3} - e^{-3} + e^{-1}.$$

名师助记 应用牛顿-莱布尼茨公式时须注意定理条件,即 $f(x)$ 在区间 $[a,b]$ 上连续.若被积函数 $f(x)$ 在区间 $[a,b]$ 上有有限个第一类间断点,则此时利用定积分关于积分区间可拆性把 $[a,b]$ 分成有限个,从而使函数 $f(x)$ 保持连续的小区间,在每个小区间上分别计算定积分,然后再把结果相加即可.

2. 换元积分法

设 $f(x)$ 在 $[a,b]$ 上连续,$x = \varphi(t)$ 满足条件:

① $\varphi(\alpha) = a$, $\varphi(\beta) = b$;

② $\varphi(t)$ 在 $[\alpha,\beta]$ 或 $[\beta,\alpha]$ 上具有连续导数,且其值域为 $[a,b]$,则

$$\int_a^b f(x)\mathrm{d}x = \int_\alpha^\beta f[\varphi(t)] \cdot \varphi'(t)\mathrm{d}t.$$

名师助记 当用变量代换 $x = u(t)$ 将变量 x 换成新变量 t 时,也要将 x 的积分限 a,b 换成 t 的积分限 α,β,这就是所谓的"换元先换限";在求出 $f[u(t)]u'(t)$ 的原函数 $F[u(t)]$ 后,不必像计算不定积分那样再把 $F[u(t)]$ 变换成原来变量 x 的函数,只要把新变量 t 的积分限代入 $F[u(t)]$ 中相减即可.

例 3.30 求定积分 $\int_1^e \frac{\sqrt{1+\ln x}}{x}\mathrm{d}x$.

解析 $\int_1^e \frac{\sqrt{1+\ln x}}{x}\mathrm{d}x = \int_1^e \sqrt{1+\ln x}\,\mathrm{d}(1+\ln x) \xlongequal{\text{令}\,u=1+\ln x} \int_1^2 \sqrt{u}\,\mathrm{d}u = \frac{2}{3}u^{\frac{3}{2}}\Big|_1^2$

$$= \frac{2}{3} \cdot 2^{\frac{3}{2}} - \frac{2}{3} \cdot 1^{\frac{3}{2}} = \frac{4}{3}\sqrt{2} - \frac{2}{3} = \frac{4\sqrt{2}-2}{3}.$$

例 3.31 求 $\int_0^1 x^2\sqrt{1-x^2}\,\mathrm{d}x$.

解析 令 $x = \sin t\left(0 \leqslant t \leqslant \frac{\pi}{2}\right)$, $\mathrm{d}x = \cos t\,\mathrm{d}t$,

$\int_0^1 x^2\sqrt{1-x^2}\,\mathrm{d}x = \int_0^{\frac{\pi}{2}} \sin^2 t \cdot \cos t \cdot \cos t\,\mathrm{d}t = \int_0^{\frac{\pi}{2}} \sin^2 t \cos^2 t\,\mathrm{d}t$

$$= \frac{1}{4}\int_0^{\frac{\pi}{2}} (\sin 2t)^2\,\mathrm{d}t = \frac{1}{4}\int_0^{\frac{\pi}{2}} \frac{1-\cos 4t}{2}\mathrm{d}t = \frac{1}{8}\left(t - \frac{1}{4}\sin 4t\right)\Big|_0^{\frac{\pi}{2}} = \frac{\pi}{16}.$$

3. 分部积分法

设函数 $u(x)$, $v(x)$ 在区间 $[a,b]$ 上具有连续导数,则有

$$\int_a^b u(x)v'(x)\mathrm{d}x = u(x)v(x)\Big|_a^b - \int_a^b u'(x)v(x)\mathrm{d}x$$

或

$$\int_a^b u(x)\mathrm{d}v(x) = u(x)v(x)\Big|_a^b - \int_a^b v(x)\mathrm{d}u(x).$$

例 3.32 求 $\displaystyle\int_1^4 \frac{\ln x}{\sqrt{x}}\mathrm{d}x$.

解析 $\displaystyle\int_1^4 \frac{\ln x}{\sqrt{x}}\mathrm{d}x = 2\int_1^4 \ln x \,\mathrm{d}\sqrt{x} = 2\sqrt{x}\ln x\Big|_1^4 - 2\int_1^4 \sqrt{x}\cdot\frac{1}{x}\mathrm{d}x$

$$= 8\ln 2 - 2\int_1^4 \frac{1}{\sqrt{x}}\mathrm{d}x = 8\ln 2 - 4\sqrt{x}\Big|_1^4 = 4(2\ln 2 - 1).$$

例 3.33 求 $\displaystyle\int_0^1 x\arctan x\,\mathrm{d}x$.

解析 $\displaystyle\int_0^1 x\arctan x\,\mathrm{d}x = \int_0^1 \arctan x\,\mathrm{d}\Big(\frac{1}{2}x^2\Big) = \frac{1}{2}x^2\arctan x\Big|_0^1 - \int_0^1 \frac{1}{2}x^2\cdot\frac{1}{1+x^2}\mathrm{d}x$

$$= \frac{\pi}{8} - \frac{1}{2}\int_0^1\Big(1 - \frac{1}{1+x^2}\Big)\mathrm{d}x = \frac{\pi}{8} - \frac{1}{2}(x - \arctan x)\Big|_0^1$$

$$= \frac{\pi}{4} - \frac{1}{2}.$$

4. 定积分计算的若干技巧

(1) 利用对称性

设 $f(x)$ 在 $[-a, a]$ 上连续，则

$$\int_{-a}^a f(x)\mathrm{d}x = \int_0^a [f(x) + f(-x)]\mathrm{d}x = \begin{cases} 2\displaystyle\int_0^a f(x)\mathrm{d}x, & \text{若 } f(x) \text{ 为偶函数}, \\ 0, & \text{若 } f(x) \text{ 为奇函数}. \end{cases}$$

证明 $\displaystyle\int_{-a}^a f(x)\mathrm{d}x = \int_{-a}^0 f(x)\mathrm{d}x + \int_0^a f(x)\mathrm{d}x$，对等式右边第一个积分作 $x = -t$ 的换

元，有 $\displaystyle\int_{-a}^0 f(x)\mathrm{d}x = \int_a^0 f(-t)\mathrm{d}(-t) = \int_0^a f(-t)\mathrm{d}t$. 于是

$$\int_{-a}^a f(x)\mathrm{d}x = \int_0^a [f(x) + f(-x)]\mathrm{d}x.$$

此时可根据函数 $f(x)$ 为偶函数或奇函数得到结果.

名师助记 当定积分上下限关于原点对称时，奇函数在 x 轴上下方的面积大小相等，代数和就为零，所以定积分为零，而偶函数关于 y 轴对称，所以定积分是其中一半的两倍.

(2) 利用周期性

设 $f(x)$ 是连续函数，周期为 T，则

① $\forall a$，有 $\displaystyle\int_a^{a+T} f(x)\mathrm{d}x = \int_0^T f(x)\mathrm{d}x = \int_{-\frac{T}{2}}^{\frac{T}{2}} f(x)\mathrm{d}x = \cdots$.

名师助记 上述等式可以看出,同一个周期 T 内的定积分值与积分起点无关.

② $n \in \mathbf{N}_+$,有 $\int_a^{a+nT} f(x)\mathrm{d}x = n\int_0^T f(x)\mathrm{d}x$.

(3) 利用重要公式

① $\int_0^{\frac{\pi}{2}} f(\sin x)\mathrm{d}x = \int_0^{\frac{\pi}{2}} f(\cos x)\mathrm{d}x$.

② $\int_0^{\pi} f(\sin x)\mathrm{d}x = 2\int_0^{\frac{\pi}{2}} f(\sin x)\mathrm{d}x$.

③ $\int_0^{\pi} f(|\cos x|)\mathrm{d}x = 2\int_0^{\frac{\pi}{2}} f(\cos x)\mathrm{d}x$.

④ $I_n = \int_0^{\frac{\pi}{2}} \sin^n x\, \mathrm{d}x = \int_0^{\frac{\pi}{2}} \cos^n x\, \mathrm{d}x = \begin{cases} \dfrac{n-1}{n} \cdot \dfrac{n-3}{n-2} \cdot \cdots \cdot \dfrac{1}{2} \cdot \dfrac{\pi}{2}, & n \text{ 为正偶数}, \\ \dfrac{n-1}{n} \cdot \dfrac{n-3}{n-2} \cdot \cdots \cdot \dfrac{2}{3} \cdot 1, & n \text{ 为大于 1 的正奇数}. \end{cases}$

例 3.34 $\int_{-\frac{\pi}{2}}^{\frac{\pi}{2}} (x^3 + \sin^2 x)\cos^2 x\, \mathrm{d}x = \underline{\hspace{2cm}}$.

解析 这是对称区间上的定积分,一般都可利用积分性质先简化计算,所以

$$\int_{-\frac{\pi}{2}}^{\frac{\pi}{2}} (x^3 + \sin^2 x)\cos^2 x\, \mathrm{d}x = 2\int_0^{\frac{\pi}{2}} \sin^2 x \cos^2 x\, \mathrm{d}x = 2\int_0^{\frac{\pi}{2}} (\sin^2 x - \sin^4 x)\mathrm{d}x$$

$$= 2\left(\frac{\pi}{4} - \frac{3}{4} \times \frac{1}{2} \times \frac{\pi}{2}\right) = \frac{\pi}{8}.$$

例 3.35 $\int_{-2\pi}^{4\pi} |\sin^5 x|\, \mathrm{d}x = (\qquad)$.

(A) $\dfrac{32}{5}$ 　　　　(B) $\dfrac{34}{5}$ 　　　　(C) $\dfrac{32}{3}$ 　　　　(D) $\dfrac{34}{3}$

解析 选(A).

$|\sin x|$ 的周期为 π,故

$$\int_{-2\pi}^{4\pi} |\sin^5 x|\, \mathrm{d}x = 6\int_0^{\pi} |\sin^5 x|\, \mathrm{d}x = 6\int_{-\frac{\pi}{2}}^{\frac{\pi}{2}} |\sin^5 x|\, \mathrm{d}x = 12\int_0^{\frac{\pi}{2}} \sin^5 x\, \mathrm{d}x$$

$$= 12 \times \frac{4}{5} \times \frac{2}{3} = \frac{32}{5}.$$

名师助记 求解周期函数的定积分问题,通常先求出在一个周期内的定积分,再求整个定积分(它们通常是倍数关系).

考点十二 变限积分

1. 变限积分定义

设函数 $f(x)$ 在区间 $[a, b]$ 上可积,则称

$$\Phi(x)=\int_a^x f(t)\,\mathrm{d}t \quad (a\leqslant x\leqslant b)$$

为积分上限函数或变上限积分函数.

🔊 **注**

① $\int_a^x f(x)\,\mathrm{d}x$ 表达式中的 x 与上限 x 不同.

② $\int_a^x f(x,t)\,\mathrm{d}t$ 表达式中的 x 与上限 x 相同.

③ 若函数 $f(x)$ 在区间 $[a,b]$ 上连续,则变上限积分函数 $\Phi(x)=\int_a^x f(t)\,\mathrm{d}t$ 在 $[a,b]$ 上可导,并且它的导数是 $\Phi'(x)=\dfrac{\mathrm{d}}{\mathrm{d}x}\int_a^x f(t)\,\mathrm{d}t=f(x),\ a\leqslant x\leqslant b.$

名师助记 变限积分就是 $f(x)$ 在 $(0,x)$ 内与 x 轴围成的面积,但 $(0,x)$ 的 x 可以不断变化,相应地围成的面积也在不断变化,于是就构成了函数关系.另外,上限 x 是变限积分函数的自变量,而 $\mathrm{d}x$ 中的 x,$\mathrm{d}t$ 中的 t 仅仅表示变限积分积的是 f 这个函数.

2. 变限积分求导公式

$$\left[\int_{v(x)}^{u(x)} f(t)\,\mathrm{d}t\right]'=f[u(x)]u'(x)-f[v(x)]v'(x).$$

🔊 **注**

① 设 $f(x)$ 在 $[a,b]$ 上连续,则

$$\left[\int_0^x g(x)f(t)\,\mathrm{d}t\right]'=\left[g(x)\int_0^x f(t)\,\mathrm{d}t\right]'=g'(x)\int_0^x f(t)\,\mathrm{d}t+g(x)f(x).$$

② 设 $f(x)$ 在 $[a,b]$ 上连续,$u(x)$,$v(x)$ 为可导函数,则

$$\left[\int_a^{u(x)} f(t)\,\mathrm{d}t\right]'=f[u(x)]u'(x);$$

$$\left[\int_{v(x)}^b f(t)\,\mathrm{d}t\right]'=-f[v(x)]v'(x);$$

$$\left[\int_{v(x)}^{u(x)} f(t)\,\mathrm{d}t\right]'=f[u(x)]u'(x)-f[v(x)]v'(x).$$

名师助记 积分上下限是关于 x 的函数,对变限积分求导后,也要对关于 x 的函数再求导.

例 3.36 设 $f(x)$ 连续,且 $F(x)=\int_{\frac{1}{x}}^{\ln x} f(t)\,\mathrm{d}t$,则 $F'(x)=$ _____.

解析 $F'(x)=f(\ln x)\cdot(\ln x)'-f\left(\dfrac{1}{x}\right)\cdot\left(\dfrac{1}{x}\right)'=\dfrac{1}{x}f(\ln x)+\dfrac{1}{x^2}f\left(\dfrac{1}{x}\right).$

例 3.37　$\dfrac{\mathrm{d}}{\mathrm{d}x}\left(\displaystyle\int_{x^2}^{0} x\cos t^2\mathrm{d}t\right)=$＿＿＿＿＿．

解析　由 $\displaystyle\int_{x^2}^{0} x\cos t^2\mathrm{d}t=x\int_{x^2}^{0}\cos t^2\mathrm{d}t=-x\int_{0}^{x^2}\cos t^2\mathrm{d}t$，得

$$\frac{\mathrm{d}}{\mathrm{d}x}\left(\int_{x^2}^{0} x\cos t^2\mathrm{d}t\right)=-\int_{0}^{x^2}\cos t^2\mathrm{d}t-2x^2\cos x^4.$$

例 3.38　$\dfrac{\mathrm{d}}{\mathrm{d}x}\left[\displaystyle\int_{0}^{x}\sin(x-t)^2\mathrm{d}t\right]=$＿＿＿＿＿．

解析　$\dfrac{\mathrm{d}}{\mathrm{d}x}\left[\displaystyle\int_{0}^{x}\sin(x-t)^2\mathrm{d}t\right]\xlongequal{x-t=u}\dfrac{\mathrm{d}}{\mathrm{d}x}\left[\displaystyle\int_{x}^{0}(-\sin u^2)\mathrm{d}u\right]$

$$=\frac{\mathrm{d}}{\mathrm{d}x}\left(\int_{0}^{x}\sin u^2\mathrm{d}u\right)=\sin x^2.$$

例 3.39　设 $f(x)$ 连续，且 $\displaystyle\lim_{x\to 0}\dfrac{f(x)}{x}=A$，$g(x)=\displaystyle\int_{0}^{1}f(xt)\mathrm{d}t$，求 $g'(x)$，并讨论其在 $x=0$ 处的连续性．

解析　由 $f(x)$ 连续，且 $\displaystyle\lim_{x\to 0}\dfrac{f(x)}{x}=A$，得 $\displaystyle\lim_{x\to 0}f(x)=f(0)=0$．

令 $u=xt$，有 $\mathrm{d}t=\dfrac{1}{x}\mathrm{d}u$，则

$$g(x)=\int_{0}^{1}f(xt)\mathrm{d}t=\int_{0}^{x}f(u)\cdot\frac{1}{x}\mathrm{d}u=\frac{\displaystyle\int_{0}^{x}f(u)\mathrm{d}u}{x}\quad(x\neq 0),$$

$$g(0)=\int_{0}^{1}f(0)\mathrm{d}t=0,\quad g(x)=\begin{cases}\dfrac{\displaystyle\int_{0}^{x}f(u)\mathrm{d}u}{x}, & x\neq 0,\\[4mm] 0, & x=0.\end{cases}$$

当 $x\neq 0$ 时，$g'(x)=\dfrac{f(x)\cdot x-\displaystyle\int_{0}^{x}f(u)\mathrm{d}u}{x^2}$．

当 $x=0$ 时，$g'(0)=\displaystyle\lim_{x\to 0}\dfrac{g(x)-g(0)}{x-0}=\lim_{x\to 0}\dfrac{\displaystyle\int_{0}^{x}f(u)\mathrm{d}u}{x^2}=\lim_{x\to 0}\dfrac{f(x)}{2x}=\dfrac{A}{2}$．

$$g'(x)=\begin{cases}\dfrac{f(x)\cdot x-\displaystyle\int_{0}^{x}f(u)\mathrm{d}u}{x^2}, & x\neq 0,\\[6mm]\dfrac{A}{2}, & x=0.\end{cases}$$

判断 $g'(x)$ 在 $x=0$ 处的连续性：

$$\lim_{x\to 0}g'(x)=\lim_{x\to 0}\frac{f(x)\cdot x-\displaystyle\int_{0}^{x}f(u)\mathrm{d}u}{x^2}=\lim_{x\to 0}\frac{f(x)}{x}-\lim_{x\to 0}\frac{\displaystyle\int_{0}^{x}f(u)\mathrm{d}u}{x^2}=\frac{A}{2},$$

$\lim\limits_{x \to 0} g'(x) = g'(0)$,故 $g'(x)$ 在 $x = 0$ 处连续.

名师助记 此题为综合题,考查对极限无穷小运算性质、连续性、分段函数求导以及变限积分求导的理解.

第四节 反常积分

考点十三 反常积分的概念

1. 无穷区间反常积分

设 $F(x)$ 是 $f(x)$ 在相应区间上的一个原函数,

(1) 若 $\displaystyle\int_a^{+\infty} f(x)\mathrm{d}x = \lim\limits_{x \to +\infty} F(x) - F(a)$ 极限存在,称反常积分收敛,否则称发散.

(2) 若 $\displaystyle\int_{-\infty}^b f(x)\mathrm{d}x = F(b) - \lim\limits_{x \to -\infty} F(x)$ 极限存在,称反常积分收敛,否则称发散.

(3) 若 $\displaystyle\int_{-\infty}^{+\infty} f(x)\mathrm{d}x = \int_{-\infty}^{x_0} f(x)\mathrm{d}x + \int_{x_0}^{+\infty} f(x)\mathrm{d}x$ 右端两个积分都收敛,称反常积分收敛,否则称发散.

名师助记 定积分是用来求有限长的曲边梯形面积,而无穷区间的反常积分就是求无限长的曲边梯形面积.

例 3.40 计算反常积分 $\displaystyle\int_0^{+\infty} t\mathrm{e}^{-pt}\mathrm{d}t$ (p 是常数,且 $p > 0$).

解析 $\displaystyle\int_0^{+\infty} t\mathrm{e}^{-pt}\mathrm{d}t = -\frac{1}{p}\int_0^{+\infty} t\mathrm{d}\mathrm{e}^{-pt} = \left[-\frac{t}{p}\mathrm{e}^{-pt}\right]\Big|_0^{+\infty} + \frac{1}{p}\int_0^{+\infty} \mathrm{e}^{-pt}\mathrm{d}t$

$= \left[-\frac{t}{p}\mathrm{e}^{-pt}\right]\Big|_0^{+\infty} - \left[\frac{1}{p^2}\mathrm{e}^{-pt}\right]\Big|_0^{+\infty} = -\frac{1}{p}\lim\limits_{t \to +\infty} t\mathrm{e}^{-pt} - 0 - \frac{1}{p^2}(0-1) = \frac{1}{p^2}$.

2. 无界函数的反常积分

设 $F(x)$ 是 $f(x)$ 在相应区间上的一个原函数,

(1) 若 $x = a$ 是瑕点(使 $f(x)$ 无界的点),则 $\displaystyle\int_a^b f(x)\mathrm{d}x = F(b) - \lim\limits_{x \to a^+} F(x)$.

若上述极限存在,称反常积分收敛,否则称发散.

(2) 若 $x = b$ 是瑕点,则 $\displaystyle\int_a^b f(x)\mathrm{d}x = \lim\limits_{x \to b^-} F(x) - F(a)$.

若上述极限存在,称反常积分收敛,否则称发散.

(3) 若 $c \in (a, b)$ 是瑕点,则 $\displaystyle\int_a^b f(x)\mathrm{d}x = \int_a^c f(x)\mathrm{d}x + \int_c^b f(x)\mathrm{d}x$.

若右端两个积分都收敛,称反常积分收敛,否则称发散.

名师助记 无界函数的反常积分就是求无限高的曲边梯形面积.

例 3.41 计算反常积分 $\displaystyle\int_1^{+\infty} \frac{1}{x\sqrt{x-1}}\mathrm{d}x$.

解析 因为 $\lim\limits_{x \to 1^+} \dfrac{1}{x\sqrt{x-1}} = +\infty$，所以这既是一个无穷区间上的反常积分，又是一个无界函数的反常积分.

设 $\sqrt{x-1} = t$，则 $x = t^2+1$，$\mathrm{d}x = 2t\,\mathrm{d}t$，当 $x \to 1$ 时，$t \to 0$；当 $x \to +\infty$ 时，$t \to +\infty$，

则 $\displaystyle\int_1^{+\infty} \dfrac{1}{x\sqrt{x-1}}\,\mathrm{d}x = \int_0^{+\infty} \dfrac{1}{(t^2+1)t} \cdot 2t\,\mathrm{d}t = 2\int_0^{+\infty} \dfrac{1}{t^2+1}\,\mathrm{d}t = 2(\arctan t)\Big|_0^{+\infty} = \pi$.

名师助记 定积分的换元积分法与分部积分法均可用到反常积分的计算中来.

例 3.42 讨论反常积分 $\displaystyle\int_{-1}^1 \dfrac{1}{x^2}\,\mathrm{d}x$ 的敛散性.

解析 因为 $\lim\limits_{x \to 0} \dfrac{1}{x^2} = \infty$，所以 $x = 0$ 是被积函数的瑕点.

由于 $\displaystyle\int_{-1}^0 \dfrac{1}{x^2}\,\mathrm{d}x = \left[-\dfrac{1}{x}\right]\Big|_{-1}^0 = \lim\limits_{x \to 0^-}\left(-\dfrac{1}{x}\right) - 1 = +\infty$，即反常积分 $\displaystyle\int_{-1}^0 \dfrac{1}{x^2}\,\mathrm{d}x$ 发散，因此反常积分 $\displaystyle\int_{-1}^1 \dfrac{1}{x^2}\,\mathrm{d}x$ 发散.

名师助记 如果疏忽了 $x = 0$ 是被积函数的瑕点，就会得到以下的错误结果：

$$\int_{-1}^1 \dfrac{1}{x^2}\,\mathrm{d}x = -\dfrac{1}{x}\,\Big|_{-1}^1 = -[1 - (-1)] = -2.$$

考点十四　反常积分的性质与判定

① 若无穷积分 $\displaystyle\int_a^{+\infty} f(x)\,\mathrm{d}x$ 收敛，则对任一实数 k，无穷积分 $\displaystyle\int_a^{+\infty} kf(x)\,\mathrm{d}x$ 收敛，且 $\displaystyle\int_a^{+\infty} kf(x)\,\mathrm{d}x = k\int_a^{+\infty} f(x)\,\mathrm{d}x$.

② 若无穷积分 $\displaystyle\int_a^{+\infty} f(x)\,\mathrm{d}x$ 与 $\displaystyle\int_a^{+\infty} g(x)\,\mathrm{d}x$ 收敛，则无穷积分 $\displaystyle\int_a^{+\infty} [f(x) \pm g(x)]\,\mathrm{d}x$ 也收敛，且 $\displaystyle\int_a^{+\infty} [f(x) \pm g(x)]\,\mathrm{d}x = \int_a^{+\infty} f(x)\,\mathrm{d}x \pm \int_a^{+\infty} g(x)\,\mathrm{d}x$.

③ 若 $a > 0$，则 $\displaystyle\int_a^{+\infty} \dfrac{\mathrm{d}x}{x^p} = \begin{cases} \dfrac{a^{1-p}}{p-1}, & p > 1, \\ +\infty, & p \leqslant 1. \end{cases}$

特别地，$\displaystyle\int_1^{+\infty} \dfrac{\mathrm{d}x}{x^p} = \begin{cases} \dfrac{1}{p-1}, & p > 1, \\ +\infty, & p \leqslant 1. \end{cases}$

④ 若 $a > 1$，则 $\displaystyle\int_a^{+\infty} \dfrac{\mathrm{d}x}{x\ln^p x} = \begin{cases} \dfrac{\ln^{1-p} a}{p-1}, & p > 1, \\ +\infty, & p \leqslant 1. \end{cases}$

特别地,$\displaystyle\int_{e}^{+\infty}\frac{1}{x\ln^{p}x}\mathrm{d}x=\begin{cases}\dfrac{1}{p-1}, & p>1,\\ +\infty, & p\leqslant 1.\end{cases}$

⑤ $\displaystyle\int_{0}^{+\infty}x\,\mathrm{e}^{-kx}\mathrm{d}x=\begin{cases}\dfrac{1}{k^{2}}, & k>0,\\ +\infty, & k\leqslant 0.\end{cases}$

一般地,$\displaystyle\int_{0}^{+\infty}x^{n}\mathrm{e}^{-kx}\mathrm{d}x(n>0)$,当 $k>0$ 时收敛,当 $k\leqslant 0$ 时发散.

⑥ $\displaystyle\int_{a}^{b}\frac{\mathrm{d}x}{(x-a)^{q}}=\begin{cases}\dfrac{(b-a)^{1-q}}{1-q}, & q<1,\\ +\infty, & q\geqslant 1.\end{cases}$

例 3.43 求 $I=\displaystyle\int_{0}^{+\infty}\frac{\mathrm{d}x}{(1+x^{2})^{2}}$.

解析 注意到 $\dfrac{1}{(1+x^{2})^{2}}=\dfrac{1}{1+x^{2}}-\dfrac{x^{2}}{(1+x^{2})^{2}}$ 及 $\left(\dfrac{1}{1+x^{2}}\right)'=-\dfrac{2x}{(1+x^{2})^{2}}$,有

$$I=\int_{0}^{+\infty}\frac{1}{1+x^{2}}\mathrm{d}x-\int_{0}^{+\infty}\frac{x^{2}}{(1+x^{2})^{2}}\mathrm{d}x=\arctan x\Big|_{0}^{+\infty}+\frac{1}{2}\int_{0}^{+\infty}x\left(\frac{1}{1+x^{2}}\right)'\mathrm{d}x$$

$$=\frac{\pi}{2}+\frac{1}{2}\left(x\cdot\frac{1}{1+x^{2}}\Big|_{0}^{+\infty}-\int_{0}^{+\infty}\frac{1}{1+x^{2}}\mathrm{d}x\right)=\frac{\pi}{4}.$$

名师助记 无论是求反常积分还是定积分,大多都要先求不定积分,再运用牛顿-莱布尼茨公式代入上下限求解,反常积分还要求极限.

例 3.44 $p>0$,计算积分 $\displaystyle\int_{0}^{+\infty}x\,\mathrm{e}^{-px}\mathrm{d}x=($ $)$.

(A) p (B) $\dfrac{1}{p}$ (C) $\dfrac{1}{p^{2}}$ (D) ∞

解析 选(C).

$$\int_{0}^{+\infty}x\,\mathrm{e}^{-px}\mathrm{d}x=-\frac{1}{p}\int_{0}^{+\infty}x\,\mathrm{d}e^{-px}=\left(-\frac{1}{p}x\,\mathrm{e}^{-px}\Big|_{0}^{+\infty}-\int_{0}^{+\infty}\mathrm{e}^{-px}\mathrm{d}x\right)$$

$$=\frac{1}{p}\int_{0}^{+\infty}\mathrm{e}^{-px}\mathrm{d}x=\frac{1}{p}\left(-\frac{1}{p}\mathrm{e}^{-px}\right)\Big|_{0}^{+\infty}=\frac{1}{p}\left[0-\left(-\frac{1}{p}\right)\right]=\frac{1}{p^{2}}.$$

考点十五　判断反常积分敛散性

1. 判定准则一

设函数 $f(x)$,$g(x)$ 在区间 $[a,+\infty)$ 上连续,并且 $0\leqslant f(x)\leqslant g(x)$ $(a\leqslant x<+\infty)$,则

① 当 $\displaystyle\int_{a}^{+\infty}g(x)\mathrm{d}x$ 收敛时,$\displaystyle\int_{a}^{+\infty}f(x)\mathrm{d}x$ 收敛;

② 当 $\displaystyle\int_a^{+\infty} f(x)\mathrm{d}x$ 发散时，$\displaystyle\int_a^{+\infty} g(x)\mathrm{d}x$ 发散.

2. 判定准则二

设函数 $f(x)$，$g(x)$ 在区间 $[a,+\infty)$ 上连续，且 $f(x)\geqslant 0$，$g(x)>0$，$\displaystyle\lim_{x\to+\infty}\frac{f(x)}{g(x)}=\lambda$（有限或 ∞），则

① 当 $\lambda\neq 0$ 时，$\displaystyle\int_a^{+\infty} f(x)\mathrm{d}x$ 与 $\displaystyle\int_a^{+\infty} g(x)\mathrm{d}x$ 有相同的敛散性；

② 当 $\lambda=0$ 时，若 $\displaystyle\int_a^{+\infty} g(x)\mathrm{d}x$ 收敛，则 $\displaystyle\int_a^{+\infty} f(x)\mathrm{d}x$ 也收敛；

③ 当 $\lambda=\infty$ 时，若 $\displaystyle\int_a^{+\infty} g(x)\mathrm{d}x$ 发散，则 $\displaystyle\int_a^{+\infty} f(x)\mathrm{d}x$ 也发散.

🔊**注**

另一种反常积分有类似的准则.

例 3.45 判定下列反常积分的敛散性：

(1) $\displaystyle\int_1^{+\infty} \frac{\mathrm{d}x}{x\sqrt[3]{x^2+1}}$；　　　　(2) $\displaystyle\int_1^{+\infty} \sin\frac{1}{x^2}\mathrm{d}x$；　　　　(3) $\displaystyle\int_1^{+\infty} \frac{x\arctan x}{1+x^3}\mathrm{d}x$.

解析　(1) 由于 $\dfrac{1}{x\sqrt[3]{x^2+1}}<\dfrac{1}{x^{\frac{5}{3}}}$，且 $\displaystyle\int_1^{+\infty} \frac{1}{x^{\frac{5}{3}}}\mathrm{d}x$ 收敛，故原积分收敛；

(2) 由于 $0<\sin\dfrac{1}{x^2}<\dfrac{1}{x^2}$，且 $\displaystyle\int_1^{+\infty} \frac{1}{x^2}\mathrm{d}x$ 收敛，故原积分收敛；

(3) $f(x)=\dfrac{x\arctan x}{1+x^3}\geqslant 0$，$\displaystyle\lim_{x\to+\infty} x^2 f(x)=\lim_{x\to+\infty}\frac{x^3\arctan x}{1+x^3}=\frac{\pi}{2}$，$p=2>1$，故原积分收敛.

例 3.46 判定下列反常积分的敛散性：

(1) $\displaystyle\int_1^2 \frac{\mathrm{d}x}{(\ln x)^3}$；　　　　(2) $\displaystyle\int_0^1 \frac{x^4}{\sqrt{1-x^4}}\mathrm{d}x$；　　　　(3) $\displaystyle\int_1^2 \frac{\mathrm{d}x}{\sqrt[3]{x^2-3x+2}}$.

解析　(1) $\displaystyle\lim_{x\to 1^+}(x-1)^3\frac{1}{(\ln x)^3}=1$，$q=3>1$，故原积分发散.

(2) $\displaystyle\lim_{x\to 1^-}(1-x)^{\frac{1}{2}}\frac{x^4}{\sqrt{1-x^4}}=\lim_{x\to 1^-}\frac{x^4\sqrt{1-x}}{\sqrt{(1-x)(1+x)(1+x^2)}}=\frac{1}{2}$，$q=\dfrac{1}{2}<1$，故原积分收敛.

(3) $f(x)=\dfrac{1}{\sqrt[3]{x^2-3x+2}}=\dfrac{1}{(x-2)^{\frac{1}{3}}(x-1)^{\frac{1}{3}}}<0$，$x\in(1,2)$，即积分的瑕点为 $x=1$，$x=2$.

在 $x=1$ 处，因为 $\displaystyle\lim_{x\to 1^+}(x-1)^{\frac{1}{3}}f(x)=\lim_{x\to 1^+}\frac{1}{(x-2)^{\frac{1}{3}}}=-1$，故 $\displaystyle\int_1^{x_0} f(x)\mathrm{d}x$ 收敛，$x_0\in$

(1, 2).

在 $x = 2$ 处，$\lim\limits_{x \to 2^-}(x-2)^{\frac{1}{3}}f(x) = \lim\limits_{x \to 2^-}\dfrac{1}{(x-1)^{\frac{1}{3}}} = 1$，故 $\int_{x_0}^2 f(x)\mathrm{d}x$ 收敛，则原积分

收敛.

第五节　定积分的应用

考点十六　求图形面积

1. 直角坐标方程表示的平面图形

设 $f(x)$，$g(x)$ 在 $[a, b]$ 上连续，则由曲线 $y = f(x)$，$y = g(x)$ 及直线 $x = a$，$x = b$ $(a < b)$ 围成的曲边梯形的面积 $A = \int_a^b |f(x) - g(x)|\,\mathrm{d}x$.

设 $f(y)$，$g(y)$ 在 $[c, d]$ 上连续，则由曲线 $x = f(y)$，$x = g(y)$ 及直线 $y = c$，$y = d$ $(c < d)$ 围成的曲边梯形的面积 $A = \int_c^d |f(y) - g(y)|\,\mathrm{d}y$.

名师助记　图形的边界与哪个坐标轴垂直就对哪个坐标轴积分，只有这样才能确定具体的上下限（如果边界交为一点，可以看成与两坐标轴都垂直）.

例 3.47　求两条曲线 $y = x^2$，$y = \dfrac{x^2}{4}$ 和直线 $y = 1$ 所围成的平面区域的面积.

解法一　将 x 看作积分变量，此区域关于 y 轴对称，其面积是第一象限的 2 倍.

在第一象限中，直线 $y = 1$ 与曲线 $y = x^2$，$y = \dfrac{x^2}{4}$ 的交点分别是 $(1, 1)$ 与 $(2, 1)$，于是

$$A = 2\left(\int_0^1 x^2\,\mathrm{d}x + \int_1^2 \mathrm{d}x - \int_0^2 \dfrac{x^2}{4}\,\mathrm{d}x\right) = \dfrac{4}{3}.$$

解法二　将 y 看作积分变量，在第一象限的那部分区域由曲线 $x = \sqrt{y}$，$x = 2\sqrt{y}$ 和直线 $y = 1$ 所围成（y 作自变量），于是 $A = 2\int_0^1 (2\sqrt{y} - \sqrt{y})\,\mathrm{d}y = 2\int_0^1 \sqrt{y}\,\mathrm{d}y = \dfrac{4}{3}.$

名师助记　在同一问题中有时可以选择不同的积分变量来进行计算，如果积分变量选择适当，就可以简化计算.

2. 极坐标方程表示的平面图形

设 $r_1(\theta)$，$r_2(\theta)$ 在 $[\alpha, \beta]$ 上连续，$r_1(\theta) \leqslant r_2(\theta)$，则由曲线 $r = r_1(\theta)$，$r = r_2(\theta)$ 及射线 $\theta = \alpha$，$\theta = \beta$ $(\alpha < \beta)$ 围成的曲边扇形的面积 $A = \dfrac{1}{2}\int_\alpha^\beta [r_2^2(\theta) - r_1^2(\theta)]\mathrm{d}\theta$，如图 3-3(a)；

若 $r_1(\theta) = 0$，$r_2(\theta) = r(\theta)$，则 $A = \dfrac{1}{2}\int_\alpha^\beta r^2(\theta)\,\mathrm{d}\theta$，如图 3-3(b).

例 3.48　求心形线 $\rho = a(1 + \cos\theta)$ $(a > 0)$ 所围成图形的面积.

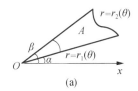
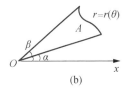

图 3-3

解析　如图 3-4 所示,由对称性,有

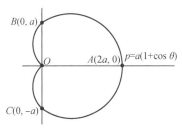

$$A = 2 \cdot \frac{1}{2} \int_0^\pi a^2 (1 + \cos \theta)^2 \mathrm{d}\theta = a^2 \int_0^\pi (1 + 2\cos \theta + \cos^2 \theta) \mathrm{d}\theta$$

$$= a^2 \int_0^\pi \left(\frac{3}{2} + 2\cos \theta + \frac{1}{2} \cos 2\theta \right) \mathrm{d}\theta$$

$$= a^2 \left(\frac{3}{2} \theta + 2\sin \theta + \frac{1}{4} \sin 2\theta \right) \bigg|_0^\pi = \frac{3}{2} \pi a^2.$$

图 3-4

名师助记　在计算平面图形的面积时,一条重要原则是充分利用图形的对称性,这不仅能简化计算,还能避免错误. 因此,熟悉一些常见曲线方程表示的图形,如星形线、摆线、心形线、叶形线等是很有用的.

3. 参数方程表示的平面图形

设函数由参数方程 $\begin{cases} x = \varphi(t), \\ y = \psi(t) \end{cases}$ $(\alpha \leqslant t \leqslant \beta)$ 给出,则有

① 若其底边位于 x 轴上,$\varphi(t)$ 在 $[\alpha, \beta]$ 上可导,则其面积元素为

$\mathrm{d}A = |y\mathrm{d}x| = |\psi(t) \cdot \varphi'(t)| \mathrm{d}t (\mathrm{d}t > 0)$,曲边梯形的面积为 $A = \int_\alpha^\beta |\psi(t) \cdot \varphi'(t)| \mathrm{d}t$.

② 若其底边位于 y 轴上,$\psi(t)$ 在 $[\alpha, \beta]$ 上可导,则其面积元素为

$\mathrm{d}A = |x\mathrm{d}y| = |\varphi(t) \cdot \psi'(t)| \mathrm{d}t (\mathrm{d}t > 0)$,曲边梯形的面积为 $A = \int_\alpha^\beta |\varphi(t) \cdot \psi'(t)| \mathrm{d}t$.

例 3.49　求摆线 $x = a(t - \sin t)$,$y = a(1 - \cos t)(a > 0, 0 \leqslant t \leqslant 2\pi)$ 的一拱与 x 轴所围成区域的面积.

解析　如图 3-5 所示,摆线一拱与 x 轴所围成区域的面积为

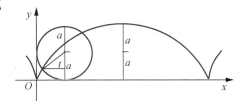

$$A = \int_0^{2\pi} a(1 - \cos t) a(t - \sin t)' \mathrm{d}t$$

$$= a^2 \int_0^{2\pi} (1 - \cos t)^2 \mathrm{d}t$$

$$= a^2 \int_0^{2\pi} (1 - 2\cos t + \cos^2 t) \mathrm{d}t$$

$$= a^2 \left(t - 2\sin t + \frac{t}{2} + \frac{\sin 2t}{4} \right) \bigg|_0^{2\pi} = 3\pi a^2.$$

图 3-5

考点十七　求旋转体体积

1. 绕 x 轴旋转

设 $f(x)$ 在 $[a,b]$ 上连续,则由曲线 $y=f(x)$,直线 $x=a$,$x=b$ 及 x 轴围成的曲边梯形绕 x 轴旋转一周产生的旋转体体积 $V=\pi\int_a^b f^2(x)\mathrm{d}x$,如图 3-6 所示.

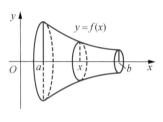

图 3-6

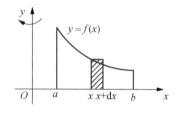

图 3-7

2. 绕 y 轴旋转

设 $f(x)$ 在 $[a,b]$ 上连续,则由曲线 $y=f(x)$,直线 $x=a$,$x=b$ 及 x 轴围成的曲边梯形绕 y 轴旋转一周的旋转体体积 $V=2\pi\int_a^b x\mid f(x)\mid\mathrm{d}x$,如图 3-7 所示.

设 $f(y)$ 在 $[c,d]$ 上连续,则由曲线 $x=f(y)$,直线 $y=c$,$y=d$ 及 y 轴围成的曲边梯形绕 y 轴旋转一周产生的旋转体体积 $V=\pi\int_a^b f^2(y)\mathrm{d}y$.

3. 平行截面面积为已知的立体的体积

设空间某立体由一曲面和垂直于 z 轴的二平面 $z=\alpha$,$z=\beta$ 围成 $(\alpha<\beta)$,如果过 z 轴上任一点 $z(\alpha\leqslant z\leqslant\beta)$ 且垂直于 x 轴的平面截立体所得的截面面积 $S(z)$ 是已知的连续函数,则该立体的体积为 $V=\int_a^\beta S(z)\mathrm{d}z$,如图 3-8 所示.

例 3.50　求由 $y=x^3$,$y=0$,$x=2$ 分别绕 x 轴、y 轴所得旋转体的体积.

解析　$V_x=\int_0^2\pi(x^3)^2\mathrm{d}x=\dfrac{128}{7}\pi$,

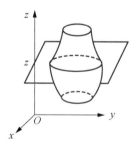

图 3-8

$y=x^3\Rightarrow x=\sqrt[3]{y}$,$V_y=\int_0^8\pi\cdot 2^2\mathrm{d}y-\int_0^8\pi(\sqrt[3]{y})^2\mathrm{d}y=32\pi-\dfrac{96}{5}\pi=\dfrac{64}{5}\pi$.

例 3.51　设平面图形 D 由 $x^2+y^2\leqslant 2x$ 与 $y\geqslant x$ 围成,求 D 绕直线 $x=2$ 旋转一周所得旋转体的体积.

解法一　作水平分割.该平面图形如图 3-9,D 的边界方程写成 $x=1-\sqrt{1-y^2}$ $(0\leqslant y\leqslant 1)$,$x=y$ $(0\leqslant y\leqslant 1)$.任取 y 轴上区间 $[0,1]$ 内的小区间 $[y,y+\mathrm{d}y]$,相应的微元绕 $x=2$ 旋转而成的立体体积为 $\mathrm{d}V=\{\pi[2-(1-\sqrt{1-y^2})]^2-\pi(2-y)^2\}\mathrm{d}y$,于是

$$V = \pi \int_0^1 [2 - (1 - \sqrt{1 - y^2})]^2 \, dy - \pi \int_0^1 (2 - y)^2 \, dy$$

$$= \pi \int_0^1 (2 - y^2 + 2\sqrt{1 - y^2}) \, dy - \pi \int_1^2 t^2 \, dt$$

$$= \frac{5}{3}\pi + \frac{1}{2}\pi^2 - \frac{7}{3}\pi = \frac{1}{2}\pi^2 - \frac{2}{3}\pi.$$

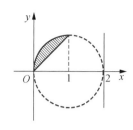

图 3-9

式中，$\int_0^1 \sqrt{1 - y^2} \, dy = \dfrac{\pi}{4}$，是四分之一单位圆面积.

解法二 作垂直分割.任取 x 轴上区间 $[0，1]$ 内的小区间 $[x，x + dx]$，相应的小竖条绕 $x = 2$ 旋转而成的立体的体积为 $dV = 2\pi(2 - x)(\sqrt{2x - x^2} - x) dx$，于是

$$V = 2\pi \int_0^1 (2 - x)(\sqrt{2x - x^2} - x) \, dx$$

$$= 2\pi \left[\int_0^1 (1 - x)\sqrt{1 - (1 - x)^2} \, dx + \int_0^1 \sqrt{1 - (1 - x)^2} \, dx - \int_0^1 (2 - x)x \, dx \right]$$

$$= 2\pi \left[\frac{1}{3}[1 - (1 - x)^2]^{\frac{3}{2}} \Big|_0^1 + \frac{\pi}{4} - 1 + \frac{1}{3} \right] = \frac{\pi^2}{2} - \frac{2}{3}\pi.$$

式中，$\int_0^1 \sqrt{1 - (1 - x)^2} \, dx = \dfrac{\pi}{4}$，是四分之一单位圆面积.

考点十八　弧长、旋转曲面表面积、质心、形心、物理应用(数学一,数学二)

1. 弧长

直角坐标:设光滑曲线 $y = y(x)$ $(a \leqslant x \leqslant b)$，则弧长

$$s = \int_a^b \sqrt{1 + [y'(x)]^2} \, dx.$$

极坐标:设光滑曲线 $r = r(\theta)$ $(\alpha \leqslant \theta \leqslant \beta)$，则弧长

$$s = \int_\alpha^\beta \sqrt{[r(\theta)]^2 + [r'(\theta)]^2} \, d\theta.$$

参数方程:设光滑曲线 $C: \begin{cases} x = x(t), \\ y = y(t) \end{cases}$ $(\alpha \leqslant t \leqslant \beta)$，则曲线 C 的弧长

$$s = \int_\alpha^\beta \sqrt{[x'(t)]^2 + [y'(t)]^2} \, dt.$$

例 3.52 求阿基米德螺线 $\rho = a\theta (a > 0)$ 相应于 θ 从 0 到 2π 的一段弧长.

解析 $ds = \sqrt{\rho^2(\theta) + \rho'^2(\theta)} \, d\theta = a\sqrt{\theta^2 + 1} \, d\theta$，从而得所求弧长为

$$s = a \int_0^{2\pi} \sqrt{\theta^2 + 1} \, d\theta = a \left[\frac{\theta}{2}\sqrt{\theta^2 + 1} + \frac{1}{2}\ln(\theta + \sqrt{\theta^2 + 1}) \right] \Big|_0^{2\pi}$$

$$= \frac{a}{2} [2\pi\sqrt{4\pi^2 + 1} + \ln(2\pi + \sqrt{4\pi^2 + 1})].$$

2. 旋转曲面的表面积

设平面曲线位于 x 轴上方. 它绕 x 轴旋转一周得到曲面的表面积为 S.

① 设曲线方程为 $y = f(x)$ $(a \leqslant x \leqslant b)$,则

$$S = 2\pi \int_a^b f(x) \sqrt{1 + [f'(x)]^2} \, dx.$$

② 设曲线的极坐标方程为 $r = r(\theta)$ $(\alpha \leqslant \theta \leqslant \beta)$,则

$$S = 2\pi \int_\alpha^\beta r(\theta) \sin\theta \sqrt{[r(\theta)]^2 + [r'(\theta)]^2} \, d\theta.$$

③ 设曲线参数方程为 $\begin{cases} x = x(t), \\ y = y(t) \end{cases}$ $(\alpha \leqslant t \leqslant \beta)$,则

$$S = 2\pi \int_\alpha^\beta y(t) \sqrt{[x'(t)]^2 + [y'(t)]^2} \, dt.$$

例 3.53 设 D 是由曲线 $y = \sqrt{1 - x^2}$ $(0 \leqslant x \leqslant 1)$ 与 $\begin{cases} x = \cos^3 t, \\ y = \sin^3 t \end{cases}$ $\left(0 \leqslant t \leqslant \dfrac{\pi}{2}\right)$ 围成,求 D 绕 x 轴旋转一周所得旋转体的侧面积.

解析

$$\begin{aligned}
S &= 2\pi + \int_0^{\frac{\pi}{2}} 2\pi y(t) \sqrt{[x'(t)]^2 + [y'(t)]^2} \, dt \\
&= 2\pi + 2\pi \int_0^{\frac{\pi}{2}} \sin^3 t \sqrt{9\cos^4 t \sin^2 t + 9\sin^4 t \cos^2 t} \, dt \\
&= 2\pi + 6\pi \int_0^{\frac{\pi}{2}} \sin^4 t \cos t \, dt \\
&= \frac{16}{5}\pi.
\end{aligned}$$

3. 质心

① 线段质心:已知线密度为 $\rho(x)$,则

$$\bar{x} = \frac{\int_a^b x\rho(x)\,dx}{\int_a^b \rho(x)\,dx}, \quad \bar{y} = \frac{\int_a^b y\rho(x)\,dx}{\int_a^b \rho(x)\,dx}.$$

② 形心:密度函数 $\rho(x) = 1$,则

$$\bar{x} = \frac{\int_a^b x\,dx}{b-a}, \quad \bar{y} = \frac{\int_a^b y\,dx}{b-a}.$$

4. 物理应用

① 做功:$W = F \times S = $ 力 $\times$ 移动的距离(焦耳).

② 重力:$G = mg$,其中,$m = \rho V$,即质量=密度×体积,g 为重力加速度.

③ 浮力:$F_{浮} = G_{排水}$,物体在水中所受的浮力等于其排开水的重力.

🔊**注**

以上质心与物理应用请读者先对公式作了解,本书暂不做习题练习要求,具体练习可见《高等数学超详解(强化)》.

第四章　微积分中值定理

基础阶段考点要求

(1) 了解连续函数的性质和初等函数的连续性,理解闭区间上连续函数的性质(有界性、最大值和最小值定理、介值定理),并会应用这些性质.

(2) 了解积分中值定理.

(3) 理解并会用罗尔(Rolle)定理、拉格朗日(Lagrange)中值定理和泰勒(Taylor)定理.

(4) 了解并会用柯西(Cauchy)中值定理.

考点一　闭区间上连续函数的性质

设函数 $f(x)$ 在闭区间 $[a,b]$ 上连续,则 $f(x)$ 有以下几个基本性质:

有界定理　如果函数 $f(x)$ 在闭区间 $[a,b]$ 上连续,则 $f(x)$ 必在 $[a,b]$ 上有界.

最值定理　如果函数 $f(x)$ 在闭区间 $[a,b]$ 上连续,则 $f(x)$ 在 $[a,b]$ 上一定存在最大值 M 和最小值 m.

介值定理　如果函数 $f(x)$ 在闭区间 $[a,b]$ 上连续,且其最大值和最小值分别为 M 和 m,若 $m \leqslant c \leqslant M$,则至少存在 $\xi \in [a,b]$,使得 $f(\xi) = c$.

🔊**注**

如图 4-1 所示,介值定理可通过几何意义来理解,假设闭区间上的连续函数 $f(x)$ 在 ξ_1 与 ξ_2 处分别取得最小值与最大值,此时对任意 $c \in [m,M]$,水平直线 $y = c$ 与曲线 AB 至少有一个交点 $(\xi_3, f(\xi_3))$.

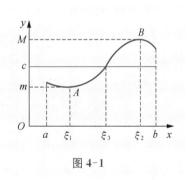

图 4-1

例 4.1　设函数 $f(x)$ 在 $[0,2]$ 上连续,$f(0) + f(1) + f(2) = 3$,试证必存在 $c \in [0,2]$,使 $f(c) = 1$.

证明　因 $f(x)$ 在 $[0,2]$ 上连续,故由最值定理可知,在 $[0,2]$ 上 $f(x)$ 必有最大值 M 和最小值 m,于是 $m \leqslant f(0) \leqslant M$,$m \leqslant f(1) \leqslant M$,$m \leqslant f(2) \leqslant M$.

因此
$$m \leqslant \frac{f(0) + f(1) + f(2)}{3} \leqslant M.$$

由介值定理知,至少存在一点 $c \in [0, 2]$,使
$$f(c) = \frac{f(0) + f(1) + f(2)}{3} = 1.$$

例 4.2 若 $f(x)$ 在 $[a, b]$ 上连续,$a < x_1 < x_2 < \cdots < x_n < b$ $(n \geqslant 3)$,证明:在 (a, b) 内至少有一点 ξ,使 $f(\xi) = \dfrac{f(x_1) + f(x_2) + \cdots + f(x_n)}{n}$.

证明 $f(x)$ 在 $[a, b]$ 上连续,由最值定理可知,存在 m 与 M,使得
$$m \leqslant f(x) \leqslant M,$$

则有
$$m \leqslant f(x_1) \leqslant M, \ m \leqslant f(x_2) \leqslant M, \ \cdots, \ m \leqslant f(x_n) \leqslant M,$$
$$nm \leqslant f(x_1) + f(x_2) + \cdots + f(x_n) \leqslant nM,$$
$$m \leqslant \frac{f(x_1) + f(x_2) + \cdots + f(x_n)}{n} \leqslant M.$$

由介值定理知,存在 $\xi \in [x_1, x_n] \subset (a, b)$,使得
$$f(\xi) = \frac{f(x_1) + f(x_2) + \cdots + f(x_n)}{n}.$$

名师助记 此题为最值定理与介值定理的常考题型,掌握方法技巧即可。

4. 零点定理

如果函数 $f(x)$ 在闭区间 $[a, b]$ 上连续,且 $f(a)f(b) < 0$,则至少存在一个点 $\xi \in (a, b)$,使得 $f(\xi) = 0$.

🔊 **注**

如图 4-2 所示,如果连续曲线 $y = f(x)$ 的两个端点位于 x 轴的上下两侧,则这段弧线与 x 轴至少会有一个交点,即为零点。

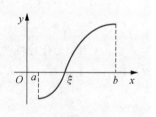

图 4-2

例 4.3 设函数 $f(x)$ 在区间 $[0, 1]$ 上连续,在 $(0, 1)$ 内可导,且 $f(1) = 0$,$f\left(\dfrac{1}{2}\right) = 1$.

试证:存在 $\eta \in \left(\dfrac{1}{2}, 1\right)$,使 $f(\eta) = \eta$.

证明 设 $\varphi(x)=f(x)-x$，则 $\varphi(x)$ 在 $[0,1]$ 上连续，又 $\varphi(1)=-1<0$，$\varphi\left(\dfrac{1}{2}\right)=\dfrac{1}{2}>0$. 由零点定理知，存在 η，使

$$\varphi(\eta)=f(\eta)-\eta=0，即 \ f(\eta)=\eta，其中 \ \eta\in\left(\dfrac{1}{2},1\right).$$

名师助记 本题可先把中值 η 换成 x，即 $f(x)=x$. 此为函数 $f(x)$ 等于某函数式的形式，故可考虑构造辅助函数 $F(x)=f(x)-x$，再用零点定理解决.

考点二 积分中值定理

如果函数 $f(x)$ 在 $[a,b]$ 上连续，那么在 $[a,b]$ 上至少存在一点 ξ，使得

$$\int_a^b f(x)\mathrm{d}x=f(\xi)(b-a) \ (a\leqslant\xi\leqslant b)$$

成立.

证明 因函数 $f(x)$ 在 $[a,b]$ 上连续，则必存在最大值 M 与最小值 m，此时，

$$m\leqslant f(x)\leqslant M,$$

两端积分，有

$$\int_a^b m\mathrm{d}x\leqslant\int_a^b f(x)\mathrm{d}x\leqslant\int_a^b M\mathrm{d}x,$$

即

$$m(b-a)\leqslant\int_a^b f(x)\mathrm{d}x\leqslant M(b-a).$$

不等式两端同除以 $b-a$，得

$$m\leqslant\dfrac{\displaystyle\int_a^b f(x)\mathrm{d}x}{b-a}\leqslant M,$$

根据闭区间上连续函数的介值定理知，在 $[a,b]$ 上至少存在一点 ξ，使得

$$\dfrac{\displaystyle\int_a^b f(x)\mathrm{d}x}{b-a}=f(\xi) \ (a\leqslant\xi\leqslant b).$$

故 $\displaystyle\int_a^b f(x)\mathrm{d}x=f(\xi)(b-a)$ 成立.

名师助记 积分中值定理建立了积分与函数值之间的关系，在本章的应用主要用于满足罗尔定理的使用条件.

考点三 微分中值定理

1. 费马引理

设函数 $f(x)$ 在点 x_0 的某邻域 $U(x_0)$ 内有定义，并且在 x_0 处可导，如果对任意 $x\in$

$U(x_0)$ 有 $f(x) \leqslant f(x_0)$ 或 $f(x) \geqslant f(x_0)$，则 $f'(x_0)=0$.

2. 罗尔定理

如果函数 $f(x)$ 满足：

① 在闭区间 $[a, b]$ 上连续；

② 在开区间 (a, b) 内可导；

③ 在区间端点处的函数值相等，即 $f(a)=f(b)$，则在 (a, b) 内至少有一点 ξ，使得 $f'(\xi)=0$.

证明 函数 $f(x)$ 在 $[a, b]$ 上连续，则 $f(x)$ 在 $[a, b]$ 上必然取得最大值 M 与最小值 m.

若 $M=m$，即函数 $f(x)$ 恒为常数，$\forall x \in (a, b)$，有 $f'(x)=0$. 因此，任取 $\xi \in (a, b)$，有 $f'(\xi)=0$.

若 $M \neq m$，因 $f(a)=f(b)$，故 M 与 m 这两个数中至少有一个取在 (a, b) 内，假设 M 取在 (a, b) 内，$\exists \xi \in (a, b)$，$f(\xi)=M$，此时 $\forall x \in [a, b]$，有 $f(x) \leqslant f(\xi)$，由费马定理可知 $f'(\xi)=0$.

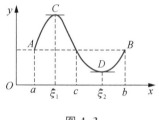

图 4-3

名师助记 罗尔定理可以通过几何意义来理解，如图 4-3 所示，如果连续函数 $y=f(x)$ 的弧 $\overset{\frown}{AB}$ 除端点外处处具有不垂直于 x 轴的切线，且函数端点 $f(a)=f(b)$，则这段弧 $\overset{\frown}{AB}$ 上至少有一点 C，使曲线在点 C 处的切线是水平的，即此时该点一阶导为零.

3. 拉格朗日中值定理

如果函数 $f(x)$ 满足：

① 在闭区间 $[a, b]$ 上连续；

② 在开区间 (a, b) 内可导，

则在 (a, b) 内至少有一点 $\xi(a<\xi<b)$，使得

$$f(b)-f(a)=f'(\xi)(b-a)\left(\text{或 } f'(\xi)=\frac{f(b)-f(a)}{b-a}\right).$$

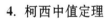

名师助记 如图 4-4 所示，如果连续曲线 $y=f(x)$ 的弧 $\overset{\frown}{AB}$ 上除端点外处处具有不垂直于 x 轴的切线，那么这段弧上至少有一点 C，使曲线在 C 处的切线与直线 AB 平行，即切线斜率与直线 AB 的斜率相等.

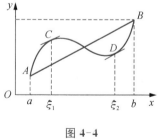

图 4-4

4. 柯西中值定理

如果函数 $f(x)$ 及 $g(x)$ 满足：

① 在闭区间 $[a, b]$ 上连续；

② 在开区间 (a, b) 内可导；

③ 对任意 $x \in (a, b)$，$g'(x) \neq 0$，

则在 (a, b) 内至少有一点 $\xi(a<\xi<b)$，使得

$$\frac{f(b)-f(a)}{g(b)-g(a)}=\frac{f'(\xi)}{g'(\xi)}.$$

名师助记　如果拉格朗日中值定理中的曲线 $\overset{\frown}{AB}$ 为参数方程 $\begin{cases} x=\varphi(t), \\ y=\psi(t) \end{cases}(a\leqslant t\leqslant b)$，

其中 t 为参数，则曲线上点 (x,y) 处的切线斜率为 $\dfrac{\mathrm{d}y}{\mathrm{d}x}=\dfrac{\psi'(t)}{\varphi'(t)}$，直线 AB 的斜率为

$\dfrac{\psi(b)-\psi(a)}{\varphi(b)-\varphi(a)}$，假定点 C 对应于参数 $t=\xi$，那么曲线上点 C 处的切线平行于直线 AB 可表示

为 $\dfrac{\psi(b)-\psi(a)}{\varphi(b)-\varphi(a)}=\dfrac{\psi'(t)}{\varphi'(t)}$．柯西中值定理是函数在参数方程形式下的拉格朗日中值定理的表

达形式，它建立了两个函数表达式与导数之间的联系，常与拉格朗日中值定理结合出题．

5. 泰勒定理(泰勒公式)

① 设 $f(x)$ 在 x_0 处有 n 阶导数，则有公式

$$f(x)=f(x_0)+\frac{f'(x_0)}{1!}(x-x_0)+\frac{f''(x_0)}{2!}(x-x_0)^2+\cdots$$
$$+\frac{f^{(n)}(x_0)}{n!}(x-x_0)^n+R_n(x)(x\to x_0).$$

其中，$R_n(x)=o[(x-x_0)^n]$ 称为皮亚诺余项．

② 设 $f(x)$ 在包含 x_0 的区间 (a,b) 内有 $n+1$ 阶导数，在 $[a,b]$ 上有 n 阶连续导数，则对 $x\in[a,b]$，有公式

$$f(x)=f(x_0)+\frac{f'(x_0)}{1!}(x-x_0)+\frac{f''(x_0)}{2!}(x-x_0)^2+\cdots$$
$$+\frac{f^{(n)}(x_0)}{n!}(x-x_0)^n+R_n(x).$$

其中，$R_n(x)=\dfrac{f^{(n+1)}(\xi)}{(n+1)!}(x-x_0)^{n+1}$（$\xi$ 在 x_0 与 x 之间），称为拉格朗日余项．

🔊**注**

常用的泰勒公式在 $x=0$ 处的展开(又称麦克劳林公式)有：

① $e^x=\sum\limits_{k=0}^{n}\dfrac{1}{k!}x^k+R_n(x)$，$R_n(x)=o(x^n)$；

② $\sin x=\sum\limits_{k=0}^{n}(-1)^k\dfrac{x^{2k+1}}{(2k+1)!}+R_n(x)$，$R_n(x)=o(x^{2n+1})$；

③ $\cos x=\sum\limits_{k=0}^{n}(-1)^k\dfrac{x^{2k}}{(2k)!}+R_n(x)$，$R_n(x)=o(x^{2n})$；

④ $\ln(1+x)=\sum\limits_{k=1}^{n}\dfrac{(-1)^{k-1}}{k}x^k+R_n(x)$，$R_n(x)=o(x^n)$；

⑤ $(1+x)^{\alpha} = 1 + \sum_{k=1}^{n} \frac{\alpha(\alpha-1)\cdots(\alpha-k+1)}{k!} x^k + R_n(x), \ R_n(x) = o(x^n).$

名师助记 以上麦克劳林公式常常用于极限的计算,请注意第一章泰勒公式在极限当中的应用.

考点四　中值定理考题类型

1. 使用罗尔定理证明含有导数的等式

罗尔定理在证明中常常考察对辅助函数的构造,现总结如表 4-1 所示,在接下来的证明中读者需要掌握并加以运用.

表 4-1　罗尔定理证明考题

证明结论	还原构造	辅助函数
证明 $f^{(n)}(\xi) = 0$ 成立	$(f^{(n-1)}(x))' = f^{(n)}(x)$	令 $F(x) = f^{(n-1)}(x)$
证明 $u'(\xi)v(\xi) + u(\xi)v'(\xi) = 0$ 成立	$[u(x)v(x)]' = u'(x)v(x) + u(x)v'(x)$	令 $F(x) = u(x)v(x)$
证明 $u'(\xi)v(\xi) - u(\xi)v'(\xi) = 0$ 成立	$\left[\dfrac{u(x)}{v(x)}\right]' = \dfrac{u'(x)v(x) - u(x)v'(x)}{v^2(x)}$	令 $F(x) = \dfrac{u(x)}{v(x)}$
证明 $nf(\xi) + \xi f'(\xi) = 0$ 成立	$x^{n-1}[nf(x) + xf'(x)] = [x^n f(x)]'$	令 $F(x) = x^n f(x)$
证明 $g'(\xi)f(\xi) + f'(\xi) = 0$ 成立	$[e^{g(x)}f(x)]' = e^{g(x)} \cdot g'(x)f(x) + e^{g(x)}f'(x)$ $= e^{g(x)}[g'(x)f(x) + f'(x)]$	令 $F(x) = e^{g(x)}f(x)$

例 4.4 设函数 $f(x)$ 在 $[0,1]$ 上连续,在 $(0,1)$ 内可导,且 $3\int_{\frac{2}{3}}^{1} f(x)\mathrm{d}x = f(0)$. 证明:在 $(0,1)$ 内存在一点 c,使 $f'(c) = 0$.

证明 由积分中值定理知,在 $\left[\frac{2}{3}, 1\right]$ 上存在一点 c_1,使 $\int_{\frac{2}{3}}^{1} f(x)\mathrm{d}x = \frac{1}{3}f(c_1)$,从而有 $f(c_1) = f(0)$,故 $f(x)$ 在区间 $[0, c_1]$ 上满足罗尔定理的条件,因此在 $(0, c_1)$ 内存在一点 $c \in (0, c_1) \subset (0, 1)$,使 $f'(c) = 0$.

例 4.5 若函数 $f(x)$ 在 (a, b) 内具有二阶导数,且 $f(x_1) = f(x_2) = f(x_3)$,其中 $a < x_1 < x_2 < x_3 < b$,证明:在 (x_1, x_3) 内至少有一点 ξ,使 $f''(\xi) = 0$.

证明 因 $f(x)$ 在 $[x_1, x_2] \subset [a, b]$ 上连续,在 (x_1, x_2) 内可导,又 $f(x_1) = f(x_2)$,由罗尔定理知,在 $(x_1, x_2) \subset (x_1, x_3)$ 内至少有一点 ξ_1,使 $f'(\xi_1) = 0$.

同理,在 (x_2, x_3) 内至少有一点 ξ_2,使 $f'(\xi_2)=0$.

再对 $f'(x)$ 在 $(\xi_1, \xi_2) \subset (x_1, x_3)$ 内使用罗尔定理,得到在 (ξ_1, ξ_2),即在 (x_1, x_3) 内至少存在一点 ξ,使 $f''(\xi)=0$.

例 4.6　设函数 $f(x)$,$g(x)$ 在 $[a, b]$ 上连续,在 (a, b) 内二阶可导且存在相等的最大值,又 $f(a)=g(a)$,$f(b)=g(b)$.证明:存在 $\xi \in (a, b)$,使得 $f''(\xi)=g''(\xi)$.

证明　因 $f(x)$,$g(x)$ 在 $[a, b]$ 上连续,不妨设存在 $x_1 \leqslant x_2$,且 $x_1, x_2 \in [a, b]$,使 $f(x_1)=g(x_2)=M$,其中 M 为 $f(x)$,$g(x)$ 在 $[a, b]$ 上相等的最大值.令 $F(x)=f(x)-g(x)$.若 $x_1=x_2$,令 $\eta=x_1$,则 $F(\eta)=f(x_1)-g(x_1)=M-M=0$.若 $x_1 < x_2$,则

$$F(x_1)=f(x_1)-g(x_1)=M-g(x_1) \geqslant 0,$$
$$F(x_2)=f(x_2)-g(x_2)=f(x_2)-M \leqslant 0.$$

又 $F(x)$ 在 $[a, b]$ 上连续,由零点定理知,存在 $\eta \in (x_1, x_2) \subset (a, b)$,使 $F(\eta)=0$.由题设有 $F(a)=f(a)-g(a)=0$,$F(b)=f(b)-g(b)=0$.对 $F(x)$ 分别在 $[a, \eta]$,$[\eta, b]$ 上使用罗尔定理得到:存在 $\xi_1 \in (a, \eta)$,$\xi_2 \in (\eta, b)$,使 $F'(\xi_1)=0$,$F'(\xi_2)=0$.

又因 $F'(x)$ 可导,对 $F'(x)$ 在 $[\xi_1, \xi_2]$ 上使用罗尔定理得到:存在 $\xi \in (\xi_1, \xi_2) \subset (a, b)$,使 $F''(\xi)=0$,即 $f''(\xi)=g''(\xi)$.

例 4.7　设 $f(x)$ 在 $[0, 1]$ 上连续,在 $(0, 1)$ 内可导,且 $f(0)=0$,$f\left(\dfrac{1}{2}\right)=1$,$f(1)=\dfrac{1}{2}$,证明:在 $(0, 1)$ 内至少存在一点 ξ,使 $f'(\xi)=1$.

证明　令 $F(x)=f(x)-x$.$F(0)=f(0)-0=0$,$F(1)=f(1)-1=-\dfrac{1}{2}$,$F\left(\dfrac{1}{2}\right)=f\left(\dfrac{1}{2}\right)-\dfrac{1}{2}=\dfrac{1}{2}$,由连续函数的零点定理知,存在 $\eta \in \left(\dfrac{1}{2}, 1\right)$,使 $F(\eta)=0$.故在 $[0, \eta]$ 上,$F(0)=F(\eta)$,由罗尔定理知,存在 $\xi \in (0, \eta) \subset (0, 1)$,使 $F'(\xi)=0$,即 $f'(\xi)=1$.

名师助记　此题通过构造辅助函数来证明,欲证结论为 $f'(\xi)=1$,将 ξ 换为 x,即 $f'(x)-1=(f(x)-x)'=0$.由此需要构造辅助函数 $F(x)=f(x)-x$,再应用罗尔定理即可.

例 4.8　设 $f(x)$ 在区间 $[a, b]$ 上连续,在 (a, b) 内可导,证明:在 (a, b) 内至少存在一点 ξ,使 $\dfrac{bf(b)-af(a)}{b-a}=f(\xi)+\xi f'(\xi)$.

证明　令 $F(x)=xf(x)-\dfrac{bf(b)-af(a)}{b-a}x$,有

$$F(a)=af(a)-\frac{bf(b)-af(a)}{b-a}a=ab\frac{f(a)-f(b)}{b-a},$$
$$F(b)=bf(b)-\frac{bf(b)-af(a)}{b-a}b=ab\frac{f(a)-f(b)}{b-a},$$

$F(a) = F(b)$,且 $F(x)$ 在 $[a,b]$ 上连续,在 (a,b) 内可导,由罗尔定理,存在 $\xi \in (a,b)$,使 $F'(\xi) = 0$,即 $f(\xi) + \xi f'(\xi) = \dfrac{bf(b) - af(a)}{b-a}$.

名师助记 本题通过乘法求导法则来还原辅助函数.观察所证结论,令

$$\frac{bf(b) - af(a)}{b-a} = k,$$

将 ξ 换为 x,等式变为 $f(x) + xf'(x) = k$.等式左端恰为 $xf(x)$ 的导数,右端为常数,等式可化为 $[xf(x) - kx]' = 0$,故可构造辅助函数 $F(x) = xf(x) - kx$,验证 $F'(\xi) = 0$ 即可.

例 4.9 设 $f(x)$,$g(x)$ 在 $[a,b]$ 上连续,在 (a,b) 内可导,且 $g(x) \neq 0$,$f(a) = f(b) = 0$,证明:在 (a,b) 内至少存在一点 ξ,使 $f'(\xi)g(\xi) = f(\xi)g'(\xi)$.

证明 令 $F(x) = \dfrac{f(x)}{g(x)}$,有 $F(a) = \dfrac{f(a)}{g(a)} = 0$,$F(b) = \dfrac{f(b)}{g(b)} = 0$.

在 $[a,b]$ 上,$F(a) = F(b)$.由罗尔定理知,存在 $\xi \in (a,b)$,使 $F'(\xi) = 0$,即

$$f'(\xi)g(\xi) = f(\xi)g'(\xi).$$

名师助记 将欲证结论中的 ξ 换为 x,得 $f'(x)g(x) = f(x)g'(x)$,即

$$\frac{f'(x)g(x) - f(x)g'(x)}{g^2(x)} = \left[\frac{f(x)}{g(x)}\right]' = 0.$$

由此可知,需要构造辅助函数 $F(x) = \dfrac{f(x)}{g(x)}$,再应用罗尔定理.

例 4.10 设 $f(x)$ 在 $[a,b]$ 上连续,在 (a,b) 内可导,且满足 $f(a) = f(b) = 0$,证明:$\exists \xi \in (a,b)$,使 $\xi f(\xi) + f'(\xi) = 0$.

证明 令 $F(x) = e^{\frac{1}{2}x^2} f(x)$.得 $F(a) = F(b) = 0$.由罗尔定理知,存在 $\xi \in (a,b)$,使 $F'(\xi) = 0$,即

$$\xi f(\xi) + f'(\xi) = 0.$$

名师助记 以上结论属于 $g'(\xi)f(\xi) + f'(\xi) = 0$ 类型,需要在等式两端同乘以 $e^{g(x)}$,构造辅助函数 $F(x) = e^{g(x)} f(x)$,再应用罗尔定理.

练习 设 $f(x)$ 在 $[a,b]$ 上连续,在 (a,b) 内可导,且满足 $f(a) = f(b) = 0$,证明:$\exists \xi \in (a,b)$,使 $f'(\xi) = 2f(\xi)$.

分析 将 ξ 换成 x,得到 $f'(x) - 2f(x) = 0$,$g'(x) = -2$,得出 $g(x) = -2x$.

令 $F(x) = e^{-2x} f(x)$.将 a,b 代入,得 $F(a) = F(b) = 0$.由罗尔定理知,存在 $\exists \xi \in (a,b)$,使 $F'(\xi) = 0$,即 $f'(\xi) = 2f(\xi)$.

2. 使用拉格朗日中值定理证明函数值不等式

例 4.11 设函数 $f(x)$ 在 $[0,1]$ 上有 $f''(x) > 0$,则 $f'(1)$,$f'(0)$,$f(1) - f(0)$ 的大小顺序是( ).

(A) $f'(1) > f'(0) > f(1) - f(0)$　　　　(B) $f'(1) > f(1) - f(0) > f'(0)$

(C) $f(1) - f(0) > f'(1) > f'(0)$　　　　(D) $f'(1) > f(0) - f(1) > f'(0)$

解析 选(B).

由拉格朗日中值定理，$f(1) - f(0) = f'(\xi)(1 - 0) = f'(\xi)$，$\xi \in (0, 1)$.

由 $f''(x) > 0$，$x \in [0, 1]$，得 $f'(x)$ 单调增加. 可知 $f'(0) < f'(\xi) < f'(1)$，即

$$f'(0) < f(1) - f(0) < f'(1).$$

例 4.12 设 $f''(x) < 0$，$f(0) = 0$，证明：对任何 $x_1 > 0$，$x_2 > 0$，有

$$f(x_1 + x_2) < f(x_1) + f(x_2).$$

证明 假设 $x_1 < x_2$，则由拉格朗日定理知，存在 $\xi_1 \in (0, x_1)$，使

$$f(x_1) - f(0) = f'(\xi_1)(x_1 - 0) = f'(\xi_1)x_1,$$

存在 $\xi_2 \in (x_2, x_1 + x_2)$，使

$$f(x_1 + x_2) - f(x_2) = f'(\xi_2)(x_1 + x_2 - x_2) = f'(\xi_2)x_1.$$

因 $f''(x) < 0$，$\xi_1 < \xi_2$，可得 $f'(\xi_1) > f'(\xi_2)$，

故有 $f(x_1) - f(0) > f(x_1 + x_2) - f(x_2)$，即 $f(x_1 + x_2) < f(x_1) + f(x_2)$.

名师助记 由 $f''(x) < 0$ 可知，$f(x)$ 的一阶导数 $f'(x)$ 单调减少，由此考虑将结论中要证的不等式转化为一阶导函数值的比较即可.

3. 证明双中值等式问题

此类型的题除了应用拉格朗日中值定理外，还常常用到柯西中值定理. 解题技巧：先将中值分两边，再将导函数还原.

例 4.13 已知函数 $f(x)$ 在 $[0, 1]$ 上连续，在 $(0, 1)$ 内可导，且 $f(0) = 0$，$f(1) = 1$. 证明：

(1) 存在 $\xi \in (0, 1)$，使得 $f(\xi) = 1 - \xi$；

(2) 存在两个不同的点 η_1，$\eta_2 \in (0, 1)$，使得 $f'(\eta_1)f'(\eta_2) = 1$.

证明 (1) 令 $F(x) = f(x) - 1 + x$. 有 $F(0) = f(0) - 1 + 0 = -1 < 0$，$F(1) = f(1) - 1 + 1 = 1 > 0$，由闭区间上连续函数的零点定理可知，存在 $\xi \in (0, 1)$，使 $F(\xi) = 0$，即 $f(\xi) = 1 - \xi$.

(2) 由拉格朗日中值定理可知，存在 $\eta_1 \in (0, \xi)$，$\eta_2 \in (\xi, 1)$，使

$$f'(\eta_1) = \frac{f(\xi) - f(0)}{\xi - 0} = \frac{f(\xi)}{\xi}, \quad f'(\eta_2) = \frac{f(1) - f(\xi)}{1 - \xi} = \frac{1 - f(\xi)}{1 - \xi},$$

由(1)中 $f(\xi) = 1 - \xi$，代入得

$$f'(\eta_1) = \frac{f(\xi)}{\xi} = \frac{1 - \xi}{\xi}, \quad f'(\eta_2) = \frac{1 - f(\xi)}{1 - \xi} = \frac{\xi}{1 - \xi},$$

故 $f'(\eta_1)f'(\eta_2) = 1$.

名师助记 若所证结论为 $f(x)$ 等于某函数式的形式,可考虑用介值定理.

例 4.14 设函数 $f(x)$ 在 $[0,1]$ 上连续,在 $(0,1)$ 内可导,且 $f(0)=0$, $f(1)=\dfrac{1}{3}$. 证明:存在 $\xi \in \left(0,\dfrac{1}{2}\right)$, $\eta \in \left(\dfrac{1}{2},1\right)$, 使 $f'(\xi)+f'(\eta)=\xi^2+\eta^2$.

证明 令 $F(x)=f(x)-\dfrac{1}{3}x^3$, 则由题可知 $F(0)=0$, $F(1)=0$.

在 $\left[0,\dfrac{1}{2}\right]$ 和 $\left[\dfrac{1}{2},1\right]$ 上分别应用拉格朗日中值定理,即:

存在 $\xi \in \left(0,\dfrac{1}{2}\right)$, 使 $F\left(\dfrac{1}{2}\right)-F(0)=F\left(\dfrac{1}{2}\right)=F'(\xi)\left(\dfrac{1}{2}-0\right)=\dfrac{F'(\xi)}{2}$;

存在 $\eta \in \left(\dfrac{1}{2},1\right)$, 使 $F(1)-F\left(\dfrac{1}{2}\right)=-F\left(\dfrac{1}{2}\right)=F'(\eta)\left(1-\dfrac{1}{2}\right)=\dfrac{F'(\eta)}{2}$,

故 $\dfrac{F'(\xi)}{2}=-\dfrac{F'(\eta)}{2}$, 得 $F'(\xi)=-F'(\eta)$, 即 $f'(\xi)+f'(\eta)=\xi^2+\eta^2$.

名师助记 此题为双中值问题,且可将两个中值分别写到等式两侧.

$f'(\xi)-\xi^2=\eta^2-f'(\eta)$, 对应的原函数为 $f(x)-\dfrac{1}{3}x^3$.

例 4.15 设函数 $f(x)$ 在 $[a,b]$ 上连续,在 (a,b) 内可导,且 $f'(x)\neq 0$. 试证:存在 ξ, $\eta \in (a,b)$, 使得 $\dfrac{f'(\xi)}{f'(\eta)}=\dfrac{\mathrm{e}^b-\mathrm{e}^a}{b-a}\cdot\mathrm{e}^{-\eta}$.

证明 对 $f(x)$ 在 $[a,b]$ 上使用拉格朗日中值定理,存在 $\xi \in (a,b)$, 使

$$\frac{f(b)-f(a)}{b-a}=f'(\xi).$$

再对 $f(x)$ 以及 $g(x)=\mathrm{e}^x$ 在 $[a,b]$ 上应用柯西中值定理,存在 $\eta \in (a,b)$, 使

$$\frac{f(b)-f(a)}{\mathrm{e}^b-\mathrm{e}^a}=\frac{f'(\eta)}{\mathrm{e}^{\eta}}.$$

则有 $\dfrac{f(b)-f(a)}{b-a}=\dfrac{f(b)-f(a)}{\mathrm{e}^b-\mathrm{e}^a}\cdot\dfrac{\mathrm{e}^b-\mathrm{e}^a}{b-a}=\dfrac{f'(\eta)}{\mathrm{e}^{\eta}}\cdot\dfrac{\mathrm{e}^b-\mathrm{e}^a}{b-a}$, 即 $\dfrac{f'(\xi)}{f'(\eta)}=\dfrac{\mathrm{e}^b-\mathrm{e}^a}{b-a}\cdot\mathrm{e}^{-\eta}$

成立.

名师助记 此题为双中值问题,且两个中值可分别写在等式两侧,得

$$f'(\xi)=\frac{\mathrm{e}^b-\mathrm{e}^a}{b-a}\cdot\frac{f'(\eta)}{\mathrm{e}^{\eta}}.$$

由拉格朗日中值定理知 $f'(\xi)=\dfrac{f(b)-f(a)}{b-a}$, 由柯西中值定理知 $\dfrac{f'(\eta)}{\mathrm{e}^{\eta}}=\dfrac{f(b)-f(a)}{\mathrm{e}^b-\mathrm{e}^a}$, 代入上式可知 $\dfrac{f(b)-f(a)}{b-a}=\dfrac{\mathrm{e}^b-\mathrm{e}^a}{b-a}\cdot\dfrac{f(b)-f(a)}{\mathrm{e}^b-\mathrm{e}^a}$ 成立

4. 柯西中值定理的应用

对欲证的等式进行恒等变形,先将不含 ξ 的式子移到等式一端,再将含 ξ 的式子移到等式另一端.然后观察并设法将不含 ξ 的一端写成 $\dfrac{f(b)-f(a)}{g(b)-g(a)}$ 的形式,通过 $\dfrac{f'(\xi)}{g'(\xi)}$ 判断它是否等于含 ξ 的一端.若相等,则验证 $f(x)$,$g(x)$ 满足柯西中值定理的条件,于是欲证结论便已证明.

例 4.16 设 $f(x)$ 在 $[a,b]$ 上可导,且 $ab>0$.证明:存在 $\xi\in(a,b)$,使
$$af(b)-bf(a)=(b-a)[\xi f'(\xi)-f(\xi)].$$

证明 将不含 ξ 的式子 $(b-a)$ 移到等式左端,得到
$$\frac{af(b)-bf(a)}{b-a}=\xi f'(\xi)-f(\xi).$$

将待证的上述等式左端化成柯西中值定理的形式:
$$\frac{\dfrac{af(b)-bf(a)}{ab}}{\dfrac{b-a}{ab}}=\frac{\dfrac{f(b)}{b}-\dfrac{f(a)}{a}}{\left(\dfrac{-1}{b}\right)-\left(\dfrac{-1}{a}\right)},$$

于是左端可看作两函数 $F(x)=\dfrac{f(x)}{x}$ 与 $g(x)=-\dfrac{1}{x}$ 的差值之比.

由题设 $ab>0$ 知,在 $[a,b]$ 上都满足柯西中值定理的条件.故存在 $\xi\in(a,b)$ 使
$$\frac{\dfrac{f(b)}{b}-\dfrac{f(a)}{a}}{\left(\dfrac{-1}{b}\right)-\left(\dfrac{-1}{a}\right)}=\frac{\left[\dfrac{f(x)}{x}\right]'\Big|_{x=\xi}}{\left(\dfrac{-1}{x}\right)'\Big|_{x=\xi}}=\frac{\dfrac{[\xi f'(\xi)-f(\xi)]}{\xi^2}}{\dfrac{1}{\xi^2}},$$

即
$$\frac{af(b)-bf(a)}{b-a}=\xi f'(\xi)-f(\xi),$$

故
$$af(b)-bf(a)=(b-a)[\xi f'(\xi)-f(\xi)].$$

5. 泰勒中值定理的应用

泰勒公式建立了函数 $f(x)$ 与其 n 阶导函数值之间的关系,故而涉及高阶导数问题时,可以考虑从泰勒中值定理入手.

例 4.17 设 $f(x)$ 在 $[0,1]$ 上具有二阶导数,且满足条件 $|f(x)|\leqslant a$,$|f''(x)|\leqslant b$,其中 a,b 都是非负常数,c 是 $(0,1)$ 内任意一点.证明:$|f'(c)|\leqslant 2a+\dfrac{b}{2}$.

证明 由泰勒公式在点 c 处展开:
$$f(x)=f(c)+f'(c)(x-c)+\frac{f''(\xi)}{2!}(x-c)^2,\qquad\text{①}$$

ξ 可记为 $\xi(x)$，在 c 与 x 之间取值.

分别取 x 为 0 和 1 时，ξ 应分别记为 ξ_1 和 ξ_2，于是有

$$f(0) = f(c) + f'(c)(0-c) + \frac{f''(\xi_1)}{2!}(0-c)^2, \ 0 < \xi_1 < c < 1, \qquad ②$$

$$f(1) = f(c) + f'(c)(1-c) + \frac{f''(\xi_2)}{2!}(1-c)^2, \ 0 < c < \xi_2 < 1, \qquad ③$$

式③－式②，得

$$f(1) = f(0) + f'(c) + \frac{1}{2!}[f''(\xi_2)(1-c)^2 - f''(\xi_1)c^2].$$

故 $\quad |f'(c)| \leqslant |f(1)| + |f(0)| + \dfrac{|f''(\xi_2)|(1-c)^2}{2} + \dfrac{|f''(\xi_1)|c^2}{2}$

$$\leqslant 2a + b\frac{[(1-c)^2 + c^2]}{2}.$$

又因 $c \in (0,1)$，有 $(1-c)^2 + c^2 \leqslant 1$，故 $f'(c) \leqslant 2a + \dfrac{b}{2}$ 成立.

例 4.18 设函数 $f(x)$ 在闭区间 $[-1,1]$ 上具有三阶连续导数，且 $f(-1)=0$，$f(1)=1$，$f'(0)=0$. 证明：在开区间 $(-1,1)$ 内至少存在一点 ξ，使 $f'''(\xi)=3$.

证明 已知 $f'(0)=0$，选择 $x=0$ 为展开点，由麦克劳林公式得

$$f(x) = f(0) + f'(0)x + \frac{1}{2!}f''(0)x^2 + \frac{1}{3!}f'''(\eta)x^3, \ 0 < \eta < x.$$

又已知 $f(1)$ 和 $f(-1)$ 的值，故将 $x=-1$ 和 $x=1$ 分别代入上式中，得

$$0 = f(-1) = f(0) + \frac{1}{2}f''(0) - \frac{1}{6}f'''(\eta_1), \ -1 < \eta_1 < 0,$$

$$1 = f(1) = f(0) + \frac{1}{2}f''(0) + \frac{1}{6}f'''(\eta_2), \ 0 < \eta_2 < 1,$$

以上两式相减，可得

$$f'''(\eta_1) + f'''(\eta_2) = 6.$$

$f'''(x)$ 在 $[-1,1]$ 上连续，故 $f'''(x)$ 在 $[\eta_1, \eta_2]$ 上也连续，从而 $f'''(x)$ 在 $[\eta_1, \eta_2]$ 上有最大值 M 和最小值 m，有

$$m \leqslant f'''(\eta_1) \leqslant M, \ m \leqslant f'''(\eta_2) \leqslant M,$$

则

$$m \leqslant \frac{[f'''(\eta_1) + f'''(\eta_2)]}{2} \leqslant M.$$

再由连续函数的介值定理知，至少存在一点 $\xi \in [\eta_1, \eta_2] \subset (-1,1)$，使得

$$f'''(\xi)=\frac{[f'''(\eta_1)+f'''(\eta_2)]}{2}=\frac{6}{2}=3.$$

考点五　不等式的证明

此类证明题,通过函数单调性或者中值定理证出即可.

例 4.19　当 $x>0$ 时,证明:$1+x\ln(x+\sqrt{1+x^2})>\sqrt{1+x^2}$.

证明　设 $f(x)=1+x\ln(x+\sqrt{1+x^2})-\sqrt{1+x^2}$,则 $f(x)$ 在 $[0,+\infty)$ 上是连续的. 又

$$f'(x)=\ln(x+\sqrt{1+x^2})+x\cdot\frac{1}{x+\sqrt{1+x^2}}\cdot\left(1+\frac{x}{\sqrt{1+x^2}}\right)-\frac{x}{\sqrt{1+x^2}}$$
$$=\ln(x+\sqrt{1+x^2})>0,$$

所以 $f(x)$ 在 $(0,+\infty)$ 上是单调增加的,从而当 $x>0$ 时,$f(x)>f(0)=0$,

即
$$1+x\ln(x+\sqrt{1+x^2})-\sqrt{1+x^2}>0,$$

故
$$1+x\ln(x+\sqrt{1+x^2})>\sqrt{1+x^2}.$$

例 4.20　证明:当 $x>0$ 时,$(x^2-1)\ln x\geqslant(x-1)^2$.

证明　令 $f(x)=(x^2-1)\ln x-(x-1)^2$,可知 $f(1)=0$. 又

$$f'(x)=2x\ln x-x+2-\frac{1}{x},$$

有 $f'(1)=0$.

$$f''(x)=2\ln x+1+\frac{1}{x^2},\ f''(1)=2>0,$$

$$f'''(x)=\frac{2(x^2-1)}{x^3}.$$

当 $0<x<1$ 时,$f'''(x)<0$;当 $1<x<+\infty$ 时,$f'''(x)>0$. 故而当 $x\in(0,+\infty)$ 时,有 $f''(x)>0$,所以 $f'(x)$ 在 $(0,+\infty)$ 内单调增加.

由 $f'(1)=0$,可知当 $x\in(0,1)$ 时,$f'(x)<0$,所以 $f(x)$ 在 $(0,1)$ 内单调减少.

当 $x\in(1,+\infty)$ 时,$f'(x)>0$,所以 $f(x)$ 在 $(1,+\infty)$ 内单调增加.

又 $f(1)=0$,故当 $x>0$ 时,$f(x)\geqslant0$,即 $(x^2-1)\ln x\geqslant(x-1)^2$.

例 4.21　设 $0<b<a$,证明:$\frac{a-b}{a}<\ln\frac{a}{b}<\frac{a-b}{b}$.

证明　设 $f(x)=\ln x$,则 $f(x)$ 在区间 $[b,a]$ 上连续,在区间 (b,a) 内可导,由拉格朗日中值定理,存在 $\xi\in(b,a)$,使 $f(a)-f(b)=f'(\xi)(a-b)$,即 $\ln a-\ln b=\frac{1}{\xi}(a-b)$.

因为 $b<\xi<a$,所以 $\frac{1}{a}(a-b)<\ln a-\ln b<\frac{1}{b}(a-b)$,即 $\frac{a-b}{a}<\ln\frac{a}{b}<\frac{a-b}{b}$ 成立.

第五章 多元函数微分学

基础阶段考点要求

(1) 理解多元函数的概念.

(2) 了解二元函数的极限与连续的概念.

(3) 理解多元函数偏导数和全微分的概念,会求全微分,了解全微分存在的必要条件和充分条件,了解全微分形式的不变性.

(4) 掌握多元复合函数一阶、二阶偏导数的求法.

(5) 了解隐函数存在定理,会求多元隐函数的偏导数.

(6) 理解多元函数极值和条件极值的概念,掌握多元函数极值存在的必要条件,了解二元函数极值存在的充分条件,会求二元函数的极值,会用拉格朗日乘数法求条件极值,会求简单多元函数的最大值和最小值,并会解决一些简单的应用问题.

第一节 多元函数的基本概念

考点一 多元函数的概念

定义 设 D 是 $\mathbf{R}^2$ 的一个非空子集,称映射 $f: D \to \mathbf{R}$ 为定义在 D 上的二元函数,通常记为

$$z = f(x, y), (x, y) \in D,$$

其中,点集 D 称为该函数的定义域,x 和 y 称为自变量,z 称为因变量.函数值 $f(x, y)$ 的全体所构成的集合称为函数的值域,记为 $f(D)$,即

$$f(D) = \{z \mid z = f(x, y), (x, y) \in D\}.$$

类似的可以定义三元函数 $u = f(x, y, z)$.

◁))注
  多元函数 $z = f(x, y)$ 的几何意义表示空间的曲面.

考点二 二元函数的极限

设 $z = f(x, y)$ 在 (x_0, y_0) 的某去心邻域有定义,若对任意 $\varepsilon > 0$,存在 $\delta > 0$,使得当 $0 < \sqrt{(x - x_0)^2 + (y - y_0)^2} < \delta$ 时,有 $|f(x, y) - A| < \varepsilon$,则称 A 为函数 $f(x, y)$ 当 $(x, y) \to (x_0, y_0)$ 时的极限,记为 $\lim\limits_{(x, y) \to (x_0, y_0)} f(x, y) = A$.

注

① 只有当动点 (x, y) 以任意方式趋于 (x_0, y_0) 时,$f(x, y)$ 的极限都为 A,才称二元函数的极限存在.

② 若能找到两条不同路径,(x, y) 沿其分别趋于 (x_0, y_0) 时,$f(x, y)$ 的极限不相等,则二元函数的极限不存在.

③ 求二元函数极限的方法有化为一元、等价、无穷小乘有界、夹逼准则、极坐标等.

④ 二元函数的极限满足唯一性、局部有界性和局部保号性.

名师助记 区分一元函数极限与二元函数极限:一元函数 x_0 的去心邻域定义在 x 轴上,x 只可沿 x 轴左、右两侧趋于 x_0,我们可用列举法讨论极限存在性;二元函数极限中 $P_0(x_0, y_0)$ 的去心邻域为定义在 xOy 面上的圆域,$P(x, y)$ 可有无穷条路径趋于 $P_0(x_0, y_0)$,故不可再用列举法讨论极限的存在性.

例 5.1 计算极限:

(1) $\lim\limits_{\substack{x \to 2 \\ y \to 5}} \dfrac{3x + y}{xy}$;   (2) $\lim\limits_{\substack{x \to 0 \\ y \to 0}} (x^2 + y^2) \sin \dfrac{1}{x^2 + y^2}$.

解析 (1) $\lim\limits_{\substack{x \to 2 \\ y \to 5}} \dfrac{3x + y}{xy} = \dfrac{\lim\limits_{\substack{x \to 2 \\ y \to 5}} (3x + y)}{\lim\limits_{\substack{x \to 2 \\ y \to 5}} xy} = \dfrac{11}{10}$.

(2) 方法一:因 $0 \leqslant \left| (x^2 + y^2) \sin \dfrac{1}{x^2 + y^2} \right| \leqslant (x^2 + y^2)$,$\lim\limits_{\substack{x \to 0 \\ y \to 0}} (x^2 + y^2) = 0$,

故
$$\lim_{\substack{x \to 0 \\ y \to 0}} (x^2 + y^2) \sin \frac{1}{x^2 + y^2} = 0.$$

方法二:当 $x \to 0$,$y \to 0$ 时,$x^2 + y^2$ 为无穷小,且 $\sin \dfrac{1}{x^2 + y^2}$ 为有界量,由无穷小的运算性质得

$$\lim_{\substack{x \to 0 \\ y \to 0}} (x^2 + y^2) \sin \frac{1}{x^2 + y^2} = 0.$$

名师助记 二重极限的四则运算法则与无穷小的运算性质和一元函数极限相同.

例 5.2 讨论下列极限的存在性:

(1) $\lim\limits_{(x,y)\to(0,0)}\dfrac{1-\cos\sqrt{x^2+y^2}}{x^2y}$;   (2) $\lim\limits_{(x,y)\to(0,0)}\dfrac{xy}{x^2+y^2}$.

解析 (1) 当点 $P(x,y)$ 沿直线 $y=x$ 趋于点 $(0,0)$ 时,有

$$\lim\limits_{(x,y)\to(0,0)}\dfrac{1-\cos\sqrt{x^2+y^2}}{x^2y}=\lim\limits_{x\to0}\dfrac{1-\cos\sqrt{2x^2}}{x^3}=\lim\limits_{x\to0}\dfrac{\frac12(2x^2)}{x^3}=\lim\limits_{x\to0}\dfrac1x,$$

因为 $\lim\limits_{x\to0}\dfrac1x$ 不存在,故 $\lim\limits_{(x,y)\to(0,0)}\dfrac{1-\cos\sqrt{x^2+y^2}}{x^2y}$ 不存在.

(2) 当点 $P(x,y)$ 沿 $y=x$ 趋于 $(0,0)$ 时,有

$$\lim\limits_{\substack{(x,y)\to(0,0)\\y=x}}\dfrac{xy}{x^2+y^2}=\lim\limits_{x\to0}\dfrac{x^2}{2x^2}=\dfrac12.$$

当点 $P(x,y)$ 沿 $y=-x$ 趋于 $(0,0)$ 时,有

$$\lim\limits_{\substack{(x,y)\to(0,0)\\y=-x}}\dfrac{xy}{x^2+y^2}=\lim\limits_{x\to0}\dfrac{-x^2}{2x^2}=-\dfrac12.$$

不满足极限存在的唯一性,所以 $\lim\limits_{(x,y)\to(0,0)}\dfrac{xy}{x^2+y^2}$ 不存在.

名师助记 因为二元函数的极限存在性要求点 $P(x,y)$ 以任意方式趋于点 $P_0(x_0,y_0)$ 时,函数 $f(x,y)$ 都接近同一个常数 A,否则极限不存在,所以判定二元函数的极限不存在常用以下两种方法:

① 若取某一特定路径 $P(x,y)$ 趋于 $P_0(x_0,y_0)$,极限不存在,则二元函数的极限不存在.

② 若取两种不同路径 $P(x,y)$ 趋于 $P_0(x_0,y_0)$,极限有两种不同结果,此时不满足极限的唯一性,则二元函数的极限不存在.

例5.3 求下列极限:

(1) $\lim\limits_{\substack{x\to0\\y\to2}}\dfrac{\sin xy}{x}$;   (2) $\lim\limits_{\substack{x\to0\\y\to0}}\dfrac{1-\cos\sqrt{xy}}{x\sin y}$.

解析 (1) $\lim\limits_{\substack{x\to0\\y\to2}}\dfrac{\sin xy}{x}=\lim\limits_{\substack{x\to0\\y\to2}}\dfrac{\sin xy}{xy}\cdot y=2$;

(2) $\lim\limits_{\substack{x\to0\\y\to0}}\dfrac{1-\cos\sqrt{xy}}{x\sin y}=\lim\limits_{\substack{x\to0\\y\to0}}\dfrac{\frac12 xy}{xy}=\dfrac12$.

名师助记 二元函数极限的等价无穷小代换与一元函数相同,即对无穷小等价公式的应用一致.

例5.4 证明 $\lim\limits_{\substack{x\to0\\y\to0}}\dfrac{xy}{\sqrt{x^2+y^2}}=0$.

证法一 由 $|xy| \leqslant \dfrac{x^2+y^2}{2}$，可得 $0 \leqslant \left| \dfrac{xy}{\sqrt{x^2+y^2}} \right| \leqslant \dfrac{\sqrt{x^2+y^2}}{2}$，

又因为 $\lim\limits_{\substack{x \to 0 \\ y \to 0}} \dfrac{\sqrt{x^2+y^2}}{2} = 0$，由夹逼准则可知 $\lim\limits_{\substack{x \to 0 \\ y \to 0}} \dfrac{xy}{\sqrt{x^2+y^2}} = 0$.

证法二 令 $\begin{cases} x = \rho\cos\theta, \\ y = \rho\sin\theta, \end{cases}$ 则

$$\lim_{\substack{x \to 0 \\ y \to 0}} \frac{xy}{\sqrt{x^2+y^2}} = \lim_{\substack{\rho \to 0 \\ 0 \leqslant \theta \leqslant 2\pi}} \frac{\rho^2 \sin\theta\cos\theta}{\rho} = \lim_{\substack{\rho \to 0 \\ 0 \leqslant \theta \leqslant 2\pi}} \frac{1}{2}\rho\sin 2\theta,$$

$$0 \leqslant \left| \frac{1}{2}\rho\sin 2\theta \right| \leqslant \frac{1}{2}|\rho|, \text{ 且 } \lim_{\rho \to 0} \frac{1}{2}|\rho| = 0,$$

由夹逼准则得
$$\lim_{\substack{x \to 0 \\ y \to 0}} \frac{xy}{\sqrt{x^2+y^2}} = 0.$$

考点三 二元函数的连续性

定义 若 $\lim\limits_{\substack{x \to x_0 \\ y \to y_0}} f(x, y) = f(x_0, y_0)$，则称二元函数 $f(x, y)$ 在 (x_0, y_0) 处连续.

注

① 二元函数连续等价定义为：设 $\Delta z = f(x_0+\Delta x, y_0+\Delta y) - f(x_0, y_0)$，若 $\lim\limits_{\substack{\Delta x \to 0 \\ \Delta y \to 0}} \Delta z = 0$，则称二元函数 $f(x, y)$ 在 (x_0, y_0) 处连续，其中 $\Delta z = f(x_0+\Delta x, y_0+\Delta y) - f(x_0, y_0)$ 称为二元函数的全增量.

② 函数 $f(x, y)$ 在 (x_0, y_0) 处无定义、$\lim\limits_{\substack{x \to x_0 \\ y \to y_0}} f(x, y)$ 不存在或 $\lim\limits_{\substack{x \to x_0 \\ y \to y_0}} f(x, y) \neq f(x_0, y_0)$，函数 $f(x, y)$ 在点 (x_0, y_0) 处不连续.

③ 若函数 $f(x, y)$ 在点 $P(x_0, y_0)$ 处不连续，则称点 $P(x_0, y_0)$ 是函数 $f(x, y)$ 的不连续点或间断点，二元函数的间断点不需要讨论分类.

例 5.5 $\lim\limits_{\substack{x \to 1 \\ y \to 2}} \dfrac{2x+3y}{x^2 y} = $ _____.

解析 $f(x) = \dfrac{2x+3y}{x^2 y}$ 在点 $(1, 2)$ 处连续，于是 $\lim\limits_{\substack{x \to 1 \\ y \to 2}} \dfrac{2x+3y}{x^2 y} = \dfrac{2 \cdot 1 + 3 \cdot 2}{1^2 \cdot 2} = 4$.

例 5.6 讨论函数 $f(x, y) = \begin{cases} \dfrac{2xy}{x^2+y^2}, & x^2+y^2 \neq 0, \\ 0, & x^2+y^2 = 0 \end{cases}$ 的连续性.

解析 当 $(x, y) \neq (0, 0)$ 时，函数 $f(x, y) = \dfrac{2xy}{x^2 + y^2}$ 连续.

现考虑函数在点 $(0, 0)$ 处的情况：令 (x, y) 沿 $y = kx$ 趋于 $(0, 0)$，则

$$\lim_{\substack{x \to 0 \\ y = kx}} f(x, y) = \frac{2k}{1 + k^2},$$

极限值随 k 的取值不同而不同，故极限不存在，从而 $(0, 0)$ 为函数 $f(x, y)$ 的间断点.

第二节　偏导数定义及其计算

考点四　偏导数定义

将二元函数的一个变量固定（即看作常量），关于另一个变量的导数就称为二元函数的偏导数. 现定义如下：

定义 设函数 $z = f(x, y)$ 在点 (x_0, y_0) 的某邻域内有定义，如果

$$\lim_{\Delta x \to 0} \frac{f(x_0 + \Delta x, y_0) - f(x_0, y_0)}{\Delta x}$$

存在，则称此极限为函数 $z = f(x, y)$ 在点 (x_0, y_0) 处对 x 的偏导数，记为 $\dfrac{\partial z}{\partial x}\Big|_{\substack{x = x_0 \\ y = y_0}}$，

$\dfrac{\partial f}{\partial x}\Big|_{\substack{x = x_0 \\ y = y_0}}$，$z'_x\Big|_{\substack{x = x_0 \\ y = y_0}}$ 或 $f'_x(x_0, y_0)$，

即
$$f'_x(x_0, y_0) = \lim_{\Delta x \to 0} \frac{f(x_0 + \Delta x, y_0) - f(x_0, y_0)}{\Delta x}.$$

同样的，函数 $z = f(x, y)$ 在点 (x_0, y_0) 处对 y 的偏导数定义为

$$f'_y(x_0, y_0) = \lim_{\Delta y \to 0} \frac{f(x_0, y_0 + \Delta y) - f(x_0, y_0)}{\Delta y}.$$

记为 $\dfrac{\partial z}{\partial y}\Big|_{\substack{x = x_0 \\ y = y_0}}$，$\dfrac{\partial f}{\partial y}\Big|_{\substack{x = x_0 \\ y = y_0}}$，$z'_y\Big|_{\substack{x = x_0 \\ y = y_0}}$ 或 $f'_y(x_0, y_0)$，如果函数在定义域内每点的偏导数都存

在，则称 $f'_x(x, y)$ 与 $f'_y(x, y)$ 为可偏导函数.

🔊 **注**

① 偏导数实际上就是对应一元函数的导数,如

$$f'_x(x_0, y_0) = [f(x, y_0)]' \mid_{x=x_0} = \varphi'(x) \mid_{x=x_0};$$

$$f'_y(x_0, y_0) = [f(x_0, y)]' \mid_{y=y_0} = \psi'(y) \mid_{y=y_0}.$$

② 求 $f(x, y)$ 的偏导数只需先把其中一个变量视为常数即可,如求 $f'_x(x, y)$ 时,先把 $f(x, y)$ 中的 y 视为常数,同理求 $f'_y(x, y)$ 时,则先把 $f(x, y)$ 中的 x 视为常数.

名师助记 偏导数的定义中 $f'_x(x_0, y_0)$ 可看成函数 $z = f(x, y_0)$ 在 x_0 处的导数,根据导数的几何意义,$f'_x(x_0, y_0)$ 是曲线 $\begin{cases} z = f(x, y) \\ y = y_0 \end{cases}$ 在 $M_0(x_0, y_0)$ 处的切线对 x 轴的斜率.同理,$f'_y(x_0, y_0)$ 是曲线 $\begin{cases} z = f(x, y) \\ x = x_0 \end{cases}$ 在 $M_0(x_0, y_0)$ 处的切线对 y 轴的斜率.

例 5.7 二元函数 $f(x, y) = \begin{cases} \dfrac{xy}{x^2 + y^2}, & (x, y) \neq (0, 0), \\ 0, & (x, y) = (0, 0) \end{cases}$ 在点 $(0, 0)$ 处(　　).

(A) 连续,偏导数存在　　　　　　　　　(B) 连续,偏导数不存在

(C) 不连续,偏导数存在　　　　　　　　(D) 不连续,偏导数不存在

解析 选(C).

令 $y = kx$,则 $\lim\limits_{\substack{x \to 0 \\ y \to 0}} \dfrac{xy}{x^2 + y^2} = \lim\limits_{\substack{x \to 0 \\ y \to kx}} \dfrac{kx^2}{(1 + k^2)x^2} = \dfrac{k}{1 + k^2}$.

当 k 不同时,$\dfrac{k}{1 + k^2}$ 不同,故极限 $\lim\limits_{\substack{x \to 0 \\ y \to 0}} \dfrac{xy}{x^2 + y^2}$ 不存在,$f(x, y)$ 在点 $(0, 0)$ 处不连续.

当 $y = 0$ 时,$f(x, 0) = 0$,$f'_x(0, 0) = \lim\limits_{x \to 0} \dfrac{f(x, 0) - f(0, 0)}{x} = 0$.

同理,当 $x = 0$ 时,$f(0, y) = 0$,$f'_y(0, 0) = \lim\limits_{y \to 0} \dfrac{f(0, y) - f(0, 0)}{y} = 0$.

可知,在点 $(0, 0)$ 处函数 $f(x, y)$ 偏导数存在.

例 5.8 讨论函数 $f(x, y) = |x| + |y|$ 在点 $(0, 0)$ 处的连续性与可偏导性.

解析 显然 $\lim\limits_{(x, y) \to (0, 0)} |x| + |y| = 0$,则函数 $f(x, y) = |x| + |y|$ 在点 $(0, 0)$ 处连续.

$f'_x(0, 0) = [f(x, 0)]' \mid_{x=0} = (|x|)' \mid_{x=0}$ 不存在,同理,由对称性,$f'_y(0, 0)$ 也不存在,于是 $f(x, y)$ 在点 $(0, 0)$ 处偏导数不存在.

名师助记 对于分段函数求偏导,分段点处用导数定义,非分段点处用公式即可,另外,根据以上两个例题可以看出,一元函数可导必连续,二元函数的连续性与偏导数存在与否没有必然关系.

考点五　高阶偏导数的概念

定义　设 $z=f(x,y)$，根据求导顺序不同,二阶偏导数有以下四种:

$$\frac{\partial^2 z}{\partial x^2}=\frac{\partial}{\partial x}\left(\frac{\partial z}{\partial x}\right)=f''_{xx}(x,y),\qquad \frac{\partial^2 z}{\partial x\partial y}=\frac{\partial}{\partial y}\left(\frac{\partial z}{\partial x}\right)=f''_{xy}(x,y),$$

$$\frac{\partial^2 z}{\partial y\partial x}=\frac{\partial}{\partial x}\left(\frac{\partial z}{\partial y}\right)=f''_{yx}(x,y),\qquad \frac{\partial^2 z}{\partial y^2}=\frac{\partial}{\partial y}\left(\frac{\partial z}{\partial y}\right)=f''_{yy}(x,y).$$

其中, $\dfrac{\partial^2 z}{\partial x\partial y}$ 和 $\dfrac{\partial^2 z}{\partial y\partial x}$ 称为二阶混合偏导数.

定理　如果函数 $z=f(x,y)$ 的两个二阶混合偏导函数在区域 D 内连续,则在区域 D 内它们相等,即 $\dfrac{\partial^2 z}{\partial x\partial y}=\dfrac{\partial^2 z}{\partial y\partial x}$,此时,二阶混合偏导函数与求导的顺序无关.

例 5.9　设 $f(x,y)=\displaystyle\int_0^{xy}\mathrm{e}^{-t^2}\mathrm{d}t$,求 $\dfrac{x}{y}\cdot\dfrac{\partial^2 f}{\partial x^2}-2\dfrac{\partial^2 f}{\partial x\partial y}+\dfrac{y}{x}\cdot\dfrac{\partial^2 f}{\partial y^2}$.

解析　$\dfrac{\partial f}{\partial x}=y\mathrm{e}^{-x^2 y^2}$, $\dfrac{\partial^2 f}{\partial x^2}=y\mathrm{e}^{-x^2 y^2}\cdot(-2xy^2)=-2xy^3\mathrm{e}^{-x^2 y^2}$,根据对称性,得

$$\frac{\partial^2 f}{\partial y^2}=-2x^3 y\mathrm{e}^{-x^2 y^2},$$

且

$$\frac{\partial^2 f}{\partial x\partial y}=\mathrm{e}^{-x^2 y^2}-2x^2 y^2\mathrm{e}^{-x^2 y^2},$$

于是

$$\frac{x}{y}\cdot\frac{\partial^2 f}{\partial x^2}-2\frac{\partial^2 f}{\partial x\partial y}+\frac{y}{x}\cdot\frac{\partial^2 f}{\partial y^2}=-2\mathrm{e}^{-x^2 y^2}.$$

考点六　多元复合函数的求导法则

1. 链式求导法则

设 $u=u(x,y)$, $v=v(x,y)$ 在点 (x,y) 处对 x , y 的偏导数存在, $z=f(u,v)$ 在对应点可微,则复合函数 $z=f[u(x,y),v(x,y)]$ 对 x , y 的偏导数存在,且

$$\frac{\partial z}{\partial x}=\frac{\partial f}{\partial u}\cdot\frac{\partial u}{\partial x}+\frac{\partial f}{\partial v}\cdot\frac{\partial v}{\partial x}=f'_1\cdot\frac{\partial u}{\partial x}+f'_2\cdot\frac{\partial v}{\partial x};$$

$$\frac{\partial z}{\partial y}=\frac{\partial f}{\partial u}\cdot\frac{\partial u}{\partial y}+\frac{\partial f}{\partial v}\cdot\frac{\partial v}{\partial y}=f'_1\cdot\frac{\partial u}{\partial y}+f'_2\cdot\frac{\partial v}{\partial y}.$$

🔊注

$f(u,v)$ 对 u 或 v 求导后的函数 $\dfrac{\partial f}{\partial u}$ (即 f'_1)、 $\dfrac{\partial f}{\partial v}$ (即 f'_2)与 $f(u,v)$ 有相同的复合结构(图 5-1).

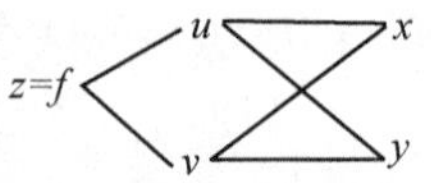

图 5-1

例 5.10　设 $z=f(u,v,x)$，$u=u(x,y)$，$v=v(y)$ 都是可微函数，求 $\dfrac{\partial z}{\partial x}$ 和 $\dfrac{\partial z}{\partial y}$.

解析　如图 5-2 所示，

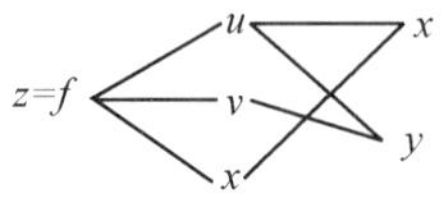

$$\frac{\partial z}{\partial x}=f'_u\cdot\frac{\partial u}{\partial x}+f'_x\cdot 1=f'_1\cdot\frac{\partial u}{\partial x}+f'_3;$$

$$\frac{\partial z}{\partial y}=f'_u\cdot\frac{\partial u}{\partial y}+f'_v\cdot\frac{\mathrm{d}v}{\mathrm{d}y}=f'_1\cdot\frac{\partial u}{\partial y}+f'_2\cdot\frac{\mathrm{d}v}{\mathrm{d}y}.$$

图 5-2

名师助记　$u=u(x,y)$ 是二元函数，要写偏导数符号；$v=v(y)$ 是一元函数，要写导数符号.

例 5.11　设 $z=f(x^2-y^2,\mathrm{e}^{xy})$，其中 f 具有二阶连续偏导数，求 $\dfrac{\partial z}{\partial x}$，$\dfrac{\partial z}{\partial y}$ 和 $\dfrac{\partial^2 z}{\partial x\partial y}$.

解析　如图 5-3 所示，

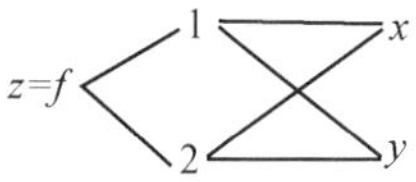

$$\frac{\partial z}{\partial x}=2xf'_1+y\mathrm{e}^{xy}f'_2,$$

$$\frac{\partial z}{\partial y}=-2yf'_1+x\mathrm{e}^{xy}f'_2,$$

图 5-3

$$\begin{aligned}\frac{\partial^2 z}{\partial x\partial y}&=2x[f''_{11}\cdot(-2y)+f''_{12}\cdot x\mathrm{e}^{xy}]+\mathrm{e}^{xy}f'_2+xy\mathrm{e}^{xy}f'_2\\&\quad+y\mathrm{e}^{xy}[f''_{21}\cdot(-2y)+f''_{22}\cdot x\mathrm{e}^{xy}]\\&=-4xyf''_{11}+2(x^2-y^2)\mathrm{e}^{xy}f''_{12}+xy\mathrm{e}^{2xy}f''_{22}+\mathrm{e}^{xy}(1+xy)f'_2.\end{aligned}$$

例 5.12　设 $f(x,y)$ 在 $(1,1)$ 处可微，且 $f(1,1)=1$，$f'_x(1,1)=2$，$f'_y(1,1)=3$，又 $\varphi(x)=f[x,f(x,x)]$，求 $\left.\dfrac{\mathrm{d}}{\mathrm{d}x}\varphi^3(x)\right|_{x=1}$.

解析　$\varphi(1)=f[1,f(1,1)]=f(1,1)=1$，

$$\begin{aligned}\left.\frac{\mathrm{d}}{\mathrm{d}x}\varphi^3(x)\right|_{x=1}&=\left.\left[3\varphi^2(x)\frac{\mathrm{d}\varphi(x)}{\mathrm{d}x}\right]\right|_{x=1}\\&=3\varphi^2(x)\{f'_1[x,f(x,x)]+f'_2[x,f(x,x)][f'_1(x,x)\\&\quad+f'_2(x,x)]\}|_{x=1}\\&=3\times 1\times[2+3(2+3)]=51.\end{aligned}$$

名师助记　像本题这样多层 f 的复合在求导过程中（尤其涉及代值时）不要用平时惯用的简写形式：f'_1，f''_{12}，$\cdots$，因为 $f'_1[x,f(x,x)]$ 与 $f'_1(x,x)$ 含义是不一样的.

例 5.13　设 $z=\left(\dfrac{y}{x}\right)^{\frac{x}{y}}$，则 $\left.\dfrac{\partial z}{\partial x}\right|_{(1,2)}=$ _____.

解法一　因 $z=\mathrm{e}^{\frac{x}{y}\ln\frac{y}{x}}$，故

$$\frac{\partial z}{\partial x}=\mathrm{e}^{\frac{x}{y}\ln\frac{y}{x}}\cdot\left(\frac{1}{y}\ln\frac{y}{x}-\frac{x}{y}\cdot\frac{1}{x}\right)=\left(\frac{y}{x}\right)^{\frac{x}{y}}\left(\frac{1}{y}\ln\frac{y}{x}-\frac{1}{y}\right).$$

故
$$\left.\frac{\partial z}{\partial x}\right|_{(1,\,2)}=\frac{\sqrt{2}}{2}(\ln 2-1).$$

解法二　可以先将 $y=2$ 代入，得到只关于 x 的函数.

$$z(x,\,2)=\left(\frac{2}{x}\right)^{\frac{x}{2}}=\mathrm{e}^{\frac{x}{2}\ln\frac{2}{x}},$$

$$\left.\frac{\partial z}{\partial x}\right|_{(1,\,2)}=\left.\frac{\mathrm{d}}{\mathrm{d}x}z(x,\,2)\right|_{x=1}=(\mathrm{e}^{\frac{x}{2}\ln\frac{2}{x}})\,'\,|_{x=1}=\frac{\sqrt{2}}{2}(\ln 2-1).$$

名师助记　求具体函数在某点处的一阶偏导数，可以先求导后代入值，如解法一所示. 也可以先代入后求导，如解法二所示，将无须求导的自变量的值先代入，使二元函数变为一元函数，再求导得出结果.

第三节　全　微　分

考点七　全微分定义

设函数 $z=f(x,\,y)$ 在点 $(x,\,y)$ 的某邻域内有定义，如果函数在点 $(x,\,y)$ 的全增量
$$\Delta z=f(x+\Delta x,\,y+\Delta y)-f(x,\,y)$$
可以表示为
$$\Delta z=A\Delta x+B\Delta y+o(\sqrt{(\Delta x)^2+(\Delta y)^2}),$$
其中，A，B 不依赖于 Δx 和 Δy，而仅与 x 和 y 有关，那么称函数 $z=f(x,\,y)$ 在点 $(x,\,y)$ 可微分，而 $A\Delta x+B\Delta y$ 称为函数 $z=f(x,\,y)$ 在点 $(x,\,y)$ 的全微分，记作 $\mathrm{d}z$，即
$$\mathrm{d}z=A\Delta x+B\Delta y.$$

考点八　可微的充分与必要条件

1. 充分条件

若函数 $z=f(x,\,y)$ 的一阶偏导数 $\dfrac{\partial z}{\partial x}$，$\dfrac{\partial z}{\partial y}$ 在点 $(x,\,y)$ 处连续，则函数在该点可微.

名师助记　此定理把判断二元函数在某点是否可微的问题转化为验证偏导数是否连续的问题. 注意二元函数的一阶偏导数也是二元函数，讨论其连续性不能针对单个自变量进行.

2. 必要条件

① 若函数 $z=f(x,\,y)$ 在 $(x,\,y)$ 处可微，则该函数 $f(x,\,y)$ 在点 $(x,\,y)$ 处必连续.

② 若函数 $z=f(x,y)$ 在点 (x,y) 处可微,则该函数 $f(x,y)$ 在点 (x,y) 处的偏导数 $\dfrac{\partial z}{\partial x}$,$\dfrac{\partial z}{\partial y}$ 必定存在,即可微必可偏导,且函数 $z=f(x,y)$ 在点 (x,y) 处的全微分为

$$\mathrm{d}z=\frac{\partial z}{\partial x}\mathrm{d}x+\frac{\partial z}{\partial y}\mathrm{d}y.$$

◁))注

对于可微的三元函数 $u=f(x,y,z)$,也有 $\mathrm{d}u=\dfrac{\partial u}{\partial x}\mathrm{d}x+\dfrac{\partial u}{\partial y}\mathrm{d}y+\dfrac{\partial u}{\partial z}\mathrm{d}z$.

例 5. 14　设 $z=\arctan\dfrac{x+y}{x-y}$,求 $\mathrm{d}z$.

解析
$$\frac{\partial z}{\partial x}=\frac{1}{1+\left(\dfrac{x+y}{x-y}\right)^2}\cdot\frac{-2y}{(x-y)^2}=\frac{-y}{x^2+y^2},$$

$$\frac{\partial z}{\partial y}=\frac{1}{1+\left(\dfrac{x+y}{x-y}\right)^2}\cdot\frac{2x}{(x-y)^2}=\frac{x}{x^2+y^2},$$

故
$$\mathrm{d}z=\frac{-y\,\mathrm{d}x+x\,\mathrm{d}y}{x^2+y^2}.$$

3. 可微的判定方法

① 先计算偏导数 $f'_x(x_0,y_0)$ 与 $f'_y(x_0,y_0)$,若任意之一不存在,则不可微,若都存在,则继续②.

② 检查 $\lim\limits_{\substack{\Delta x\to 0\\ \Delta y\to 0}}\dfrac{f(x_0+\Delta x,y_0+\Delta y)-f(x_0,y_0)-f'_x(x_0,y_0)\Delta x-f'_y(x_0,y_0)\Delta y}{\sqrt{(\Delta x)^2+(\Delta y)^2}}$

或 $\lim\limits_{\substack{x\to x_0\\ y\to y_0}}\dfrac{f(x,y)-f(x_0,y_0)-f'_x(x_0,y_0)(x-x_0)-f'_y(x_0,y_0)(y-y_0)}{\sqrt{(x-x_0)^2+(y-y_0)^2}}$ 是否等于

零,若等于零,则可微,若不等于零或不存在,则不可微.

名师助记　以上极限是判断函数在某点处可微的重要方式,考生一定要熟练掌握其结构及出题方式.

例 5. 15　设函数 $z=f(x,y)$ 连续,且满足 $\lim\limits_{\substack{x\to 0\\ y\to 1}}\dfrac{f(x,y)-3x+2y-1}{\sqrt{x^2+(y-1)^2}}=0$,求 $\mathrm{d}z\big|_{(0,1)}$.

解析　由 $\lim\limits_{\substack{x\to 0\\ y\to 1}}\dfrac{f(x,y)-3x+2y-1}{\sqrt{x^2+(y-1)^2}}=0$ 且 $\lim\limits_{\substack{x\to 0\\ y\to 1}}\sqrt{x^2+(y-1)^2}=0$,有

$\lim\limits_{\substack{x\to 0\\ y\to 1}}[f(x,y)-3x+2y-1]=0$,而函数 $f(x,y)$ 连续,则 $f(0,1)=-1$,故

$$\lim_{\substack{x \to 0 \\ y \to 1}} \frac{f(x, y) - 3x + 2y - 1}{\sqrt{x^2 + (y-1)^2}} = \lim_{\substack{x \to 0 \\ y \to 1}} \frac{[f(x, y) - f(0, 1)] - 3x + 2(y-1)}{\sqrt{x^2 + (y-1)^2}} = 0,$$

因此可得 $[f(x, y) - f(0, 1)] - 3x + 2(y-1) = o(\sqrt{x^2 + (y-1)^2})$,

即 $\Delta z = f(x, y) - f(0, 1) = 3x - 2(y-1) + o(\sqrt{x^2 + (y-1)^2})$.

故 $f'_x(0, 1) = 3, \ f'_y(0, 1) = -2,$

则 $dz \mid_{(0, 1)} = 3dx - 2dy.$

考点九　可微、偏导数存在与连续的关系

一元函数 $f(x)$ 在点 x_0 处(图 5-4).

有极限 —×— 连续 —×— 可导 ← 可微

图 5-4

二元函数 $f(x, y)$ 在点 (x_0, y_0) 处(图 5-5).

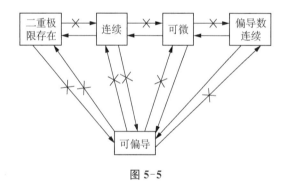

图 5-5

其中,记号 "$A \to B$" 表示 A 可推出 B;记号 $A \not\to B$ 表示由 A 不能推出 B.

例 5.16　设 $f(x, y) = \begin{cases} \dfrac{x^2 y^2}{(x^2 + y^2)^{\frac{3}{2}}}, & x^2 + y^2 \neq 0, \\ 0, & x^2 + y^2 = 0, \end{cases}$

证明: $f(x, y)$ 在 $(0, 0)$ 处连续且偏导数存在,但不可微分.

证明　① 证连续,即证 $\lim\limits_{\substack{x \to 0 \\ y \to 0}} f(x, y) = f(0, 0)$.

$$x^2 + y^2 \geqslant 2|xy|, \ 0 \leqslant \frac{x^2 y^2}{(x^2 + y^2)^{\frac{3}{2}}} \leqslant \frac{x^2 y^2}{2^{\frac{3}{2}} |xy|^{\frac{3}{2}}} = \frac{|xy|^{\frac{1}{2}}}{2^{\frac{3}{2}}}, \ \text{又} \lim_{\substack{x \to 0 \\ y \to 0}} \sqrt{|xy|} = 0,$$

由夹逼准则,得

$$\lim_{\substack{x\to 0\\y\to 0}}f(x,y)=\lim_{\substack{x\to 0\\y\to 0}}\frac{x^2y^2}{(x^2+y^2)^{\frac{3}{2}}}=0=f(0,0),$$

故函数在（0，0）处连续.

② 证偏导数存在.

$$f'_x(0,0)=\lim_{\Delta x\to 0}\frac{f(0+\Delta x,0)-f(0,0)}{\Delta x}=\lim_{\Delta x\to 0}\frac{\frac{(\Delta x)^2\cdot 0}{[(\Delta x)^2+0]^{\frac{3}{2}}}-0}{\Delta x}=0,$$

$$f'_y(0,0)=\lim_{\Delta y\to 0}\frac{f(0,0+\Delta y)-f(0,0)}{\Delta y}=\lim_{\Delta y\to 0}\frac{\frac{0\cdot(\Delta y)^2}{[0+(\Delta y)^2]^{\frac{3}{2}}}-0}{\Delta y}=0,$$

故函数在（0，0）处偏导数存在.

③ 证不可微.

$$\lim_{\substack{\Delta x\to 0\\\Delta y\to 0}}\frac{f(0+\Delta x,0+\Delta y)-f(0,0)-f'_x(0,0)\Delta x-f'_y(0,0)\Delta y}{\sqrt{(\Delta x)^2+(\Delta y)^2}}$$

$$=\lim_{\substack{\Delta x\to 0\\\Delta y\to 0}}\frac{f(\Delta x,\Delta y)}{\sqrt{(\Delta x)^2+(\Delta y)^2}}=\lim_{\substack{\Delta x\to 0\\\Delta y\to 0}}\frac{\frac{(\Delta x)^2(\Delta y)^2}{[(\Delta x)^2+(\Delta y)^2]^{\frac{3}{2}}}}{\sqrt{(\Delta x)^2+(\Delta y)^2}}$$

$$=\lim_{\substack{\Delta x\to 0\\\Delta y\to 0}}\frac{(\Delta x)^2(\Delta y)^2}{[(\Delta x)^2+(\Delta y)^2]^2},$$

取 $\Delta y=k\Delta x$，则

$$\lim_{\substack{\Delta x\to 0\\\Delta y\to 0}}\frac{(\Delta x)^2(\Delta y)^2}{[(\Delta x)^2+(\Delta y)^2]^2}=\lim_{\substack{\Delta x\to 0\\\Delta y=k\Delta x}}\frac{k^2(\Delta x)^4}{[(\Delta x)^2+k^2(\Delta x)^2]^2}=\frac{k^2}{(1+k^2)^2},$$

当 $k\neq 0$ 时，$\frac{k^2}{(1+k^2)^2}\neq 0$，故函数在点（0，0）处不可微.

例 5.17 二元函数 $f(x,y)$ 在点 (x_0,y_0) 处两个偏导数 $f'_x(x_0,y_0)$，$f'_y(x_0,y_0)$ 存在是 $f(x,y)$ 在该点连续的（　　）.

（A）充分条件而非必要条件　　　　（B）必要条件而非充分条件

（C）充分必要条件　　　　　　　　（D）既非充分条件又非必要条件

解析 选（D）.

多元函数在一点上连续性与偏导数存在之间没有直接关系，即连续未必偏导数存在，偏导数存在亦未必连续，所以应选（D）.

例 5.18 如果 $f(x,y)$ 在（0，0）处连续，那么下列命题正确的是（　　）.

（A）若极限 $\lim_{\substack{x\to 0\\y\to 0}}\frac{f(x,y)}{|x|+|y|}$ 存在，则 $f(x,y)$ 在（0，0）处可微

(B) 若极限 $\lim\limits_{\substack{x\to 0\\y\to 0}}\dfrac{f(x,y)}{x^2+y^2}$ 存在,则 $f(x,y)$ 在 $(0,0)$ 处可微

(C) 若 $f(x,y)$ 在 $(0,0)$ 处可微,则极限 $\lim\limits_{\substack{x\to 0\\y\to 0}}\dfrac{f(x,y)}{|x|+|y|}$ 存在

(D) 若 $f(x,y)$ 在 $(0,0)$ 处可微,则极限 $\lim\limits_{\substack{x\to 0\\y\to 0}}\dfrac{f(x,y)}{x^2+y^2}$ 存在

解析 选(B).

① 直接法,函数 $f(x,y)$ 在点 $(0,0)$ 处连续,且极限 $\lim\limits_{\substack{x\to 0\\y\to 0}}\dfrac{f(x,y)}{x^2+y^2}$ 存在,则有

$$\lim\limits_{\substack{x\to 0\\y\to 0}}f(x,y)=f(0,0)=0,$$

又由极限 $\lim\limits_{\substack{x\to 0\\y\to 0}}\dfrac{f(x,y)}{x^2+y^2}$,当 $(x,y)\to(0,0)$ 时,$f(x,y)=A(x^2+y^2)+o(x^2+y^2)$,

$$f'_x(0,0)=\lim\limits_{x\to 0}\dfrac{f(x,0)-f(0,0)}{x-0}=\lim\limits_{x\to 0}\dfrac{Ax^2+o(x^2)}{x}=0,$$

$$f'_y(0,0)=\lim\limits_{y\to 0}\dfrac{f(0,y)-f(0,0)}{y-0}=\lim\limits_{y\to 0}\dfrac{Ay^2+o(y^2)}{y}=0.$$

因 $\lim\limits_{\substack{x\to 0\\y\to 0}}\dfrac{f(x,y)}{x^2+y^2}$ 存在,即 $\lim\limits_{\substack{x\to 0\\y\to 0}}\dfrac{f(x,y)}{\sqrt{x^2+y^2}}\cdot\dfrac{1}{\sqrt{x^2+y^2}}$ 存在,故必有

$$\lim\limits_{\substack{x\to 0\\y\to 0}}\dfrac{f(x,y)}{\sqrt{x^2+y^2}}=0,\ 即\ \lim\limits_{\substack{x\to 0\\y\to 0}}\dfrac{f(x,y)-f(0,0)-f'_x(0,0)x-f'_y(0,0)y}{\sqrt{x^2+y^2}}=0,$$

故函数在 $(0,0)$ 点处可微.

② 排除法,对于(A),取函数 $f(x,y)=|x|+|y|$,满足题设条件,但 $f(x,y)=|x|+|y|$ 在 $(0,0)$ 处不可微. 对于选项(C)(D),取函数 $f(x,y)=1$,满足题设条件,但 $\lim\limits_{\substack{x\to 0\\y\to 0}}\dfrac{1}{|x|+|y|}$ 和 $\lim\limits_{\substack{x\to 0\\y\to 0}}\dfrac{1}{x^2+y^2}$ 都不存在.

第四节　二元隐函数的偏导计算

考点十　隐函数存在定理

隐函数存在定理 1 设 $F(x,y)$ 有连续一阶偏导数,且 $F'_y\neq 0$,则由方程 $F(x,y)=0$ 可唯一确定函数 $y=y(x)$,且 $\dfrac{\mathrm{d}y}{\mathrm{d}x}=-\dfrac{F'_x}{F'_y}$.

隐函数存在定理 2　设 $F(x, y, z)$ 有连续一阶偏导数,且 $F'_z \neq 0$,则由方程 $F(x, y, z) = 0$ 可唯一确定函数 $z = z(x, y)$,且 $\dfrac{\partial z}{\partial x} = -\dfrac{F'_x}{F'_z}$, $\dfrac{\partial z}{\partial y} = -\dfrac{F'_y}{F'_z}$.

例 5.19　设有三元方程 $xy - z\ln y + e^{xz} = 1$,根据隐函数存在定理,存在点 $(0, 1, 1)$ 的一个邻域,在此邻域内该方程(　　).

(A) 只能确定一个具有连续偏导数的隐函数 $z = z(x, y)$

(B) 可确定两个具有连续偏导数的隐函数 $y = y(x, z)$ 和 $z = z(x, y)$

(C) 可确定两个具有连续偏导数的隐函数 $x = x(y, z)$ 和 $z = z(x, y)$

(D) 可确定两个具有连续偏导数的隐函数 $x = x(y, z)$ 和 $y = y(x, z)$

解析　选(D).

把所给方程记为 $F(x, y, z) = 0$,其中

$$F(x, y, z) = xy - z\ln y + e^{xz} - 1,$$

在点 $(0, 1, 1)$ 的某邻域 U 中

$$F'_x = y + ze^{zx}, \quad F'_y = x - z/y, \quad F'_z = -\ln y + xe^{xz}.$$

方程 $F(x, y, z) = 0$ 能够确定隐函数 $x = x(y, z)$, $y = y(x, z)$, $z = z(x, y)$ 的条件分别是 $F'_x \neq 0$, $F'_y \neq 0$, $F'_z \neq 0$. 在点 $(0, 1, 1)$ 处,

$$F'_x(0, 1, 1) = 2 \neq 0, \quad F'_y(0, 1, 1) = -1 \neq 0, \quad F'_z(0, 1, 1) = 0,$$

应用隐函数存在定理知,在 U 中可确定两个具有连续偏导数的隐函数 $x = x(y, z)$ 和 $y = y(x, z)$.

例 5.20　设 $x = x(y, z)$, $y = y(x, z)$, $z = z(x, y)$ 都是由方程 $F(x, y, z) = 0$ 所确定的具有一阶连续偏导数的函数,则 $\dfrac{\partial x}{\partial y} \cdot \dfrac{\partial y}{\partial z} \cdot \dfrac{\partial z}{\partial x} = $ _____.

解析　由隐函数存在定理知 $\dfrac{\partial x}{\partial y} = -\dfrac{F'_y}{F'_x}$, $\dfrac{\partial y}{\partial z} = -\dfrac{F'_z}{F'_y}$, $\dfrac{\partial z}{\partial x} = -\dfrac{F'_x}{F'_z}$,

于是

$$\frac{\partial x}{\partial y} \cdot \frac{\partial y}{\partial z} \cdot \frac{\partial z}{\partial x} = \left(-\frac{F'_y}{F'_x}\right) \cdot \left(-\frac{F'_z}{F'_y}\right) \cdot \left(-\frac{F'_x}{F'_z}\right) = -1.$$

名师助记　本题偏导数 $\dfrac{\partial z}{\partial x}$ 是一个整体记号,不能理解为分子除以分母,这一点与一元函数的导数 $\dfrac{\mathrm{d}y}{\mathrm{d}x}$ 是不同的,一元函数 $\dfrac{\mathrm{d}y}{\mathrm{d}x}$ 可看作分子 $\mathrm{d}y$ 除以分母 $\mathrm{d}x$.

例 5.21　设 $x + 2y + z - 2\sqrt{xyz} = 0$,求 $\dfrac{\partial z}{\partial x}$ 和 $\dfrac{\partial z}{\partial y}$.

解析　令 $F(x, y, z) = x + 2y + z - 2\sqrt{xyz}$,则

$$F'_x = 1 - 2 \cdot \frac{1}{2\sqrt{xyz}} \cdot yz = 1 - \frac{yz}{\sqrt{xyz}},$$

$$F'_y = 2 - 2 \cdot \frac{1}{2\sqrt{xyz}} \cdot xz = 2 - \frac{xz}{\sqrt{xyz}},$$

$$F'_z = 1 - 2 \cdot \frac{1}{2\sqrt{xyz}} \cdot xy = 1 - \frac{xy}{\sqrt{xyz}},$$

则有

$$\frac{\partial z}{\partial x} = -\frac{F'_x}{F'_z} = -\frac{\sqrt{xyz} - yz}{\sqrt{xyz} - xy},$$

$$\frac{\partial z}{\partial y} = -\frac{F'_y}{F'_z} = -\frac{2\sqrt{xyz} - xz}{\sqrt{xyz} - xy}.$$

例 5.22 若函数 $z = z(x, y)$ 由方程 $\mathrm{e}^z + xyz + x + \cos x = 2$ 确定,则 $\mathrm{d}z\big|_{(0, 1)} = $

_____.

解析 令 $F(x, y, z) = \mathrm{e}^z + xyz + x + \cos x - 2$,则

$$F'_x(x, y, z) = yz + 1 - \sin x, \quad F'_y(x, y, z) = xz, \quad F'_z(x, y, z) = \mathrm{e}^z + xy.$$

又当 $x = 0$, $y = 1$ 时 $\mathrm{e}^z = 1$, 即 $z = 0$, 所以

$$\frac{\partial z}{\partial x}\bigg|_{(0, 1)} = -\frac{F'_x(0, 1, 0)}{F'_z(0, 1, 0)} = -1, \quad \frac{\partial z}{\partial y}\bigg|_{(0, 1)} = -\frac{F'_y(0, 1, 0)}{F'_z(0, 1, 0)} = 0,$$

因而 $\mathrm{d}z\big|_{(0, 1)} = -\mathrm{d}x$.

例 5.23 设 $u = f(x, y, z)$, $\varphi(x^2, \mathrm{e}^y, z) = 0$, $y = \sin x$, 其中 f, φ 都具有一阶连续偏导数,且 $\varphi'_3 \neq 0$, 求 $\dfrac{\mathrm{d}u}{\mathrm{d}x}$.

解析 这是一道由显函数、隐函数构成的复合函数求导数的题,它们的复合关系可如图 5-6 分析.

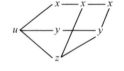

图 5-6

由复合函数求导公式,有

$$\frac{\mathrm{d}u}{\mathrm{d}x} = \frac{\partial f}{\partial x} + \frac{\partial f}{\partial y} \cdot \frac{\mathrm{d}y}{\mathrm{d}x} + \frac{\partial f}{\partial z} \cdot \frac{\mathrm{d}z}{\mathrm{d}x}.$$

$\varphi(x^2, \mathrm{e}^y, z) = 0$ 两端对 x 求导,有

$$\varphi'_1 \cdot 2x + \varphi'_2 \cdot \mathrm{e}^y \frac{\mathrm{d}y}{\mathrm{d}x} + \varphi'_3 \cdot \frac{\mathrm{d}z}{\mathrm{d}x} = 0,$$

以 $\dfrac{\mathrm{d}y}{\mathrm{d}x} = \cos x$ 代入,有

$$\frac{\mathrm{d}z}{\mathrm{d}x} = -\frac{1}{\varphi'_3}(2x\varphi'_1 + \mathrm{e}^y \cos x \cdot \varphi'_2),$$

于是

$$\frac{\mathrm{d}u}{\mathrm{d}x} = f'_1 + f'_2 \cos x - \frac{f'_3}{\varphi'_3}(2x\varphi'_1 + \mathrm{e}^y \cos x \cdot \varphi'_2)$$

$$= f'_1 + f'_2 \cos x - \frac{f'_3}{\varphi'_3}(2x\varphi'_1 + \mathrm{e}^{\sin x} \cos x \cdot \varphi'_2).$$

第五节　多元函数的极值与最值

考点十一　无条件极值

1. 二元函数的极值定义

设函数 $z = f(x, y)$ 的定义域为 D，$P_0(x_0, y_0)$ 为 D 的内点. 若存在 P_0 的某个邻域 $U(P_0) \subset D$，使得对于该邻域内异于 P_0 的任何点 (x, y)，都有

$$f(x, y) < f(x_0, y_0),$$

则称 $f(x, y)$ 在点 (x_0, y_0) 有极大值 $f(x_0, y_0)$，点 (x_0, y_0) 称为函数 $f(x, y)$ 的极大值点. 同理可以定义极小值和极小值点.

例 5.24　设 $f(x, y)$ 在 $(0, 0)$ 处连续，且 $\lim\limits_{\substack{x \to 0 \\ y \to 0}} \dfrac{f(x, y)}{(x^2 + y^2)^2} = 2$，则 $(0, 0)$ 是函数 $f(x, y)$ 的（　　）.

(A) 极大值 　　　　　　　　　　(B) 极小值

(C) 不是极值 　　　　　　　　　(D) 是否为极值无法判断

解析　选(B).

由极限可知 $\lim\limits_{\substack{x \to 0 \\ y \to 0}} f(x, y) = 0$，又因函数 $f(x, y)$ 在 $(0, 0)$ 处连续，故 $f(0, 0) = 0$. 因为 $\lim\limits_{\substack{x \to 0 \\ y \to 0}} \dfrac{f(x, y)}{(x^2 + y^2)^2} = 2$，由极限存在的保号性知，必有 (x, y) 在 (x_0, y_0) 的某一邻域内满足 $\dfrac{f(x, y)}{(x^2 + y^2)^2} > 0$，故 $f(x, y) > 0$，即 $f(x, y) > f(0, 0)$，可知 $(0, 0)$ 为函数的极小值点.

名师助记　本题与一元函数的题型原理相通，是对极限保号性与极值概念的考查.

2. 二元函数极值存在的必要条件

设函数 $z = f(x, y)$ 在点 (x_0, y_0) 具有偏导数，且在 (x_0, y_0) 处有极值，则有

$$f'_x(x_0, y_0) = 0, \quad f'_y(x_0, y_0) = 0.$$

3. 二元函数极值存在的充分条件

设函数 $z = f(x, y)$ 在点 (x_0, y_0) 的某邻域内连续且有一阶及二阶连续偏导数，又 $f'_x(x_0, y_0) = 0$，$f'_y(x_0, y_0) = 0$，令

$$A = f''_{xx}(x_0, y_0), \quad B = f''_{xy}(x_0, y_0), \quad C = f''_{yy}(x_0, y_0),$$

则称 $f(x, y)$ 在点 (x_0, y_0) 处取得极值条件如下：

① $AC - B^2 > 0$ 时具有极值，且当 $A < 0$ 时有极大值，当 $A > 0$ 时有极小值.

② $AC - B^2 < 0$ 时没有极值.

③ $AC - B^2 = 0$ 时可能有极值,也可能没有极值,可根据定义另作讨论.

例 5.25 求函数 $z = x^4 + y^4 - x^2 - 2xy - y^2$ 的极值.

解析 求偏导数

$$\frac{\partial z}{\partial x} = 4x^3 - 2x - 2y, \quad \frac{\partial z}{\partial y} = 4y^3 - 2x - 2y.$$

由方程组 $\begin{cases} \dfrac{\partial z}{\partial x} = 2(2x^3 - x - y) = 0, \\ \dfrac{\partial z}{\partial y} = 2(2y^3 - x - y) = 0 \end{cases}$ 得驻点 $P_1(1, 1)$, $P_2(-1, -1)$ 及 $P_3(0, 0)$.

求二阶偏导数,

$$\frac{\partial^2 z}{\partial x^2} = 12x^2 - 2, \quad \frac{\partial^2 z}{\partial x \partial y} = -2, \quad \frac{\partial^2 z}{\partial y^2} = 12y^2 - 2.$$

在点 $P_1(1, 1)$ 处,有

$$A = \frac{\partial^2 z}{\partial x^2}\bigg| = 10, \quad B = \frac{\partial^2 z}{\partial x \partial y}\bigg| = -2, \quad C = \frac{\partial^2 z}{\partial y^2}\bigg| = 10,$$

由 $AC - B^2 = 10^2 - (-2)^2 = 96 > 0$ 及 $A = 10 > 0$ 可以判定函数值 $z(1, 1) = -2$ 是极小值.

在点 $P_2(-1, -1)$ 处,有

$$A = \frac{\partial^2 z}{\partial x^2}\bigg| = 10, \quad B = \frac{\partial^2 z}{\partial x \partial y}\bigg| = -2, \quad C = \frac{\partial^2 z}{\partial y^2}\bigg| = 10,$$

由 $AC - B^2 = 10^2 - (-2)^2 = 96 > 0$ 及 $A = 10 > 0$ 可以判定函数值 $z(-1, -1) = -2$ 是极小值.

在点 $P_3(0, 0)$ 处,有

$$A = \frac{\partial^2 z}{\partial x^2}\bigg| = -2, \quad B = \frac{\partial^2 z}{\partial x \partial y}\bigg| = -2, \quad C = \frac{\partial^2 z}{\partial y^2}\bigg| = -2,$$

而 $AC - B^2 = 0$,无法用充分条件来判定 $z(0, 0) = 0$ 是不是极值.

考虑用极值的定义进行判别,在点 $P_3(0, 0)$ 充分小的邻域内,沿 $x = y$ 路径,当 $|x|$ 足够小时,有

$$z = 2x^4 - 4x^2 = 2x^2(x^2 - 2) < 0,$$

沿 $x = -y$ 路径,当 $|x|$ 足够小时,$z = 2x^4 > 0$,可知 $z(0, 0)$ 不是极值.

名师助记 求解此类问题通常分为两步:第一步,求驻点(可能的极值点);第二步,利用充分条件判定该点是否为极值点. 当 $AC - B^2 = 0$ 时,不能用充分条件判定,本例是根据极值的定义判断其驻点是否为极值点.

考点十二　条件极值

1. 把条件极值问题化为无条件极值问题

从约束条件 $\varphi(x, y) = 0$ 中解出 $y = y(x)$（或 $x = x(y)$），再把它代入函数 $z = f(x, y)$ 中，得到一元函数 $z = f[x, y(x)]$（或 $z = f[x(y), y]$），则转化为一元函数的极值求解.

当从条件 $\varphi(x, y) = 0$ 中解出 y（或 x）较困难时，此方法就不适用.

2. 拉格朗日乘数法

求函数 $z = f(x, y)$ 在条件 $\varphi(x, y) = 0$ 下的最大值和最小值.

① 先构造辅助函数 $F(x, y, \lambda) = f(x, y) + \lambda \varphi(x, y)$.

② 然后求解方程组
$$\begin{cases} F'_x = f'_x + \lambda \varphi'_x = 0, \\ F'_y = f'_y + \lambda \varphi'_y = 0, \\ F'_\lambda = \varphi(x, y) = 0. \end{cases}$$

③ 比较满足上述方程的解在 $f(x, y)$ 的取值，确定最大值和最小值.

名师助记　这里解出的方程组的点只能说是可能的极值点，但考试考的基本都是最值点，这种情况下我们就不必再纠结这些点究竟是不是极值点了.

例 5.26　在椭圆 $x^2 + 4y^2 = 4$ 上求一点，使其到直线 $2x + 3y - 6 = 0$ 的距离最短.

解析　设 $P(x, y)$ 为椭圆 $x^2 + 4y^2 = 4$ 上任意一点，则 P 到直线 $2x + 3y - 6 = 0$ 的距离为 $d = \dfrac{|2x + 3y - 6|}{\sqrt{13}}$. 求 d 的最小值点即求 d^2 的最小值点. 令

$$F(x, y, \lambda) = \frac{1}{13}(2x + 3y - 6)^2 + \lambda(x^2 + 4y^2 - 4),$$

由拉格朗日乘数法，令
$$\frac{\partial F}{\partial x} = 0, \quad \frac{\partial F}{\partial y} = 0, \quad \frac{\partial F}{\partial \lambda} = 0,$$

得方程组
$$\begin{cases} \dfrac{4}{13}(2x + 3y - 6) + 2\lambda x = 0, \\ \dfrac{6}{13}(2x + 3y - 6) + 8\lambda y = 0, \\ x^2 + 4y^2 - 4 = 0, \end{cases}$$

解方程组，得
$$x_1 = \frac{8}{5}, \ y_1 = \frac{3}{5} \ \text{或} \ x_2 = -\frac{8}{5}, \ y_2 = -\frac{3}{5},$$

于是
$$d\big|_{(x_1, y_1)} = \frac{1}{\sqrt{13}}, \ d\big|_{(x_2, y_2)} = \frac{11}{\sqrt{13}}.$$

由问题的实际意义，最短距离存在，因此 $\left(\dfrac{8}{5}, \dfrac{3}{5}\right)$ 即为所求点.

名师助记 有时目标函数比较复杂,为计算简便试着把目标函数等价转化,如本题由 d 转化成 d^2.

考点十三　连续函数在有界闭区域上的最值

设函数 $f(x,y)$ 在有界闭区域 D 上连续,求 $f(x,y)$ 在 D 上的最大值与最小值. 其方法为:

① 在区域内,求出 $f(x,y)$ 在 D 内的全体驻点,并求出 $f(x,y)$ 在各驻点处的函数值.

② 在边界上,求出 $f(x,y)$ 在 D 的边界上的最大值和最小值.

③ 将 $f(x,y)$ 在各驻点处的函数值与 $f(x,y)$ 在 D 的边界上的最大值和最小值相比较,最大者为 $f(x,y)$ 在 D 上的最大值,最小者为 $f(x,y)$ 在 D 上的最小值.

📢注

对于某个具体问题,若由分析知该问题必在某区域内部有最大值或最小值,且有唯一的驻点,则此唯一的驻点即为所求的最大值点或最小值点.

例 5.27 求函数 $f(x,y)=x^2+y^2+2xy-2x$ 在闭区域 $x^2+y^2\leqslant 1$ 上的最值.

解析 求开区域内的驻点,解方程组 $\begin{cases} f'_x(x,y)=2x+2y-2=0, \\ f'_y(x,y)=2y+2x=0, \end{cases}$ 此方程组无解,即开区域内无驻点.

求函数在边界上可能的最大值点和最小值点,这个问题实质上是求函数 $f(x,y)=x^2+y^2+2xy-2x$ 在条件 $x^2+y^2-1=0$ 下的极值问题,即为条件极值问题. 由拉格朗日乘数法,令

$$F(x,y,\lambda)=x^2+y^2+2xy-2x+\lambda(x^2+y^2-1),$$

得

$$\begin{cases} F'_x=2x+2y-2+2\lambda x=0, \\ F'_y=2y+2x+2\lambda y=0, \\ F'_\lambda=x^2+y^2-1=0, \end{cases}$$

得 $x=0$, $y=1$; $x=\dfrac{\sqrt{3}}{2}$, $y=-\dfrac{1}{2}$ 或 $x=-\dfrac{\sqrt{3}}{2}$, $y=-\dfrac{1}{2}$.

点 $(0,1)$, $\left(\dfrac{\sqrt{3}}{2},-\dfrac{1}{2}\right)$, $\left(-\dfrac{\sqrt{3}}{2},-\dfrac{1}{2}\right)$ 对应的函数值分别为 1, $1-\dfrac{3}{2}\sqrt{3}$, $1+\dfrac{3}{2}\sqrt{3}$,

故所求最大值为 $f\left(-\dfrac{\sqrt{3}}{2},-\dfrac{1}{2}\right)=1+\dfrac{3}{2}\sqrt{3}$,最小值为 $f\left(\dfrac{\sqrt{3}}{2},-\dfrac{1}{2}\right)=1-\dfrac{3}{2}\sqrt{3}$.

例 5.28 求函数 $f(x,y)=x^2+2y^2-x^2y^2$ 在区域 $D=\{(x,y)\mid x^2+y^2\leqslant 4, y\geqslant 0\}$ 上的最大值和最小值.

解析 ① 根据极值的必要条件,由

$$\begin{cases} f'_x = 2x - 2xy^2 = 0, \\ f'_y = 4y - 2x^2 y = 0, \end{cases}$$

解得函数 $f(x, y)$ 在 D 内的驻点为 $(\pm\sqrt{2}, 1)$,相应的函数值为 $f(\pm\sqrt{2}, 1) = 2$.

② 在边界 $L_1: y = 0(-2 \leqslant x \leqslant 2)$ 上,由 $f(x, 0) = x^2$ 便知函数 $f(x, y)$ 在 L_1 上的最大值为 4,最小值为 0.

③ 在边界 $L_2: x^2 + y^2 = 4(y \geqslant 0)$ 上,记

$$h(x) = f(x, \sqrt{4 - x^2}) = x^4 - 5x^2 + 8, \ |x| < 2,$$

由 $h'(x) = 4x^3 - 10x = 0$,得 $x_1 = 0$,$x_2 = -\sqrt{\dfrac{5}{2}}$,$x_3 = \sqrt{\dfrac{5}{2}}$,函数 $f(x, y)$ 在相应点的值为

$$f(0, 2) = h(0) = 8, \ f\left(\pm\sqrt{\dfrac{5}{2}}, \sqrt{\dfrac{3}{2}}\right) = \dfrac{7}{4}.$$

综上可知,函数 $f(x, y)$ 在 D 上的最大值为 8,最小值为 0.

第六章　二　重　积　分

基础阶段考点要求

(1) 理解二重积分的概念,了解重积分的性质,了解二重积分的中值定理.
(2) 掌握二重积分的计算方法(直角坐标、极坐标).

第一节　二重积分的概念和性质

考点一　二重积分的概念

1. 定义

设函数 $f(x,y)$ 是在有界闭区域 D 上的有界函数,

$$\iint\limits_{D} f(x,y)\mathrm{d}\sigma = \lim_{\lambda \to 0} \sum_{k=1}^{n} f(\xi_k,\eta_k)\Delta\sigma_k,$$

其中,$\Delta\sigma_k$ 为将 D 任意分成 n 个小闭区域中第 k 个小闭区域的面积,点 (ξ_k,η_k) 为第 k 个小区域上任取的一点,λ 为 n 个小闭区域直径的最大值.

🔊注

$f(x,y)$ 叫作被积函数,$f(x,y)\mathrm{d}\sigma$ 叫作被积表达式,$\mathrm{d}\sigma$ 叫作面积微元,D 叫作积分区域,$\sum\limits_{k=1}^{n} f(\xi_k,\eta_k)\Delta\sigma_k$ 叫作积分和.

2. 几何意义

若 $f(x,y) \geqslant 0$,二重积分表示以 $f(x,y)$ 为曲顶、以 D 为底的曲顶柱体的体积.

3. 存在性定理

若 $f(x,y)$ 在闭区域 D 上连续,则 $f(x,y)$ 在 D 上的二重积分存在.

考点二　二重积分的性质

① $\iint\limits_{D} 0\mathrm{d}\sigma = 0$,$\iint\limits_{D} 1\mathrm{d}\sigma = A_D$,其中 A_D 表示积分区域 D 的面积.

② $\iint\limits_{D}[k_1 f(x,y) \pm k_2 g(x,y)]\mathrm{d}\sigma = k_1\iint\limits_{D}f(x,y)\mathrm{d}\sigma \pm k_2\iint\limits_{D}g(x,y)\mathrm{d}\sigma.$

③ $\iint\limits_{D}f(x,y)\mathrm{d}\sigma = \iint\limits_{D_1}f(x,y)\mathrm{d}\sigma + \iint\limits_{D_2}f(x,y)\mathrm{d}\sigma, \ D_1 \bigcup D_2 = D, \ D_1 \bigcap D_2 = \varnothing.$

④ 在 D 上,若 $f(x,y) \leqslant g(x,y)$,则 $\iint\limits_{D}f(x,y)\mathrm{d}\sigma \leqslant \iint\limits_{D}g(x,y)\mathrm{d}\sigma$;若在区域 D 上

被积函数 $f(x,y) \neq g(x,y)$,则 $\iint\limits_{D}f(x,y)\mathrm{d}\sigma \leqslant \iint\limits_{D}g(x,y)\mathrm{d}\sigma.$

特殊地,$\left|\iint\limits_{D}f(x,y)\mathrm{d}\sigma\right| \leqslant \iint\limits_{D}\left|f(x,y)\right|\mathrm{d}\sigma.$

⑤ 在 D 上,若 $m \leqslant f(x,y) \leqslant M$,则 $m \cdot A_D \leqslant \iint\limits_{D}f(x,y)\mathrm{d}\sigma \leqslant M \cdot A_D$,其中,$A_D$

为区域 D 的面积.

⑥ 设 $f(x,y)$ 在 D 上连续,A_D 为区域 D 的面积,则存在一点 $(\xi,\eta) \in D$,使

$\iint\limits_{D}f(x,y)\mathrm{d}\sigma = f(\xi,\eta) \cdot A_D.$

例 6.1 设 $I_1 = \iint\limits_{D}\cos\sqrt{x^2+y^2}\,\mathrm{d}\sigma$,$I_2 = \iint\limits_{D}\cos(x^2+y^2)\mathrm{d}\sigma$,$I_3 = \iint\limits_{D}\cos(x^2+y^2)^2\mathrm{d}\sigma$,其

中 $D: x^2+y^2 \leqslant 1$,则( ).

(A) $I_3 > I_2 > I_1$ (B) $I_1 > I_2 > I_3$ (C) $I_2 > I_1 > I_3$ (D) $I_3 > I_1 > I_2$

解析 选(A).

在区域 D 上,$x^2+y^2 \leqslant 1$,所以 $1 \geqslant \sqrt{x^2+y^2} \geqslant x^2+y^2 \geqslant (x^2+y^2)^2 \geqslant 0.$

当 $u \in [0,1]$ 时,$\cos u$ 是单调减少函数,所以

$$\cos\sqrt{x^2+y^2} \leqslant \cos(x^2+y^2) \leqslant \cos(x^2+y^2)^2.$$

在区域 D 上被积函数不恒相等,由二重积分的性质知

$$\iint\limits_{D}\cos\sqrt{x^2+y^2}\,\mathrm{d}\sigma < \iint\limits_{D}\cos(x^2+y^2)\mathrm{d}\sigma < \iint\limits_{D}\cos(x^2+y^2)^2\mathrm{d}\sigma,$$

故选项(A)正确.

例 6.2 设 $f(x,y)$ 在 $D_t: x^2+y^2 \leqslant t^2$ 上连续,则 $\lim\limits_{t\to0^+}\dfrac{1}{\pi t^2}\iint\limits_{D_t}f(x,y)\mathrm{d}\sigma = $ _____.

解析 根据积分中值定理,有 $I = \lim\limits_{t\to0^+}\dfrac{f(\xi,\eta)\cdot\pi t^2}{\pi t^2} = \lim\limits_{t\to0^+}f(\xi,\eta) = f(0,0).$

这里 $(\xi,\eta) \in D_t$,且在 $t \to 0^+$ 时,有 $(\xi,\eta) \to (0,0).$

第二节　二重积分的计算

考点三　直角坐标法计算二重积分

直角坐标法的二重积分计算,就是将二重积分化为累次积分(即两次定积分)来计算. 以下均假设 $f(x,y)$ 在有界闭区域 D 上连续.

1. X 型区域

若被积区域 $D:\varphi_1(x)\leqslant y\leqslant\varphi_2(x)$, $a\leqslant x\leqslant b$, 则

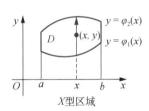

X型区域

图 6-1

$$\iint\limits_D f(x,y)\mathrm{d}x\mathrm{d}y=\int_a^b\mathrm{d}x\int_{\varphi_1(x)}^{\varphi_2(x)}f(x,y)\mathrm{d}y.$$

以上区域 D 比较容易确定 x 的上下限数值,且边界线容易用 x 表示出来,此类积分区域可称为 X 型积分区域(图 6-1).

🔊**注**

X 型积分区域的计算步骤为:

① 先确定 x 的上下限数值.

② 在 x 的上下限所确定的限内引一条线沿 y 轴正向穿过区域 D.

③ 先交区域 D 的边界的表达式 $y=\varphi_1(x)$ 作为对 y 积分的下限,后交 D 的边界表达式 $y=\varphi_2(x)$ 作为对 y 积分的上限,此时二重积分可化为累次积分

$$\iint\limits_D f(x,y)\mathrm{d}x\mathrm{d}y=\int_a^b\left[\int_{\varphi_1(x)}^{\varphi_2(x)}f(x,y)\mathrm{d}y\right]\mathrm{d}x,$$

或者

$$\iint\limits_D f(x,y)\mathrm{d}x\mathrm{d}y=\int_a^b\mathrm{d}x\int_{\varphi_1(x)}^{\varphi_2(x)}f(x,y)\mathrm{d}y.$$

名师助记　计算 X 型区域的二重积分,积分顺序为先对 y 积分后对 x 积分,当对 y 进行积分时,将 x 视为常数.

2. Y 型区域

若 $D:\psi_1(y)\leqslant x\leqslant\psi_2(y)$, $c\leqslant y\leqslant d$, 则

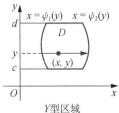

Y型区域

图 6-2

$$\iint\limits_D f(x,y)\mathrm{d}x\mathrm{d}y=\int_c^d\mathrm{d}y\int_{\psi_1(y)}^{\psi_2(y)}f(x,y)\mathrm{d}x.$$

以上积分区域 D 比较容易确定 y 的上下限数值,且边界容易由 y 表示出来,此类积分区域可称为 Y 型积分区域(图 6-2).

注

Y 型积分区域的计算步骤为：

① 先确定 y 的上下限数值.

② 在 y 的上下限所确定的限内再引一条线沿 x 轴正向穿过区域 D.

③ 先交区域 D 的边界的表达式 $x = \psi_1(y)$ 作为对 x 积分的下限，后离开 D 时的边界的表达式 $x = \psi_2(y)$ 作为对 x 积分的上限，此时二重积分可化为累次积分

$$\iint\limits_{D} f(x, y)\mathrm{d}x\mathrm{d}y = \int_{c}^{d}\mathrm{d}y\int_{\psi_1(y)}^{\psi_2(y)} f(x, y)\mathrm{d}x.$$

名师助记 计算 Y 型二重积分，积分顺序为先对 x 积分后对 y 积分，当对 x 进行积分时，将 y 视为常数.

3. 区域类型原则

有时我们需根据具体题目中的积分区域来确定利用 X 型区域或者 Y 型区域计算，选择的原则如下：

① 根据积分区域 D 的形状选择积分次序，原则是区域分块越少越好.

② 根据被积函数 $f(x, y)$ 选择积分次序，原则是积分先易后难.

③ 特别地若被积函数仅为 x（或 y）的函数时，一般先对 y（或 x）积分.

名师助记 二重积分中 x 与 y 均为自变量，地位相同，故理论上讲，我们将二重积分化为累次积分进行计算时，先对 x 进行积分或先对 y 进行积分取得的结果是相同的.

例 6.3 计算 $\iint\limits_{D} xy\mathrm{d}\sigma$，其中 D 是由直线 $y=1$，$x=2$ 和 $y=x$ 所围成的闭区域.

解法一 画出积分区域 D，可看作 X 型的积分区域（图 6-3），确定 x 的上下限，不难看出分别为 1 和 2，在限内沿 y 轴正向穿积分区域 D，先交的边界为 $y=1$，后交的边界为 $y=x$，故二重积分化为

$$\iint\limits_{D} xy\mathrm{d}\sigma = \int_{1}^{2}\mathrm{d}x\int_{1}^{x} xy\mathrm{d}y = \int_{1}^{2}\left[x \cdot \frac{y^2}{2}\right]_{1}^{x}\mathrm{d}x = \int_{1}^{2}\left(\frac{x^3}{2} - \frac{x}{2}\right)\mathrm{d}x = \frac{9}{8}.$$

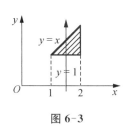

图 6-3

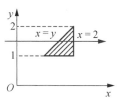

图 6-4

解法二 画出积分区域 D，可看作 Y 型的积分区域（图 6-4），确定 y 的上下限，为 1 和 2，沿 x 轴正向穿积分区域 D，先交边界 $x=y$，后交边界 $x=2$，二重积分化为

$$\iint\limits_{D} xy\mathrm{d}\sigma = \int_{1}^{2}\mathrm{d}y\int_{y}^{2} xy\mathrm{d}x = \int_{1}^{2}\left[y \cdot \frac{x^2}{2}\right]_{y}^{2}\mathrm{d}y = \int_{1}^{2}\left(2y - \frac{y^3}{2}\right)\mathrm{d}y = \frac{9}{8}.$$

名师助记 二重积分化为累次积分后，计算两次定积分即可．注意，先积某个变量时，另一个变量要视为常数对待．考生需要熟练掌握几种常用的积分区域 D 图形的表达式，如圆形、抛物线等．

例 6.4 计算 $\int_1^4 \mathrm{d}y \int_{\sqrt{y}}^2 \dfrac{\ln x}{x^2-1} \mathrm{d}x$．

解析 由累次积分可得积分区域 D 如图 6-5 所示．

故原积分 $I = \int_1^2 \dfrac{\ln x}{x^2-1} \mathrm{d}x \int_1^{x^2} \mathrm{d}y = \int_1^2 \ln x \, \mathrm{d}x = 2\ln 2 - 1$．

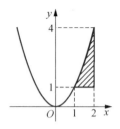

图 6-5

名师助记 被积函数仅为 x 的函数，且其原函数不易求出，先还原为二重积分，再交换积分次序，问题就变得简单了．

例 6.5 计算 $\iint\limits_D \dfrac{\sin y}{y} \mathrm{d}\sigma$，其中 D 为由直线 $y = x$ 与曲线 $x = y^2$ 所围成的区域．

解析 先画积分区域 D，如图 6-6 所示．

故原积分为

$$\iint\limits_D \dfrac{\sin y}{y} \mathrm{d}\sigma = \int_0^1 \mathrm{d}y \int_{y^2}^y \dfrac{\sin y}{y} \mathrm{d}x = \int_0^1 (y - y^2) \dfrac{\sin y}{y} \mathrm{d}y = 1 - \sin 1.$$

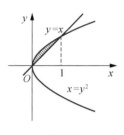

图 6-6

名师助记 注意到 $\dfrac{\sin y}{y}$ 的原函数不能求出，故不可先对 y 进行积分，因此把积分区域 D 看作 Y 型．另外，当被积函数关于 x 的函数表达式为 e^{-x^2}，e^{x^2}，$\sin x^2$，$\cos x^2$，$\dfrac{\sin x}{x}$，$\dfrac{1}{\ln x}$，$\dfrac{1}{x^x - 1}$，$\dfrac{\ln x}{\mathrm{e}^x}$ 等因子时，由于这些函数的原函数无法用初等函数表示，应先对 y 积分，后对 x 积分．

考点四　极坐标法计算二重积分

本书在第一章介绍了极坐标形式的函数基础知识，请考生提前阅读．直角坐标系中一些表达式较为复杂的函数图形，如圆、圆环及心形线等在极坐标系中比较容易表示．以下情况，我们可利用极坐标系计算二重积分：

① 积分区域为圆形、环形、扇形、环扇形等或其一部分；

② 被积函数为 $f(x^2 + y^2)$，$f\left(\dfrac{y}{x}\right)$，$f\left(\dfrac{x}{y}\right)$，$f(x+y)$ 等形式．

直角坐标系中底面积微元可用 $\mathrm{d}\sigma = \mathrm{d}x\mathrm{d}y$ 来表示；极坐标系中，底面积微元用 $\mathrm{d}\sigma = \rho\mathrm{d}\rho\mathrm{d}\theta$ 来表示．

根据直角坐标与极坐标的关系式 $\begin{cases} x = \rho\cos\theta, \\ y = \rho\sin\theta, \end{cases}$ 我们把直角坐标系下的二重积分化为极坐标系下的二重积分，即

$$\iint\limits_{D} f(x,y)\mathrm{d}x\mathrm{d}y = \iint\limits_{D} f(\rho\cos\theta,\rho\sin\theta)\rho\mathrm{d}\rho\mathrm{d}\theta,$$

其中,ρ 为极径(有时也可用 r 来表示),θ 为极角.

极坐标系中二重积分化为累次积分,一般是先对 ρ 积分,后对 θ 积分. 根据极点 O 与积分区域 D 的边界曲线的相对位置来确定累次积分的下限和上限:

① 若极点 O 在区域 D 的边界曲线的外部,则

$$\iint\limits_{D} f(\rho\cos\theta,\rho\sin\theta)\rho\mathrm{d}\rho\mathrm{d}\theta = \int_{a}^{\beta}\mathrm{d}\theta\int_{\rho_1(\theta)}^{\rho_2(\theta)} f(\rho\cos\theta,\rho\sin\theta)\rho\mathrm{d}\rho.$$

② 若极点 O 在区域 D 的边界曲线上,则

$$\iint\limits_{D} f(\rho\cos\theta,\rho\sin\theta)\rho\mathrm{d}\rho\mathrm{d}\theta = \int_{a}^{\beta}\mathrm{d}\theta\int_{0}^{\rho(\theta)} f(\rho\cos\theta,\rho\sin\theta)\rho\mathrm{d}\rho.$$

③ 若极点 O 在区域 D 的边界曲线的内部,则

$$\iint\limits_{D} f(\rho\cos\theta,\rho\sin\theta)\rho\mathrm{d}\rho\mathrm{d}\theta = \int_{0}^{2\pi}\mathrm{d}\theta\int_{0}^{\rho(\theta)} f(\rho\cos\theta,\rho\sin\theta)\rho\mathrm{d}\rho.$$

🔊注

在极坐标下计算二重积分一般有如下步骤:

① 先画出区域 D 的图形.

② 根据区域 D 的图形看出 θ 的最小角度值 α 和最大值角度值 β 作为 θ 的上下限.

③ 在第二步角度区间 $[\alpha,\beta]$ 内随意从原点出发由近到远画一条射线,先与区域 D 的下边界 $r=r_1(\theta)$ 相交,作下限,后与区域 D 的上边界 $r=r_2(\theta)$ 相交,作上限(图 6-7).

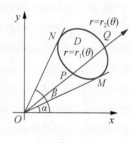

图 6-7

例 6.6 将积分 $\iint\limits_{D} f(x,y)\mathrm{d}x\mathrm{d}y$ 表示为极坐标形式的累次积分,其中积分区域 D:

(1) $D = \{(x,y) \mid x^2+y^2 \leqslant a^2\}(a>0)$;

(2) $D = \{(x,y) \mid x^2+y^2 \leqslant 2x\}$;

(3) $D = \{(x,y) \mid a^2 \leqslant x^2+y^2 \leqslant b^2\}$,其中 $0<a<b$;

(4) $D = \{(x,y) \mid 0 \leqslant y \leqslant 1-x, 0 \leqslant x \leqslant 1\}$.

解析 (1) 积分区域 D 是以原点为圆心、半径为 a 的圆.

$D = \{(\rho,\theta) \mid 0 \leqslant \theta \leqslant 2\pi, 0 \leqslant \rho \leqslant a\}$,所以

$$\iint\limits_{D} f(x,y)\mathrm{d}x\mathrm{d}y = \iint\limits_{D} f(\rho\cos\theta,\rho\sin\theta)\rho\mathrm{d}\rho\mathrm{d}\theta = \int_{0}^{2\pi}\mathrm{d}\theta\int_{0}^{a} f(\rho\cos\theta,\rho\sin\theta)\rho\mathrm{d}\rho.$$

(2) 积分区域 D 是以点 $(1,0)$ 为圆心、半径为 1 的圆.

即 $D = \left\{ (\rho, \theta) \mid -\dfrac{\pi}{2} \leqslant \theta \leqslant \dfrac{\pi}{2}, 0 \leqslant \rho \leqslant 2\cos\theta \right\}$，所以

$$\iint\limits_{D} f(x, y)\mathrm{d}x\mathrm{d}y = \iint\limits_{D} f(\rho\cos\theta, \rho\sin\theta)\rho\mathrm{d}\rho\mathrm{d}\theta = \int_{-\frac{\pi}{2}}^{\frac{\pi}{2}} \mathrm{d}\theta \int_{0}^{2\cos\theta} f(\rho\cos\theta, \rho\sin\theta)\rho\mathrm{d}\rho.$$

(3) 积分区域 D 的图形为圆环，即 $D = \{(\rho, \theta) \mid 0 \leqslant \theta \leqslant 2\pi, a \leqslant \rho \leqslant b\}$，所以

$$\iint\limits_{D} f(x, y)\mathrm{d}x\mathrm{d}y = \iint\limits_{D} f(\rho\cos\theta, \rho\sin\theta)\rho\mathrm{d}\rho\mathrm{d}\theta = \int_{0}^{2\pi} \mathrm{d}\theta \int_{a}^{b} f(\rho\cos\theta, \rho\sin\theta)\rho\mathrm{d}\rho.$$

(4) 因为 $D = \left\{ (\rho, \theta) \mid 0 \leqslant \theta \leqslant \dfrac{\pi}{2}, 0 \leqslant \rho \leqslant \dfrac{1}{\cos\theta + \sin\theta} \right\}$，所以

$$\iint\limits_{D} f(x, y)\mathrm{d}x\mathrm{d}y = \iint\limits_{D} f(\rho\cos\theta, \rho\sin\theta)\rho\mathrm{d}\rho\mathrm{d}\theta = \int_{0}^{\frac{\pi}{2}} \mathrm{d}\theta \int_{0}^{\frac{1}{\cos\theta+\sin\theta}} f(\rho\cos\theta, \rho\sin\theta)\rho\mathrm{d}\rho.$$

例 6.7　利用极坐标法计算下列各题：

(1) $\displaystyle\iint\limits_{D} \mathrm{e}^{x^2+y^2}\mathrm{d}\sigma$，其中 D 是由圆周 $x^2 + y^2 = 4$ 所围成的闭区域；

(2) $\displaystyle\iint\limits_{D} \ln(1+x^2+y^2)\mathrm{d}\sigma$，其中 D 是由圆周 $x^2 + y^2 = 1$ 及坐标轴所围成的第一象限内的闭区域.

解析　(1) 在极坐标下 $D = \{(\rho, \theta) \mid 0 \leqslant \theta \leqslant 2\pi, 0 \leqslant \rho \leqslant 2\}$，所以

$$\iint\limits_{D} \mathrm{e}^{x^2+y^2}\mathrm{d}\sigma = \iint\limits_{D} \mathrm{e}^{\rho^2}\rho\mathrm{d}\rho\mathrm{d}\theta = \int_{0}^{2\pi} \mathrm{d}\theta \int_{0}^{2} \mathrm{e}^{\rho^2}\rho\mathrm{d}\rho = 2\pi \cdot \frac{1}{2}(\mathrm{e}^4 - 1) = \pi(\mathrm{e}^4 - 1).$$

(2) 在极坐标下 $D = \left\{ (\rho, \theta) \mid 0 \leqslant \theta \leqslant \dfrac{\pi}{2}, 0 \leqslant \rho \leqslant 1 \right\}$，所以

$$\iint\limits_{D} \ln(1+x^2+y^2)\mathrm{d}\sigma = \iint\limits_{D} \ln(1+\rho^2)\rho\mathrm{d}\rho\mathrm{d}\theta$$

$$= \int_{0}^{\frac{\pi}{2}} \mathrm{d}\theta \int_{0}^{1} \ln(1+\rho^2)\rho\mathrm{d}\rho = \frac{\pi}{2} \cdot \frac{1}{2}(2\ln 2 - 1)$$

$$= \frac{\pi}{4}(2\ln 2 - 1).$$

例 6.8　求下列二重积分：

(1) $\displaystyle\iint\limits_{D} \arctan\dfrac{y}{x}\mathrm{d}x\mathrm{d}y$，其中 D 是由圆周 $x^2 + y^2 = 4$，$x^2 + y^2 = 1$ 及直线 $y = 0$，$y = x$ 所围成的第一象限内的闭区域；

(2) $\displaystyle\iint\limits_{D} \dfrac{x+y}{x^2+y^2}\mathrm{d}x\mathrm{d}y$，$D = \{(x, y) \mid x^2 + y^2 \leqslant 1, x + y \geqslant 1\}$.

解析　(1) 积分区域 D 如图 6-8 所示，采用极坐标进行计算，令 $x = \rho\cos\theta$，$y = \rho\sin\theta$，则

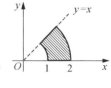

图 6-8

$$\iint\limits_{D}\arctan\frac{y}{x}\mathrm{d}x\mathrm{d}y=\iint\limits_{D}\arctan\frac{\rho\sin\theta}{\rho\cos\theta}\rho\mathrm{d}\theta\mathrm{d}\rho=\iint\limits_{D}\arctan(\tan\theta)\rho\mathrm{d}\theta\mathrm{d}\rho$$

$$=\iint\limits_{D}\theta\rho\mathrm{d}\theta\mathrm{d}\rho=\int_{0}^{\frac{\pi}{4}}\theta\mathrm{d}\theta\int_{1}^{2}\rho\mathrm{d}\rho=\frac{1}{2}\times\left(\frac{\pi}{4}\right)^{2}\times\frac{1}{2}\times(4-1)$$

$$=\frac{3}{64}\pi^{2}.$$

（2）积分区域 D 如图 6-9 所示,用极坐标表示为

$$D=\left\{(\rho,\theta)\ \middle|\ \frac{1}{\sin\theta+\cos\theta}\leqslant\rho\leqslant1,\ 0\leqslant\theta\leqslant\frac{\pi}{2}\right\},$$

则

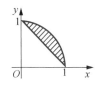

图 6-9

$$\iint\limits_{D}\frac{x+y}{x^{2}+y^{2}}\mathrm{d}x\mathrm{d}y=\iint\limits_{D}\frac{\rho\cos\theta+\rho\sin\theta}{\rho^{2}}\rho\mathrm{d}\rho\mathrm{d}\theta=\int_{0}^{\frac{\pi}{2}}\mathrm{d}\theta\int_{\frac{1}{\sin\theta+\cos\theta}}^{1}(\sin\theta+\cos\theta)\mathrm{d}\rho$$

$$=\int_{0}^{\frac{\pi}{2}}(\sin\theta+\cos\theta)\left(1-\frac{1}{\sin\theta+\cos\theta}\right)\mathrm{d}\theta$$

$$=\int_{0}^{\frac{\pi}{2}}(\sin\theta+\cos\theta-1)\mathrm{d}\theta=(-\cos\theta+\sin\theta-\theta)\Big|_{0}^{\frac{\pi}{2}}$$

$$=2-\frac{\pi}{2}.$$

考点五　二重积分的技巧性计算

1. 利用对称性计算二重积分

（1）普通对称性

① 设 D 关于 y 轴对称, D_1 是 D 在 $x\geqslant0$ 的部分,则

$$\iint\limits_{D}f(x,y)\mathrm{d}\sigma=\begin{cases}2\iint\limits_{D_1}f(x,y)\mathrm{d}\sigma,&f(x,y)\text{ 对 }x(\text{此时 }y\text{ 暂时看作常数})\text{ 是偶函数},\\0,&f(x,y)\text{ 对 }x\text{ 是奇函数}.\end{cases}$$

② 设 D 关于 x 轴对称, D_1 是 D 在 $y\geqslant0$ 的部分,则

$$\iint\limits_{D}f(x,y)\mathrm{d}\sigma=\begin{cases}2\iint\limits_{D_1}f(x,y)\mathrm{d}\sigma,&f(x,y)\text{ 对 }y(\text{此时 }x\text{ 暂时看作常数})\text{ 是偶函数},\\0,&f(x,y)\text{ 对 }y\text{ 是奇函数}.\end{cases}$$

③ 区域 D 既关于 x 轴对称又关于 y 轴对称,记 $D_1=\{(x,y)\in D\mid x\geqslant0,y\geqslant0\}$,则

$$\iint\limits_{D} f(x, y)\mathrm{d}x\mathrm{d}y = \begin{cases} 0, & f(-x, y) = -f(x, y) \text{ 且 } f(x, -y) = -f(x, y), \\ 4\iint\limits_{D_1} f(x, y)\mathrm{d}x\mathrm{d}y, & f(-x, y) = f(x, y) = f(x, -y). \end{cases}$$

④ 区域 D 关于原点对称，记 $D_1 = \{(x, y) \in D \mid x \geqslant 0\}$，则

$$\iint\limits_{D} f(x, y)\mathrm{d}x\mathrm{d}y = \begin{cases} 0, & f(-x, -y) = -f(x, y), \\ 2\iint\limits_{D_1} f(x, y)\mathrm{d}x\mathrm{d}y, & f(-x, -y) = f(x, y). \end{cases}$$

例 6.9 设 $D: -1 \leqslant x \leqslant 1$，$x^2 \leqslant y \leqslant 1$，则 $I = \iint\limits_{D} y^2 \ln(x + \sqrt{1+x^2})\mathrm{d}\sigma = \underline{\qquad\qquad}$.

解析 这里 D 关于 y 轴对称，且 $f(x, y) = y^2 \ln(x + \sqrt{1+x^2})$ 对 x 是奇函数，于是 $I = 0$.

名师助记 $f(x) = \ln(x + \sqrt{1+x^2})$ 是奇函数，这一重要结论需要总结记忆.

例 6.10 计算 $I = \iint\limits_{D}(\mid x \mid + \mid y \mid)\mathrm{d}x\mathrm{d}y$，其中 $D = \{(x, y) \mid \mid x \mid + \mid y \mid \leqslant 1\}$.

解析 由于 D 关于 x 轴对称，而被积函数关于 y 和 x 均是偶函数，并记 D_1 是 D 在第一象限的部分，由对称性可知

$$I = 4\iint\limits_{D_1}(\mid x \mid + \mid y \mid)\mathrm{d}x\mathrm{d}y = 4\iint\limits_{D_1}(x + y)\mathrm{d}x\mathrm{d}y = 4\int_0^1 \mathrm{d}x \int_0^{1-x}(x + y)\mathrm{d}y$$

$$= 4\int_0^1 \left(xy + \frac{1}{2}y^2\right)\Big|_0^{1-x}\mathrm{d}x = 4\int_0^1 \left(x + \frac{1-x}{2}\right)(1-x)\mathrm{d}x = 2\int_0^1(1-x^2)\mathrm{d}x$$

$$= \frac{4}{3}.$$

例 6.11 设 $D: -1 \leqslant x \leqslant 1$，$x \leqslant y \leqslant 1$，$D_1: 0 \leqslant x \leqslant 1$，$x \leqslant y \leqslant 1$，则 $\iint\limits_{D}(xy + \cos x \sin y)\mathrm{d}x\mathrm{d}y = (\quad)$.

(A) $2\iint\limits_{D_1} \cos x \sin y \mathrm{d}x\mathrm{d}y$ (B) $2\iint\limits_{D_1} xy \mathrm{d}x\mathrm{d}y$

(C) $4\iint\limits_{D_1}(xy + \cos x \sin y)\mathrm{d}x\mathrm{d}y$ (D) 0

解析 选(A).

积分区域 D 关于 x，y 轴都不对称而被积函数却有奇偶性，因此将 D 分为两部分. 如图 6-10 所示，设 D' 是 xOy 平面上以 $(0, 0)$，$(1, 1)$，$(-1, 1)$ 为顶点的三角形区域，D'' 是以 $(0, 0)$，$(-1, 1)$，$(-1, -1)$ 为顶点的三角形区域，则

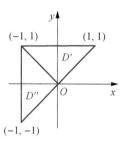

图 6-10

$$\iint\limits_{D}(xy+\cos x\sin y)\mathrm{d}x\mathrm{d}y=\iint\limits_{D}xy\mathrm{d}x\mathrm{d}y+\iint\limits_{D}\cos x\sin y\mathrm{d}x\mathrm{d}y$$

$$=\iint\limits_{D'}xy\mathrm{d}x\mathrm{d}y+\iint\limits_{D''}xy\mathrm{d}x\mathrm{d}y+\iint\limits_{D'}\cos x\sin y\mathrm{d}x\mathrm{d}y+\iint\limits_{D''}\cos x\sin y\mathrm{d}x\mathrm{d}y.$$

因 D' 关于 y 轴对称,而 xy 又是关于 x 的奇函数,故 $\iint\limits_{D'}xy\mathrm{d}x\mathrm{d}y=0$. 而 $\cos x\sin y$ 是关于 x 的偶函数,故

$$\iint\limits_{D'}\cos x\sin y\mathrm{d}x\mathrm{d}y=2\iint\limits_{D_1}\cos x\sin y\mathrm{d}x\mathrm{d}y.$$

又 D'' 关于 x 轴对称,而 xy 及 $\cos x\sin y$ 都是关于 y 的奇函数,故

$$\iint\limits_{D''}xy\mathrm{d}x\mathrm{d}y=\iint\limits_{D''}\cos x\sin y\mathrm{d}x\mathrm{d}y=0.$$

所以 $\iint\limits_{D}(xy+\cos x\sin y)\mathrm{d}x\mathrm{d}y=2\iint\limits_{D_1}\cos x\sin y\mathrm{d}x\mathrm{d}y$. 因而仅(A)入选.

名师助记　为了利用对称性简化求解,有时需将被积函数拆分,再将积分区域分成若干个对称子区域来进行计算.

(2) 轮换对称性

若区域 D 关于直线 $y=x$ 对称,记 $D_1=\{(x,y)\in D\mid y\geqslant x\}$,则

$$\iint\limits_{D}f(x,y)\mathrm{d}x\mathrm{d}y=\frac{1}{2}\iint\limits_{D}\big[f(x,y)+f(y,x)\big]\mathrm{d}x\mathrm{d}y$$

$$=\begin{cases}0, & f(x,y)=-f(y,x),\\ 2\iint\limits_{D_1}f(x,y)\mathrm{d}x\mathrm{d}y, & f(x,y)=f(y,x).\end{cases}$$

例 6.12　设 $D:x^2+y^2\leqslant 4,\ x\geqslant 0,\ y\geqslant 0$,$f(x)$ 是正值连续函数,a,b 为常数,则 $\iint\limits_{D}\dfrac{a\sqrt{f(x)}+b\sqrt{f(y)}}{\sqrt{f(x)}+\sqrt{f(y)}}\mathrm{d}\sigma=($ 　　$)$.

(A) $ab\pi$ 　　　　　(B) $\dfrac{ab}{2}\pi$ 　　　　　(C) $(a+b)\pi$ 　　　　　(D) $\dfrac{a+b}{2}\pi$

解析　选(D).

因为 $\iint\limits_{D}\dfrac{a\sqrt{f(x)}+b\sqrt{f(y)}}{\sqrt{f(x)}+\sqrt{f(y)}}\mathrm{d}\sigma=\iint\limits_{D}\dfrac{a\sqrt{f(y)}+b\sqrt{f(x)}}{\sqrt{f(y)}+\sqrt{f(x)}}\mathrm{d}\sigma$,所以

$$\iint\limits_{D}\dfrac{a\sqrt{f(x)}+b\sqrt{f(y)}}{\sqrt{f(x)}+\sqrt{f(y)}}\mathrm{d}\sigma=\frac{1}{2}\bigg[\iint\limits_{D}\dfrac{a\sqrt{f(x)}+b\sqrt{f(y)}}{\sqrt{f(x)}+\sqrt{f(y)}}\mathrm{d}\sigma+\iint\limits_{D}\dfrac{a\sqrt{f(y)}+b\sqrt{f(x)}}{\sqrt{f(y)}+\sqrt{f(x)}}\mathrm{d}\sigma\bigg]$$

$$=\frac{1}{2}\iint\limits_{D}(a+b)\mathrm{d}\sigma=\frac{1}{2}(a+b)\cdot\frac{1}{4}\pi\cdot 2^2$$

$$=\frac{a+b}{2}\pi.$$

名师助记　当积分区域 D 关于 $y=x$ 对称,被积函数中含有复杂分母或因式不容易用基本计算法解决时,我们可以考虑用轮换对称性对被积函数进行化简.

例 6.13　设平面区域 $D=\{(x,y)\mid 1\leqslant x^2+y^2\leqslant 4,x\geqslant 0,y\geqslant 0\}$,计算 $\iint\limits_D \dfrac{x\sin(\pi\sqrt{x^2+y^2})}{x+y}\mathrm{d}x\mathrm{d}y.$

解析　积分区域 D 关于 $y=x$ 对称,故

$$\iint\limits_D \frac{x\sin(\pi\sqrt{x^2+y^2})}{x+y}\mathrm{d}x\mathrm{d}y=\iint\limits_D \frac{y\sin(\pi\sqrt{x^2+y^2})}{x+y}\mathrm{d}x\mathrm{d}y.$$

$$\iint\limits_D \frac{x\sin(\pi\sqrt{x^2+y^2})}{x+y}\mathrm{d}x\mathrm{d}y=\frac{1}{2}\left[\iint\limits_D \frac{x\sin(\pi\sqrt{x^2+y^2})}{x+y}\mathrm{d}x\mathrm{d}y+\iint\limits_D \frac{y\sin(\pi\sqrt{x^2+y^2})}{x+y}\mathrm{d}x\mathrm{d}y\right]$$

$$=\frac{1}{2}\iint\limits_D \sin(\pi\sqrt{x^2+y^2})\mathrm{d}x\mathrm{d}y=\frac{1}{2}\int_0^{\frac{\pi}{2}}\mathrm{d}\theta\int_1^2 \sin(\pi\rho)\rho\,\mathrm{d}\rho$$

$$=-\frac{3}{4}.$$

2. 交换二重积分的积分次序

转换的方法和步骤:

① 先作出积分区域,将给出的二次积分转化为二重积分.

② 将这个二重积分转化为另一个积分次序的二次积分.

🔊))注

交换二次积分次序的关键在于正确画出二重积分的积分区域,通过由积分上下限画图,再由图定限的过程来表达交换积分次序后的二重积分.

名师助记　二重积分无论在什么坐标系下,每个积分的下限一定比上限小,如果出现上限小于下限的单重积分,则须先将其换限,同时在积分前添加负号,只有这样的二次积分才能恢复成二重积分.

例 6.14　设 $f(x,y)$ 连续,则交换积分次序 $\displaystyle\int_0^1\mathrm{d}y\int_{\sqrt{y}}^{\sqrt{2-y^2}}f(x,y)\mathrm{d}x=$ _____.

解析　由题意可知积分区域如图 6-11 所示,则

$$\int_0^1\mathrm{d}y\int_{\sqrt{y}}^{\sqrt{2-y^2}}f(x,y)\mathrm{d}x=\int_0^1\mathrm{d}x\int_0^{x^2}f(x,y)\mathrm{d}y+\int_1^{\sqrt{2}}\mathrm{d}x\int_0^{\sqrt{2-x^2}}f(x,y)\mathrm{d}y.$$

例 6.15　设函数 $f(x,y)$ 连续,则二次积分 $\displaystyle\int_{\frac{\pi}{2}}^{\pi}\mathrm{d}x\int_{\sin x}^1 f(x,y)\mathrm{d}y$ 等于(　　).

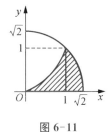

图 6-11

　　(A) $\displaystyle\int_0^1\mathrm{d}y\int_{\pi+\arcsin y}^{\pi}f(x,y)\mathrm{d}x$ 　　　　　　(B) $\displaystyle\int_0^1\mathrm{d}y\int_{\pi-\arcsin y}^{\pi}f(x,y)\mathrm{d}x$

(C) $\int_0^1 \mathrm{d}y \int_{\frac{\pi}{2}}^{\pi+\arcsin y} f(x, y) \mathrm{d}x$ (D) $\int_0^1 \mathrm{d}y \int_{\frac{\pi}{2}}^{\pi-\arcsin y} f(x, y) \mathrm{d}x$

解析 选(B).

根据所给二次积分得到积分区域为 $D:\begin{cases} \sin x < y < 1, \\ \dfrac{\pi}{2} < x < \pi, \end{cases}$

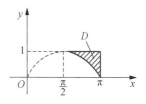

如图 6-12 所示,则有

$$\int_{\frac{\pi}{2}}^{\pi} \mathrm{d}x \int_{\sin x}^{1} f(x, y) \mathrm{d}y = \int_0^1 \mathrm{d}y \int_{\pi-\arcsin y}^{\pi} f(x, y) \mathrm{d}x.$$

图 6-12

名师助记 反三角函数在不同区间的函数表达式在第一章函数的考点部分有图像及其总结,请大家回顾这部分内容.

例 6.16 设 $f(x, y)$ 连续,则交换积分次序 $\int_{-1}^{0} \mathrm{d}y \int_{2}^{1-y} f(x, y) \mathrm{d}x = $ _____.

解析 当 $-1 \leqslant y \leqslant 0$ 时,$1 \leqslant 1-y \leqslant 2$,故二次积分的内层积分的下限不小于上限,先将内层积分换限,得到

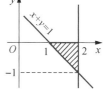

$$\int_{-1}^{0} \mathrm{d}y \int_{2}^{1-y} f(x, y) \mathrm{d}x = -\int_{-1}^{0} \mathrm{d}y \int_{1-y}^{2} f(x, y) \mathrm{d}x.$$

图 6-13

这时右端每个单层积分的上限不小于下限,可恢复成二重积分. 画出其积分区域 D,如图 6-13 中的阴影部分所示,则

$$\iint\limits_{D} f(x, y) \mathrm{d}x \mathrm{d}y = \int_{-1}^{0} \mathrm{d}y \int_{1-y}^{2} f(x, y) \mathrm{d}x = \int_{1}^{2} \mathrm{d}x \int_{1-x}^{0} f(x, y) \mathrm{d}y,$$

故 $$\int_{-1}^{0} \mathrm{d}y \int_{2}^{1-y} f(x, y) \mathrm{d}x = -\int_{1}^{2} \mathrm{d}x \int_{1-x}^{0} f(x, y) \mathrm{d}y.$$

3. 直角坐标系与极坐标系的互相转换

(1) 直角坐标系下的二次积分转换为极坐标系下的累次积分

其步骤如下.

① 作变换 $x = \rho\cos\theta$,$y = \rho\sin\theta$,将被积函数 $f(x, y)$ 换成 $f(\rho\cos\theta, \rho\sin\theta)$,面积元素 $\mathrm{d}\sigma = \mathrm{d}x\mathrm{d}y$ 换成 $\rho\mathrm{d}\rho\mathrm{d}\theta$.

② 求出二次积分的积分区域 D,且将 D 的边界曲线写成极坐标形式.

③ 由 D 边界的极坐标形式确定积分上下限.

名师助记 注意极坐标系下的面积元素是 $\mathrm{d}\sigma = \rho\mathrm{d}\rho\mathrm{d}\theta$,而不是 $\mathrm{d}\sigma = \mathrm{d}\rho\mathrm{d}\theta$.

(2) 极坐标系下的二重积分转换成直角坐标系下的二次积分

其步骤与(1)类似,先确定积分区域 D,并将其极坐标表示化成直角坐标表示,再将其边界曲线用直角坐标表示,最后化成二次积分.

例 6.17 计算 $\int_0^1 \mathrm{d}x \int_{1-x}^{\sqrt{1-x^2}} (x^2 + y^2)^{-\frac{3}{2}} \mathrm{d}y = $ _____.

解析 其积分区域 D 的图形如图 6-14 所示.

ρ 的上、下限为：从极点出发，任取一射线穿过 D，则穿入线、穿出线即为 ρ 的下限和上限，为此将穿入线、穿出线用 θ 的函数表示.

穿入线：$x+y=1$，即 $\rho(\cos\theta+\sin\theta)=1$，$\rho=\dfrac{1}{\cos\theta+\sin\theta}$.

穿出线：$y=\sqrt{1-x^2}$，即 $x^2+y^2=1$，$\rho=1$.

由图可知，θ 的变化范围为 $0\leqslant\theta\leqslant\dfrac{\pi}{2}$. 故

$$原式=\int_0^{\frac{\pi}{2}}\mathrm{d}\theta\int_{\frac{1}{\cos\theta+\sin\theta}}^{1}(\rho^2)^{-\frac{3}{2}}\rho\mathrm{d}\rho=-\int_0^{\frac{\pi}{2}}\frac{1}{\rho}\bigg|_{\frac{1}{\cos\theta+\sin\theta}}^{1}\mathrm{d}\theta$$

$$=-\int_0^{\frac{\pi}{2}}\big[1-(\cos\theta+\sin\theta)\big]\mathrm{d}\theta=2-\frac{\pi}{2}.$$

名师助记 这个积分通过改变次序不容易计算，此时要想到换坐标系.

例 6.18 $\displaystyle\int_0^{\frac{\pi}{2}}\mathrm{d}\theta\int_0^{\cos\theta}f(\rho\cos\theta,\ \rho\sin\theta)\rho\mathrm{d}\rho=($　　　$)$.

(A) $\displaystyle\int_0^1\mathrm{d}y\int_0^{\sqrt{y-y^2}}f(x,\ y)\mathrm{d}x$ 　　　　　　(B) $\displaystyle\int_0^1\mathrm{d}y\int_0^{\sqrt{1-y^2}}f(x,\ y)\mathrm{d}x$

(C) $\displaystyle\int_0^1\mathrm{d}x\int_0^1 f(x,\ y)\mathrm{d}y$ 　　　　　　　　(D) $\displaystyle\int_0^1\mathrm{d}x\int_0^{\sqrt{x-x^2}}f(x,\ y)\mathrm{d}y$

解析 选(D).

由 $\rho=\cos\theta$，知 $\rho^2=\rho\cos\theta$，即 $x^2+y^2=x$，于是

$$\int_0^{\frac{\pi}{2}}\mathrm{d}\theta\int_0^{\cos\theta}f(\rho\cos\theta,\ \rho\sin\theta)\rho\mathrm{d}\rho=\int_0^1\mathrm{d}x\int_0^{\sqrt{x-x^2}}f(x,\ y)\mathrm{d}y.$$

所以应选(D).

4. 特殊的二重积分的计算

当被积函数中含有取整符号 $[x]$、$\max\{x,\ y\}$、绝对值符号 $|f(x,\ y)|$ 等特殊符号及 $f(x,\ y)$ 为分段函数时，积分区域不同，被积表达式不同，故积分须分区域进行.

例 6.19 设 $[x]$ 表示不超过 x 的最大整数，试求二重积分

$I=\displaystyle\iint\limits_{D}xy[1+x^2+y^2]\mathrm{d}x\mathrm{d}y$，其中，$D=\{(x,\ y)\mid x^2+y^2\leqslant\sqrt{2},\ x\geqslant0,\ y\geqslant0\}$.

解析 注意到

$$[1+x^2+y^2]=1+[x^2+y^2]=\begin{cases}1,&0\leqslant x^2+y^2<1,\\2,&1\leqslant x^2+y^2\leqslant\sqrt{2},\end{cases}$$

故把积分区域 D 划分为 D_1 和 D_2（图 6-15），则按极坐标系解得

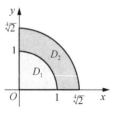

图 6-15

$$I = \iint\limits_{D_1} xy[1+x^2+y^2]\mathrm{d}x\mathrm{d}y + \iint\limits_{D_2} xy[1+x^2+y^2]\mathrm{d}x\mathrm{d}y$$

$$= \iint\limits_{D_1} xy\mathrm{d}x\mathrm{d}y + \iint\limits_{D_2} 2xy\mathrm{d}x\mathrm{d}y$$

$$= \int_0^{\frac{\pi}{2}} \mathrm{d}\theta \int_0^1 \rho^3 \cos\theta \sin\theta \mathrm{d}\rho + 2\int_0^{\frac{\pi}{2}} \mathrm{d}\theta \int_1^{\sqrt[4]{2}} \rho^3 \cos\theta \sin\theta \mathrm{d}\rho$$

$$= \frac{1}{4} \times \frac{1}{2} \sin^2\theta \Big|_0^{\frac{\pi}{2}} + 2 \times \frac{1}{4} \times \frac{1}{2} \times \sin^2\theta \Big|_0^{\frac{\pi}{2}} = \frac{1}{8} + \frac{1}{4} = \frac{3}{8}.$$

例 6.20　计算二重积分 $\iint\limits_D |x^2+y^2-1|\mathrm{d}x\mathrm{d}y$，其中 $D:0 \leqslant x \leqslant 1,\ 0 \leqslant y \leqslant 1$.

解析　如图 6-16 所示，将区域 D 分成两个子区域：

$$D_1 = \{(x,y) \mid x^2+y^2 \leqslant 1,\ x \geqslant 0,\ y \geqslant 0\},$$
$$D_2 = \{(x,y) \mid x^2+y^2 \geqslant 1,\ 0 \leqslant x \leqslant 1,\ 0 \leqslant y \leqslant 1\},$$

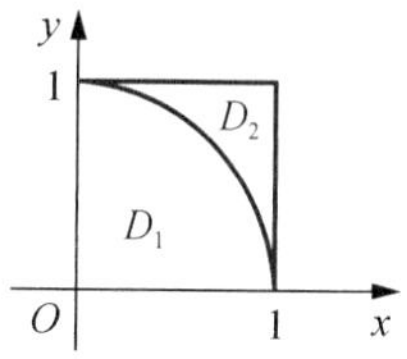

则

图 6-16

$$\iint\limits_D |x^2+y^2-1|\mathrm{d}\sigma = \iint\limits_{D_1}(1-x^2-y^2)\mathrm{d}\sigma + \iint\limits_{D_2}(x^2+y^2-1)\mathrm{d}\sigma.$$

由于

$$\iint\limits_{D_1}(1-x^2-y^2)\mathrm{d}\sigma = \int_0^{\frac{\pi}{2}} \mathrm{d}\theta \int_0^1 (1-\rho^2)\rho\mathrm{d}\rho = \frac{\pi}{8},$$

$$\iint\limits_{D_2}(x^2+y^2-1)\mathrm{d}\sigma = \iint\limits_{D}(x^2+y^2-1)\mathrm{d}\sigma - \iint\limits_{D_1}(x^2+y^2-1)\mathrm{d}\sigma$$

$$= \int_0^1 \mathrm{d}x \int_0^1 (x^2+y^2-1)\mathrm{d}y - \left(-\frac{\pi}{8}\right)$$

$$= \int_0^1 \left(x^2 + \frac{1}{3} - 1\right)\mathrm{d}x + \frac{\pi}{8}$$

$$= \left(\frac{x^3}{3} - \frac{2}{3}x\right)\Big|_0^1 + \frac{\pi}{8} = -\frac{1}{3} + \frac{\pi}{8},$$

因此，

$$\iint\limits_D |x^2+y^2-1|\mathrm{d}\sigma = \frac{\pi}{8} - \frac{1}{3} + \frac{\pi}{8} = \frac{\pi}{4} - \frac{1}{3}.$$

名师助记　由于 D_2 是一个不规则图形，利用分块的做法把 $\iint\limits_{D_2}(x^2+y^2-1)\mathrm{d}x\mathrm{d}y$ 写成 $\iint\limits_D(x^2+y^2-1)\mathrm{d}x\mathrm{d}y - \iint\limits_{D_1}(x^2+y^2-1)\mathrm{d}x\mathrm{d}y$ 的形式，这一技巧在二重积分中经常遇到，请熟练掌握.

例 6.21 计算 $\iint\limits_{D}\max\{xy, 1\}\mathrm{d}x\mathrm{d}y$，其中 $D: 0 \leqslant x \leqslant 2, 0 \leqslant y \leqslant 2$.

解析 曲线 $xy = 1$ 将区域 D 分成如图 6-17 所示的两个区域 D_1 和 D_2.

$$
\begin{aligned}
\iint\limits_{D}\max\{xy, 1\}\mathrm{d}x\mathrm{d}y &= \iint\limits_{D_1}xy\,\mathrm{d}x\mathrm{d}y + \iint\limits_{D_2}\mathrm{d}x\mathrm{d}y \\
&= \int_{\frac{1}{2}}^{2}\mathrm{d}x\int_{\frac{1}{x}}^{2}xy\,\mathrm{d}y + \int_{0}^{\frac{1}{2}}\mathrm{d}x\int_{0}^{2}\mathrm{d}y + \int_{\frac{1}{2}}^{2}\mathrm{d}x\int_{0}^{\frac{1}{x}}\mathrm{d}y \\
&= \frac{15}{4} - \ln 2 + 1 + 2\ln 2 \\
&= \frac{19}{4} + \ln 2.
\end{aligned}
$$

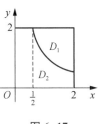

图 6-17

第七章　微 分 方 程

基础阶段考点要求

（1）了解微分方程及其阶、解、通解、初始条件和特解等概念.

（2）掌握变量可分离的微分方程及一阶线性微分方程的解法，会解齐次微分方程.

（3）会解伯努利方程（数学一）.

（4）会用降阶法解下列形式的微分方程：$y^{(n)}=f(x)$，$y''=f(x,y')$ 和 $y''=f(y,y')$（数学一、二）.

（5）理解线性微分方程解的性质及解的结构.

（6）掌握二阶常系数齐次线性微分方程的解法.

（7）会解自由项为多项式、指数函数、正弦函数、余弦函数以及它们的和与积的二阶常系数非齐次线性微分方程.

第一节　微分方程基本概念

考点一　微分方程的基本概念

1. 微分方程

含有自变量、未知函数和未知函数导数（或微分）的方程称为微分方程. 若未知函数是一元函数则称为常微分方程. 常微分方程的一般形式为 $F(x,y,y',\cdots,y^{(n)})=0$.

名师助记　微分方程表达式中可以没有 x，y，y'，$\cdots$，$y^{(n-1)}$ 等，但必须有最高阶导数 $y^{(n)}$，如 $y''=2$ 也是微分方程.

2. 微分方程的阶

微分方程中未知函数导数的最高阶数称为该微分方程的阶.

名师助记　如 $\dfrac{\mathrm{d}y}{\mathrm{d}x}=3x,(y')^2=2y-x$，都是一阶微分方程，而 $(y'')^2=x$，$\dfrac{\mathrm{d}^2y}{\mathrm{d}x^2}+2y=3$ 都是二阶微分方程.

3. 齐次微分方程与非齐次微分方程

将未知函数及其导数写到等式左端，其他部分写到右端得到的微分方程，如果等式右端为零,则称方程为齐次微分方程;如果等式右端不为零,则称方程为非齐次微分方程.

4. 线性微分方程与非线性微分方程

如果未知函数 y 及其导数的次数均为一次,则微分方程为线性方程,否则为非线性方程. 例如,$x^2 y'' + y' + 3y = x$ 是二阶线性非齐次方程,3,1,x^2 是未知函数 y 及其导数 y',y'' 的系数;$y'' + (y')^2 = 0$ 是二阶非线性齐次方程.

5. 通解

如果微分方程的解中含有任意常数,且相互独立的任意常数的个数与微分方程的阶数相同,此解为微分方程的通解.

> 🔊 **注**
>
> ① 定义中所说的相互独立的任意常数,是指它们不能通过合并使通解中的任意常数的个数减少,例如 $y = \dfrac{1}{2} g x^2 + C_1 x + C_2$（$C_1$,$C_2$ 是任意常数）是二阶微分方程 $\dfrac{d^2 y}{d x^2} = g$ 的通解,而 $y = \dfrac{1}{2} g x^2 + C_1 x$,$y = \dfrac{1}{2} g x^2 + C_1 + C_2$ 都是二阶微分方程的解,但不是通解,因为前一个只含有一个任意常数,后一个形式上虽然含有两个任意常数,但它们并不独立,只要令 $C = C_1 + C_2$ 就合并成了一个任意常数.
>
> ② 微分方程的通解不一定包括所有解,不在通解中的解称为奇解.

6. 初始条件

用来确定通解中的任意常数的附加条件称为初始条件. 一般地,一阶微分方程的初始条件是 $y \big|_{x = x_0} = y_0$ 或 $y(x_0) = y_0$,二阶微分方程的初始条件是 $y \big|_{x = x_0} = y_0$,$y' \big|_{x = x_0} = y'(x_0)$. 微分方程的阶数、其通解中所含独立任意常数的个数以及初始条件个数,这三个数一定相同.

7. 特解

根据初始条件确定通解中的任意常数所得到的解称为方程的特解. 如 $y = \dfrac{1}{3} x^3 + 1$ 是一阶微分方程 $\dfrac{dy}{dx} = x^2$ 的一个特解.

考点二　微分方程解的结构

定理 1　设 $y_1(x)$ 是 $y'' + p(x) y' + q(x) y = f_1(x)$ 的解,$y_2(x)$ 是 $y'' + p(x) y' + q(x) y = f_2(x)$ 的解,则 $y_1(x) + y_2(x)$ 是 $y'' + p(x) y' + q(x) y = f_1(x) + f_2(x)$ 的解.

定理 2　设 $y_1(x)$,$y_2(x)$ 是齐次微分方程 $y'' + p(x) y' + q(x) y = 0$ 的解,则其任意线性组合 $C_1 y_1(x) + C_2 y_2(x)$ 也是该齐次微分方程的解.

定理 3　设 $y_1(x)$,$y_2(x)$ 是二阶齐次微分方程 $y'' + p(x) y' + q(x) y = 0$ 的两个线性无关的解,则其任意线性组合 $C_1 y_1(x) + C_2 y_2(x)$ 也是该齐次微分方程的通解.

定理 4　设 $y_1(x)$，$y_2(x)$ 是二阶非齐次微分方程 $y'' + p(x)y' + q(x)y = f(x)$ 的两个线性无关的解，则对于任意 $a + b = 1$，$ay_1(x) + by_2(x)$ 也是该非齐次微分方程的解，对于任意 $a + b = 0$，$ay_1(x) + by_2(x)$ 是方程对应的齐次方程的解.

定理 5　设 $y_1(x)$，$y_2(x)$ 是二阶齐次微分方程 $y'' + p(x)y' + q(x)y = 0$ 的两个线性无关的解，$y^*(x)$ 是二阶非齐次方程 $y'' + p(x)y' + q(x)y = f(x)$ 的一个特解，则 $C_1y_1(x) + C_2y_2(x) + y^*(x)$ 是该非齐次微分方程的通解.

例 7.1　设线性无关的 y_1，y_2，y_3 是二阶非齐次线性方程 $y'' + p(x)y' + q(x)y = f(x)$ 的解，C_1，C_2 为任意常数，则该非齐次方程的通解是(　　).

(A) $C_1y_1 + C_2y_2 + y_3$　　　　　　　(B) $C_1y_1 + C_2y_2 - (C_1 + C_2)y_3$

(C) $C_1y_1 + C_2y_2 - (1 - C_1 - C_2)y_3$　　(D) $C_1y_1 + C_2y_2 + (1 - C_1 - C_2)y_3$

解析　选(D).

(D)选项中 $C_1y_1 + C_2y_2 + (1 - C_1 - C_2)y_3 = C_1(y_1 - y_3) + C_2(y_2 - y_3) + y_3$，其中 $y_1 - y_3$ 与 $y_2 - y_3$ 为对应的齐次方程的两个线性无关的解，其任意线性组合为对应的齐次方程的通解，y_3 为非齐次方程的一个特解，故(D)为非齐次方程的通解.

第二节　一阶方程及其解法

考点三　可分离变量的方程

设一阶微分方程形式为

$$\frac{\mathrm{d}y}{\mathrm{d}x} = f(x)g(y),$$

此时称为可分离变量的微分方程.

📢注

可分离变量方程的特点是通过变形可以使等式左端只含 y 的函数乘以微分 $\mathrm{d}y$，右端只含 x 的函数乘以微分 $\mathrm{d}x$. 如果 $f(x)$，$g(y)$ 都是连续函数且 $g(y) \neq 0$，此时可分离变量方程的解法为"先分离，再积分". 即先分离为

$$\frac{1}{g(y)}\mathrm{d}y = f(x)\mathrm{d}x,$$

再对上述方程两端同时积分，得

$$\int \frac{1}{g(y)}\mathrm{d}y = \int f(x)\mathrm{d}x.$$

名师助记 如果有 $g(y_0)=0$，则 $y=y_0$ 也是方程的解.

例 7.2 求微分方程 $\dfrac{\mathrm{d}y}{\mathrm{d}x}=2xy$.

解析 先分离变量得 $\dfrac{\mathrm{d}y}{y}=2x\mathrm{d}x$，两端积分得 $\ln|y|=x^2+C_1$，化简得 $y=\pm\mathrm{e}^{C_1}\cdot\mathrm{e}^{x^2}$，故所求通解为 $y=C\mathrm{e}^{x^2}$，C 为任意常数.

例 7.3 求下列微分方程的通解：

(1) $3x^2+5x-5y'=0$；

(2) $\sqrt{1-x^2}\,y'=\sqrt{1-y^2}$；

(3) $\cos x\sin y\mathrm{d}x+\sin x\cos y\mathrm{d}y=0$.

解析 (1) 分离变量，得 $5\mathrm{d}y=(3x^2+5x)\mathrm{d}x$，两端同时积分，得

$$5y=x^3+\frac{5}{2}x^2+C,\ C\ \text{为任意常数.}$$

(2) 分离变量，得 $\dfrac{\mathrm{d}y}{\sqrt{1-y^2}}=\dfrac{\mathrm{d}x}{\sqrt{1-x^2}}$，两端同时积分，得

$$\arcsin y=\arcsin x+C,$$

即 $y=\sin(\arcsin x+C)$，C 为任意常数.

(3) 分离变量得 $\dfrac{\cos y}{\sin y}\mathrm{d}y=-\dfrac{\cos x}{\sin x}\mathrm{d}x$，两端同时积分，得

$$\ln|\sin y|=-\ln|\sin x|+C_1,$$

即 $\sin x\sin y=C$，C 为任意常数.

名师助记 在分离变量过程中，我们默认了分母不为零，但实际上分母为零的那些 y 也是原微分方程的解，它们都是在分离变量的过程中丢失的，但是不需要补上，因为我们求的是通解而不是全部解，只有对线性方程而言，通解才是全部解.

考点四　齐次方程

形如 $\dfrac{\mathrm{d}y}{\mathrm{d}x}=f\left(\dfrac{y}{x}\right)$ 的一阶微分方程称为齐次微分方程，简称齐次方程.

令
$$u(x)=\frac{y}{x}\ \text{或}\ y=ux,$$

得
$$\frac{\mathrm{d}y}{\mathrm{d}x}=u+x\,\frac{\mathrm{d}u}{\mathrm{d}x},$$

将其代入齐次方程，得 $u+x\,\dfrac{\mathrm{d}u}{\mathrm{d}x}=f(u)$，可按分离变量的方程求解.

名师助记 求解齐次方程的关键是对未知数进行变量代换，化为可分离变量的方程来求解.

例 7.4 求下列齐次方程的通解：

(1) $xy' - y - \sqrt{y^2 - x^2} = 0$；

(2) $(x^2 + y^2)dx - xy\,dy = 0$.

解析 （1）方程化为 $\dfrac{dy}{dx} = \dfrac{y}{x} + \sqrt{\left(\dfrac{y}{x}\right)^2 - 1}$，令 $y = ux$，原方程变换为

$$u + x\frac{du}{dx} = u + \sqrt{u^2 - 1}, \quad \frac{du}{\sqrt{u^2 - 1}} = \frac{dx}{x},$$

可得 $u + \sqrt{u^2 - 1} = Cx$，即 $y + \sqrt{y^2 - x^2} = Cx^2$，$C$ 为任意常数.

（2）方程化为 $\dfrac{dy}{dx} = \dfrac{1 + \left(\dfrac{y}{x}\right)^2}{\dfrac{y}{x}}$，令 $u = \dfrac{y}{x}$，原方程化为 $u\,du = \dfrac{dx}{x}$，解得

$$\frac{1}{2}u^2 = \ln x + C \ (x > 0), \quad 即 \ y^2 = 2x^2(\ln x + C).$$

例 7.5 求微分方程 $\dfrac{dy}{dx} = \dfrac{y}{x} + \tan\dfrac{y}{x}$ 满足初始条件 $y\,|_{x=1} = \dfrac{\pi}{6}$ 的解.

解析 设 $u = \dfrac{y}{x}$，则 $\dfrac{dy}{dx} = u + x\dfrac{du}{dx}$，代入原方程得 $u + x\dfrac{du}{dx} = u + \tan u$，分离变量得

$$\cot u\,du = \frac{1}{x}dx,$$

两端积分得 $\qquad\qquad \ln|\sin u| = \ln|x| + C_1, \ \sin u = Cx,$

方程通解为 $\qquad\qquad\qquad \sin\dfrac{y}{x} = Cx,$

利用初始条件 $y\,|_{x=1} = \dfrac{\pi}{6}$，得到 $C = \dfrac{1}{2}$，从而原方程的解为 $\sin\dfrac{y}{x} = \dfrac{1}{2}x$.

考点五 一阶线性微分方程

形如 $\dfrac{dy}{dx} + P(x)y = Q(x)$ 的方程称为一阶线性微分方程，当 $Q(x) = 0$ 时，称为齐次微分方程；当 $Q(x) \neq 0$ 时，称为非齐次微分方程.

其通解公式为

$$y = e^{-\int P(x)dx}\left[\int Q(x)e^{\int P(x)dx}\,dx + C\right].$$

证明 因 $\left(e^{\int p(x)dx}y\right)' = e^{\int p(x)dx} \cdot p(x)y + e^{\int p(x)dx} \cdot y' = e^{\int p(x)dx}\left[y' + p(x)y\right],$

$\dfrac{\mathrm{d}y}{\mathrm{d}x}+p(x)y=q(x)$ 两端同时乘以 $\mathrm{e}^{\int p(x)\mathrm{d}x}$ 得

$$\mathrm{e}^{\int p(x)\mathrm{d}x}\left[y'+p(x)y\right]=\mathrm{e}^{\int p(x)\mathrm{d}x}q(x),$$

即

$$\left(\mathrm{e}^{\int p(x)\mathrm{d}x}y\right)'=\mathrm{e}^{\int p(x)\mathrm{d}x}q(x),$$

故

$$\mathrm{e}^{\int p(x)\mathrm{d}x}y=\int \mathrm{e}^{\int p(x)\mathrm{d}x}q(x)\mathrm{d}x+C,$$

$$y=\mathrm{e}^{-\int p(x)\mathrm{d}x}\left(\int \mathrm{e}^{\int p(x)\mathrm{d}x}q(x)\mathrm{d}x+C\right),\text{其中 } C \text{ 为任意常数.}$$

例 7.6　求下列微分方程的通解：

(1) $\dfrac{\mathrm{d}y}{\mathrm{d}x}+y=\mathrm{e}^{-x}$；

(2) $xy'+y=x^2+3x+2$；

(3) $y'+y\cos x=\mathrm{e}^{-\sin x}$.

解析　(1) $y=\mathrm{e}^{-\int \mathrm{d}x}\left(\int \mathrm{e}^{-x}\mathrm{e}^{\int \mathrm{d}x}\mathrm{d}x+C\right)=\mathrm{e}^{-x}(x+C)$，$C$ 为任意常数.

(2) $y=\mathrm{e}^{-\int \frac{1}{x}\mathrm{d}x}\left(\int \dfrac{x^2+3x+2}{x}\mathrm{e}^{\int \frac{1}{x}\mathrm{d}x}\mathrm{d}x+C\right)=\dfrac{1}{3}x^2+\dfrac{3}{2}x+2+\dfrac{C}{x}$，$C$ 为任意常数.

(3) $y=\mathrm{e}^{-\int \cos x\,\mathrm{d}x}\left(\int \mathrm{e}^{-\sin x}\mathrm{e}^{\int \cos x\,\mathrm{d}x}\mathrm{d}x+C\right)=\mathrm{e}^{-\sin x}(x+C)$，$C$ 为任意常数.

例 7.7　微分方程 $xy'+2y=x\ln x$ 满足 $y(1)=-\dfrac{1}{9}$ 的解为 _____.

解析　方程化为 $y'+\dfrac{2}{x}y=\ln x$，解得

$$y=\mathrm{e}^{-\int \frac{2}{x}\mathrm{d}x}\left(\int \ln x\,\mathrm{e}^{\int \frac{2}{x}\mathrm{d}x}\mathrm{d}x+C\right)=\dfrac{1}{x^2}\left(\int x^2\ln x\,\mathrm{d}x+C\right)$$

$$=\dfrac{1}{x^2}\left(\dfrac{1}{3}x^3\ln x-\dfrac{1}{3}\int x^2\,\mathrm{d}x+C\right)=\dfrac{1}{x^2}\left(\dfrac{1}{3}x^3\ln x-\dfrac{1}{9}x^3+C\right),$$

由 $y(1)=-\dfrac{1}{9}$，得 $C=0$，于是 $y=\dfrac{1}{3}x\left(\ln x-\dfrac{1}{3}\right)$.

例 7.8　微分方程 $y\mathrm{d}x+(x-3y^2)\mathrm{d}y=0$ 满足 $y(1)=1$ 的解是 _____.

解析　将微分方程变形为 $\dfrac{\mathrm{d}x}{\mathrm{d}y}+\dfrac{x}{y}=3y$，这是一阶线性微分方程，其通解为

$$x=\mathrm{e}^{-\int \frac{1}{y}\mathrm{d}y}\left(\int 3y\mathrm{e}^{\int \frac{1}{y}\mathrm{d}y}\mathrm{d}y+C\right)=\dfrac{1}{y}\left(\int 3y^2\,\mathrm{d}y+C\right)=y^2+\dfrac{C}{y},$$

将 $y\big|_{x=1}=1$ 代入上式，得 $C=0$，于是 $x=y^2$，即 $y=\pm\sqrt{x}$.

注意到 $y\big|_{x=1}=1$，故将 $y=-\sqrt{x}$ 舍去，得 $y=\sqrt{x}$.

名师助记 将 x，y 互换位置倒过来分析方程是解题中常用的技巧.

考点六 伯努利方程(数学一)

形如 $y'+p(x)y=q(x)y^n (n\neq 0,n\neq 1)$，左右两端同时除以 y^n 再令 $z=y^{1-n}$，则原方程可化为

$$\frac{dz}{dx}+(1-n)p(x)z=(1-n)q(x).$$

由通解公式 $z=e^{-\int(1-n)p(x)dx}\left(\int(1-n)q(x)e^{\int(1-n)p(x)dx}dx+C\right)$，回代之后得 y.

证明 将方程 $\frac{dy}{dx}+p(x)y=q(x)y^n$ 的两端同时除以 y^n，得

$$y^{-n}\frac{dy}{dx}+p(x)y^{1-n}=q(x).$$

令 $z=y^{1-n}$，则 $\frac{dz}{dx}=(1-n)y^{-n}\frac{dy}{dx}$，于是方程 $\frac{dy}{dx}+p(x)y=q(x)y^n$ 化为一阶线性微分方程.求出方程通解后，以 y^{1-n} 代入 z 便得到伯努利方程的通解为

$$y^{1-n}=e^{-\int(1-n)p(x)dx}\left[\int(1-n)q(x)e^{\int(1-n)p(x)dx}dx+C\right].$$

例7.9 求微分方程 $y'=\frac{y}{2x}+\frac{x^2}{2y}$ 的通解.

解析 整理原方程为 $y'-\frac{y}{2x}=\frac{x^2}{2}y^{-1}$，令 $z=y^2$，代入上述方程得 $z'-\frac{1}{x}z=x^2$.

由一阶线性方程的解可得上述方程的通解为 $z=Cx+\frac{x^3}{2}$，从而原方程的通解为

$$y^2=Cx+\frac{x^3}{2}, \text{其中 } C \text{ 为任意常数}.$$

第三节 高阶微分方程

考点七 可降阶的方程(数学一、数学二)

1. $y^{(n)}=f(x)$ 型的微分方程

此类高阶微分方程特点是只含有自变量 x 和最高阶导数 $y^{(n)}$，只需同时对等式两端积分 n 次即可求得方程的通解，即

$$y = \int \cdots \left(\int f(x) \, dx \right) \cdots dx + C_1 x^{n-1} + C_2 x^{n-2} + \cdots + C_n,$$

其中，C_1，C_2，$\cdots$，C_n 为任意常数.

例 7.10 求微分方程 $y''' = e^x + \sin x$ 的通解.

解析 对所给的方程连续三次积分得 $y = e^x + \cos x + C_1 x^2 + C_2 x + C_3$.

2. $y'' = f(x, y')$ 型的微分方程

这类方程的特点是不显含未知函数 y，令 $\dfrac{dy}{dx} = y' = p$，则 $y'' = \dfrac{dp}{dx}$，于是原方程 $y'' = f(x, y')$ 降阶为一阶微分方程，即 $\dfrac{dp}{dx} = f(x, p)$. 若能求得该方程的通解为 $p = \varphi(x, C_1)$，可得原方程的通解为 $y = \int \varphi(x, C_1) \, dx + C_2$.

例 7.11 求解方程 $xy'' + y' = 4x$.

解析 令 $y' = p$，则 $y'' = \dfrac{dp}{dx}$，代入方程得

$$x \frac{dp}{dx} + p = 4x \ \text{或} \ \frac{dp}{dx} + \frac{1}{x} p = 4,$$

由一阶线性微分方程解之得 $p = 2x + \dfrac{C_1}{x}$.

原方程的通解为 $y = \int \left(2x + \dfrac{C_1}{x} \right) dx = x^2 + C_1 \ln |x| + C_2$.

名师助记 本题更为简单的解法是将原方程改写为 $(xy')' = 4x$，两端积分得 $xy' = 2x^2 + C_1$，于是 $y' = 2x + \dfrac{C_1}{x}$，两端再次积分得 $y = x^2 + C_1 \ln |x| + C_2$.

3. $y'' = f(y, y')$ 型的微分方程

这类方程特点是不显含自变量 x，这时同样令 $\dfrac{dy}{dx} = p$，但方程中不显含自变量 x，而是显含未知数 y，所以可以利用复合函数的求导法则把 y'' 化为 p 对 y 的导数，

$$y'' = \frac{dp}{dx} = \frac{dp}{dy} \cdot \frac{dy}{dx} = p \frac{dp}{dy}.$$

这样将原方程化为一个关于变量 y，p 的一阶微分方程 $p \dfrac{dp}{dy} = f(y, p)$，设其通解为 $y' = p = \varphi(y, C_1)$，然后分离变量并积分就可得到原方程的通解为

$$\int \frac{1}{\varphi(y, C_1)} dy = x + C_2.$$

例 7.12 微分方程 $yy'' + y'^2 = 0$ 满足初始条件 $y|_{x=0} = 1$，$y'|_{x=0} = \dfrac{1}{2}$ 的特解是_____.

解析　令 $y'=p$，则 $y''=p\dfrac{\mathrm{d}p}{\mathrm{d}y}$，代入方程得 $yp\dfrac{\mathrm{d}p}{\mathrm{d}y}+p^2=0$，可得

$$\dfrac{\mathrm{d}p}{p}=-\dfrac{\mathrm{d}y}{y},$$

解得 $p=\dfrac{C_1}{y}$.

由 $y\,|_{x=0}=1$，$y'\,|_{x=0}=\dfrac{1}{2}$，得 $C_1=\dfrac{1}{2}$，即 $\dfrac{\mathrm{d}y}{\mathrm{d}x}=\dfrac{1}{2y}$，$y\mathrm{d}y=\dfrac{1}{2}\mathrm{d}x$，可得 $y^2=x+C_2$，再由

$$y\,|_{x=0}=1,$$

得 $y^2=x+1$.

名师助记　本题更为简单的解法可由方程得 $(yy')'=0$，故 $yy'=C_1$.

由 $y\,|_{x=0}=1$，$y'\,|_{x=0}=\dfrac{1}{2}$，得 $C_1=\dfrac{1}{2}$，即 $yy'=\dfrac{1}{2}$. 再次求解可得 $y^2=x+1$.

考点八　高阶线性方程解的结构

1. 二阶齐次线性方程

$$y''+p(x)y'+q(x)y=0.$$

2. 二阶非齐次线性方程

$$y''+p(x)y'+q(x)y=f(x).$$

3. 线性微分方程解的性质及结构

① 齐次通解：$y=C_1y_1(x)+C_2y_2(x)$，其中 $y_1(x)$ 与 $y_2(x)$ 的线性无关.

② 若 $\bar{y}$ 为二阶非齐次线性方程的一个特解，而 $C_1y_1(x)+C_2y_2(x)$ 为对应的二阶齐次线性方程的通解，则 $y=\bar{y}(x)+C_1y_1(x)+C_2y_2(x)$ 是此二阶非齐次线性方程的通解（非齐通＝齐通＋非齐特）.

③ 若 $y_1(x)$，$y_2(x)$ 为二阶非齐次线性方程的两个特解，则 $y_1(x)-y_2(x)$ 为对应的二阶齐次线性方程的一个特解.

④ 若 $\bar{y}(x)$ 为二阶非齐次线性方程的一个特解，而 $y(x)$ 为对应的二阶齐次线性方程的任意特解，则 $\bar{y}(x)+y(x)$ 为此二阶非齐次线性方程的一个特解.

例 7.13　已知 $y_1=\mathrm{e}^{3x}-x\mathrm{e}^{2x}$，$y_2=\mathrm{e}^x-x\mathrm{e}^{2x}$，$y_3=-x\mathrm{e}^{2x}$ 是某二阶常系数非齐次微分方程的 3 个解，则该方程满足 $y(0)=0$，$y'(0)=1$ 的特解为_____.

解析　记　　　　$\overline{y_1}=y_1-y_3=\mathrm{e}^{3x}$，$\overline{y_2}=y_2-y_3=\mathrm{e}^x$，

则 $\overline{y_1}$，$\overline{y_2}$ 是题设二阶常系数非齐次线性微分方程对应的齐次方程的两个解，且 $\overline{y_1}$ 和 $\overline{y_2}$ 线性无关. 由此可得题设微分方程的通解是

$$y = C_1 \overline{y_1} + C_2 \overline{y_2} + y_3,$$

即

$$y = C_1 e^{3x} + C_2 e^x - x e^{2x}.$$

代入初始条件 $y\mid_{x=0}=0$，$y'\mid_{x=0}=1$，得

$$\begin{cases} C_1 + C_2 = 0, \\ 3C_1 + C_2 - 1 = 1, \end{cases}$$

解得 $C_1 = 1$，$C_2 = -1$，故所求特解为 $y = e^{3x} - e^x - x e^{2x}$.

考点九　二阶常系数齐次线性方程及其解法

1. 二阶常系数齐次微分方程的通解

二阶常系数齐次线性方程：形如 $y'' + py' + qy = 0$，其中 p，q 为常数.

特征方程 $\lambda^2 + p\lambda + q = 0$. 特征方程根的三种不同情形对应方程通解的三种形式：

① 当 $\Delta = p^2 - 4q > 0$，特征方程有两个不同的实根 λ_1，λ_2，则方程的通解为

$$y(x) = C_1 e^{\lambda_1 x} + C_2 e^{\lambda_2 x}.$$

② 当 $\Delta = p^2 - 4q = 0$，特征方程有二重根 $\lambda_1 = \lambda_2$，则方程的通解为

$$y(x) = (C_1 + C_2 x) e^{\lambda_1 x}.$$

③ 当 $\Delta = p^2 - 4q < 0$，特征方程有共轭复根 $\lambda_1 = \alpha + i\beta$，$\lambda_2 = \alpha - i\beta$，则方程的通解为

$$y(x) = e^{\alpha x}(C_1 \cos \beta x + C_2 \sin \beta x).$$

例 7.14　求下列齐次方程的通解：

(1) $y'' + 2y' - 3y = 0$;

(2) $y'' + 2y' + y = 0$.

解析　(1) $y'' + 2y' - 3y = 0$ 对应的特征方程为 $\lambda^2 + 2\lambda - 3 = 0$，解得 $\lambda_1 = 1$，$\lambda_2 = -3$.
该齐次方程的通解为 $y = C_1 e^x + C_2 e^{-3x}$，$C_1$，$C_2$ 为任意常数.

(2) $y'' + 2y' + y = 0$ 对应的特征方程为 $\lambda^2 + 2\lambda + 1 = 0$，解得 $\lambda_1 = \lambda_2 = -1$.
该齐次方程的通解为 $y = (C_1 + C_2 x) e^{-x}$，C_1，C_2 为任意常数.

例 7.15　设 $y = e^x(C_1 \sin x + C_2 \cos x)$ 为某二阶常系数齐次线性微分方程的通解，则该方程是_____.

解析　由通解的形式不难看出对应的特征根 $\lambda_{1,2} = 1 \pm i$，从而特征方程是

$$[\lambda - (1+i)][\lambda - (1-i)] = 0,$$

即 $\lambda^2 - 2\lambda + 2 = 0$，故微分方程是 $y'' - 2y' + 2y = 0$.

2. 二阶常系数非齐次线性方程及其解法

二阶常系数非齐次线性方程 $y'' + py' + qy = f(x)$，其中 p，q 为常数，其通解为

$$y(x) = y^*(x) + C_1 y_1(x) + C_2 y_2(x),$$

其中，$C_1 y_1(x) + C_2 y_2(x)$ 为对应二阶常系数齐次线性方程的通解.

我们根据 $f(x)$ 的形式先确定特解 $y^*(x)$ 的形式，其中包含待定系数，然后代入原方程确定系数后得到特解 $y^*(x)$.

常见的 $f(x)$ 的形式和相对应的特解 $y^*(x)$ 形式如下：

（Ⅰ）$f(x) = P_n(x) \mathrm{e}^{ax}$. 其中，$P_n(x)$ 为 n 次多项式；a 为实常数.

① 若 a 不是特征根，则令 $y^*(x) = Q_n(x) \mathrm{e}^{ax}$.

② 若 a 是特征方程的单根，则令 $y^*(x) = x Q_n(x) \mathrm{e}^{ax}$.

③ 若 a 是特征方程的重根，则令 $y^*(x) = x^2 Q_n(x) \mathrm{e}^{ax}$.

（Ⅱ）$f(x) = \mathrm{e}^{ax}[P_l(x) \cos \beta x + P_m(x) \sin \beta x]$. 其中，$P_l(x)$ 为 l 次多项式；$P_m(x)$ 为 m 次多项式.

① 若 $a + \mathrm{i}\beta$ 不是特征根，则令 $y^*(x) = \mathrm{e}^{ax}[R_n(x) \cos \beta x + T_n(x) \sin \beta x]$. 其中，$n = \max(l, m)$；$R_n(x)$，$T_n(x)$ 为两个 n 次多项式.

② 若 $a + \mathrm{i}\beta$ 是特征根，则令 $y^*(x) = x \mathrm{e}^{ax}[R_n(x) \cos \beta x + T_n(x) \sin \beta x]$.

例 7.16 求微分方程 $y'' + 4y' + 4y = \mathrm{e}^{-2x}$ 的通解.

解析 对应的特征方程为 $\lambda^2 + 4\lambda + 4 = 0$，解得 $\lambda_1 = \lambda_2 = -2$.

对应的齐次方程的通解为 $\bar{y} = (C_1 + C_2 x)\mathrm{e}^{-2x}$，其中 C_1，C_2 为任意常数.

设原方程的特解为 $y^* = A x^2 \mathrm{e}^{-2x}$，代入原方程得 $A = \dfrac{1}{2}$.

因此，原方程的通解为 $y = (C_1 + C_2 x)\mathrm{e}^{-2x} + \dfrac{x^2}{2}\mathrm{e}^{-2x}$，其中 C_1，C_2 为任意常数.

名师助记 确定特解的结构 $y^* = \mathrm{e}^{-2x} \cdot A \cdot x^k$. 因指数部分的系数为 -2，与特征方程的二重根相等，故 $k = 2$，对应的特解形式为 $y^* = A x^2 \mathrm{e}^{-2x}$.

例 7.17 求微分方程 $y'' - 2y' + 5y = \mathrm{e}^x \sin 2x$ 的通解.

解析 对应的特征方程为 $r^2 - 2r + 5 = 0$，解得 $r_{1,2} = 1 \pm 2\mathrm{i}$，故齐次方程通解为

$$\bar{y} = \mathrm{e}^x(C_1 \cos 2x + C_2 \sin 2x).$$

设原方程的特解为 $y^* = x \mathrm{e}^x(A \cos 2x + B \sin 2x)$，代入原方程，解得 $A = -\dfrac{1}{4}$，$B = 0$，

故原方程通解为 $y = \mathrm{e}^x(C_1 \cos 2x + C_2 \sin 2x) - \dfrac{1}{4} x \mathrm{e}^x \cos 2x$，$C_1$，$C_2$ 为任意常数.

例 7.18 求微分方程 $y'' + y = \mathrm{e}^x + \cos x$ 的通解.

解析 对应的特征方程为 $r^2 + 1 = 0$，解得 $r_{1,2} = \pm \mathrm{i}$，故齐次方程通解为

$$\bar{y} = C_1 \cos x + C_2 \sin x.$$

设方程 $y'' + y = \mathrm{e}^x$ 的特解为 $y_1^* = A \mathrm{e}^x$，代入方程，解得 $A = \dfrac{1}{2}$；

设方程 $y'' + y = \cos x$ 的特解为 $y_2^* = x(B\cos x + C\sin x)$，代入方程，解得 $B = 0$，$C = \dfrac{1}{2}$.

由叠加原理，故原方程通解为 $y = C_1\cos x + C_2\sin x + \dfrac{1}{2}e^x + \dfrac{x}{2}\sin x$，$C_1$，$C_2$ 为任意常数.

名师助记　注意叠加原理的使用，即设 $y_1(x)$ 是 $y'' + p(x)y' + q(x)y = f_1(x)$ 的解，$y_2(x)$ 是 $y'' + p(x)y' + q(x)y = f_2(x)$ 的解，则 $y_1(x) + y_2(x)$ 是 $y'' + p(x)y' + q(x)y = f_1(x) + f_2(x)$ 的解.

第八章　无穷级数（数学一、数学三）

基础阶段考点要求

（1）理解常数项级数收敛、发散以及收敛级数的和的概念，掌握级数的基本性质及收敛的必要条件.

（2）掌握几何级数与 p 级数的收敛与发散的条件.

（3）掌握正项级数收敛性的比较判别法、比值判别法、根值判别法.

（4）掌握交错级数的莱布尼茨判别法.

（5）了解任意项级数绝对收敛与条件收敛的概念以及绝对收敛与收敛的关系.

（6）了解函数项级数的收敛域及和函数的概念.

（7）理解幂级数收敛半径的概念，并掌握幂级数的收敛半径、收敛区间及收敛域的求法.

（8）了解幂级数在其收敛区间内的基本性质（和函数的连续性、逐项求导和逐项积分），会求一些幂级数在收敛区间内的和函数，并会由此求出某些数项级数的和.

（9）掌握常见的麦克劳林展开式，会用它们将一些简单函数间接展开为幂级数.

第一节　常数项级数的概念和性质

考点一　常数项级数的概念

设有数列 $\{u_n\}$，则称 $\sum_{n=1}^{\infty} u_n = u_1 + u_2 + \cdots + u_n + \cdots$ 为（常数项）无穷级数. 它的前 n 项和 $s_n = u_1 + u_2 + \cdots + u_n$，称为级数部分和. 如果级数的部分和数列 $\{s_n\}$ 有极限 s，即 $\lim_{n\to\infty} s_n = s$，则称级数 $\sum_{n=1}^{\infty} u_n$ 收敛，其极限值 s 称为级数的和，记为 $s = \sum_{n=1}^{\infty} u_n$. 如果 $\lim_{n\to\infty} s_n$ 存在，则称级数 $\sum_{n=1}^{\infty} u_n$ 是收敛的；如果 $\lim_{n\to\infty} s_n$ 不存在，则称级数 $\sum_{n=1}^{\infty} u_n$ 是发散的.

例 8.1　证明调和级数 $\sum_{n=1}^{\infty} \dfrac{1}{n}$ 发散.

证明 记 $S_n = 1 + \dfrac{1}{2} + \cdots + \dfrac{1}{n}$，由 $\dfrac{1}{n} > \ln\left(1 + \dfrac{1}{n}\right)$（当 $x > 0$ 时，$x > \ln(1+x)$），

$$S_n > \ln(1+1) + \ln\left(1 + \dfrac{1}{2}\right) + \cdots + \ln\left(1 + \dfrac{1}{n}\right)$$

$$= \ln\left(\dfrac{2}{1} \cdot \dfrac{3}{2} \cdot \cdots \cdot \dfrac{n+1}{n}\right) = \ln(n+1),$$

$$\lim_{n \to \infty} S_n \geqslant \lim_{n \to \infty} \ln(1+n) = \infty,$$

故调和级数 $\displaystyle\sum_{n=1}^{\infty} \dfrac{1}{n}$ 发散.

考点二　收敛级数的基本性质

① 若 $\displaystyle\sum_{n=1}^{\infty} u_n = s$，则 $\displaystyle\sum_{n=1}^{\infty} k u_n$（$k$ 为常数）也收敛.

② 若 $\displaystyle\sum_{n=1}^{\infty} u_n = s$，$\displaystyle\sum_{n=1}^{\infty} v_n = \sigma$，则 $\displaystyle\sum_{n=1}^{\infty} (u_n \pm v_n)$ 也收敛.

③ 改变级数中前有限项，不影响级数的敛散性.

④ 若级数 $\displaystyle\sum_{n=1}^{\infty} u_n$ 收敛，对其任意加括号后级数仍收敛.

⑤ 如果级数 $\displaystyle\sum_{n=1}^{\infty} u_n$ 收敛，则 $\displaystyle\lim_{n \to \infty} u_n = 0$.

若 $\displaystyle\sum_{n=1}^{\infty} u_n$ 收敛，则 $\displaystyle\sum_{n=1}^{\infty} (u_{2n-1} + u_{2n})$ 收敛.

若 $\displaystyle\sum_{n=1}^{\infty} (u_{2n-1} + u_{2n})$ 发散，则 $\displaystyle\sum_{n=1}^{\infty} u_n$ 发散.

若 $\displaystyle\sum_{n=1}^{\infty} u_n$ 收敛，则 $\displaystyle\sum_{n=1}^{\infty} u_{n+1\,000}$ 收敛.

名师助记　收敛级数的性质常与级数审敛法结合在一起使用.

第二节　常数项级数的审敛法

考点三　正项级数的概念

1. 定义

设级数 $\displaystyle\sum_{n=1}^{\infty} u_n = u_1 + u_2 + \cdots + u_n + \cdots$ 为一个正项级数（$u_n > 0$）. 它的部分和为 s_n. 数列 $\{s_n\}$ 是一个单调增加的数列.

2. 正项级数收敛的充要条件

正项级数 $\displaystyle\sum_{n=1}^{\infty}u_n$ 收敛$\Leftrightarrow$部分和数列 $\{s_n\}$ 有上界.

3. 正项级数审敛法(充分条件)

(1) 比较审敛法

设 $\displaystyle\sum_{n=1}^{\infty}u_n$，$\displaystyle\sum_{n=1}^{\infty}v_n$ 都是正项级数,且 $u_n \leqslant v_n$,则:

① 如果 $\displaystyle\sum_{n=1}^{\infty}v_n$ 收敛,则 $\displaystyle\sum_{n=1}^{\infty}u_n$ 收敛;

② 如果 $\displaystyle\sum_{n=1}^{\infty}u_n$ 发散,则 $\displaystyle\sum_{n=1}^{\infty}v_n$ 发散.

(2) 比较审敛法的极限形式

设 $\displaystyle\sum_{n=1}^{\infty}u_n$，$\displaystyle\sum_{n=1}^{\infty}v_n$ 均为正项级数,且 $\displaystyle\lim_{n\to\infty}\frac{u_n}{v_n}=l$,则:

① 当 $l=0$,且 $\displaystyle\sum_{n=1}^{\infty}v_n$ 收敛时,$\displaystyle\sum_{n=1}^{\infty}u_n$ 收敛;

② 当 $l=+\infty$,且 $\displaystyle\sum_{n=1}^{\infty}v_n$ 发散时,$\displaystyle\sum_{n=1}^{\infty}u_n$ 发散;

③ 当 $0 < l < +\infty$ 时,两个级数同时收敛或发散.

🔊 **注**

> 三大常见级数:
>
> ① p 级数: $\displaystyle\sum_{n=1}^{\infty}\frac{1}{n^p}=\begin{cases}(收敛), & p > 1; \\ (发散), & p \leqslant 1.\end{cases}$
>
> ② p 级数拓展形式: $\displaystyle\sum_{n=2}^{\infty}\frac{1}{n\ln^p n}=\begin{cases}(收敛), & p > 1; \\ (发散), & p \leqslant 1.\end{cases}$
>
> ③ 几何级数: $\displaystyle\sum_{n=1}^{\infty}aq^{n-1}=\begin{cases}(收敛), & |q| < 1; \\ (发散), & |q| \geqslant 1.\end{cases}$

例 8.2 判定下列级数的敛散性:

(1) $\displaystyle\sum_{n=1}^{\infty}\frac{1+n}{1+n^2}$; (2) $\displaystyle\sum_{n=1}^{\infty}\frac{1}{2n-1}$;

(3) $\displaystyle\sum_{n=1}^{\infty}\frac{1}{(n+1)(n+4)}$; (4) $\displaystyle\sum_{n=1}^{\infty}\sin\frac{\pi}{2^n}$.

解析 (1) $u_n=\dfrac{1+n}{1+n^2} > \dfrac{1+n}{n+n^2}=\dfrac{1}{n}$,而 $\displaystyle\sum_{n=1}^{\infty}\frac{1}{n}$ 发散,故该级数发散.

(2) $\displaystyle\lim_{n\to\infty}\frac{\dfrac{1}{2n-1}}{\dfrac{1}{n}}=\frac{1}{2}$,而级数 $\displaystyle\sum_{n=1}^{\infty}\frac{1}{n}$ 发散,故该级数发散.

（3）$\lim\limits_{n\to\infty}\dfrac{\dfrac{1}{(n+1)(n+4)}}{\dfrac{1}{n^2}}=\lim\limits_{n\to\infty}\dfrac{n^2}{n^2+5n+4}=1$，且 $\sum\limits_{n=1}^{\infty}\dfrac{1}{n^2}$ 收敛，故原级数收敛.

（4）$\lim\limits_{n\to\infty}\dfrac{\sin\dfrac{\pi}{2^n}}{\dfrac{1}{2^n}}=\lim\limits_{n\to\infty}\left(\pi\dfrac{\sin\dfrac{\pi}{2^n}}{\dfrac{\pi}{2^n}}\right)=\pi$，且 $\sum\limits_{n=1}^{\infty}\dfrac{1}{2^n}$ 收敛，故原级数收敛.

例 8.3 判别级数 $\sum\limits_{n=1}^{\infty}\dfrac{1}{n\sqrt[n]{n}}$ 的敛散性.

解析 令 $\sum\limits_{n=1}^{\infty}u_n=\sum\limits_{n=1}^{\infty}\dfrac{1}{n\sqrt[n]{n}}$，$\sum\limits_{n=1}^{\infty}v_n=\sum\limits_{n=1}^{\infty}\dfrac{1}{n}$，它们均为正项级数，由

$$\lim\limits_{n\to\infty}\dfrac{u_n}{v_n}=\lim\limits_{n\to\infty}\dfrac{\dfrac{1}{(n\sqrt[n]{n})}}{\dfrac{1}{n}}=\lim\limits_{n\to\infty}\dfrac{1}{\sqrt[n]{n}}=1$$

可知，$u_n\sim v_n$，则 $\sum\limits_{n=1}^{\infty}u_n$ 与 $\sum\limits_{n=1}^{\infty}v_n$ 具有相同的敛散性，而 $\sum\limits_{n=1}^{\infty}v_n=\sum\limits_{n=1}^{\infty}\dfrac{1}{n}$ 发散，故所给级数 $\sum\limits_{n=1}^{\infty}u_n=\sum\limits_{n=1}^{\infty}\dfrac{1}{n\sqrt[n]{n}}$ 发散.

（3）比值审敛法［达朗贝尔(d'Alembert)判别法］

对于正项级数 $\sum\limits_{n=1}^{\infty}u_n$，若有 $\lim\limits_{n\to\infty}\dfrac{u_{n+1}}{u_n}=\rho$，则：

① 当 $\rho<1$ 时，级数 $\sum\limits_{n=1}^{\infty}u_n$ 收敛；

② 当 $\rho>1$ 时，级数 $\sum\limits_{n=1}^{\infty}u_n$ 发散；

③ 当 $\rho=1$ 时，级数 $\sum\limits_{n=1}^{\infty}u_n$ 敛散性不确定.

（4）根值审敛法［柯西(Cauchy)判别法］

对于正项级数 $\sum\limits_{n=1}^{\infty}u_n$，若有 $\lim\limits_{n\to\infty}\sqrt[n]{u_n}=\rho$，则：

① 当 $\rho<1$ 时，级数 $\sum\limits_{n=1}^{\infty}u_n$ 收敛；

② 当 $\rho>1$ 时，级数 $\sum\limits_{n=1}^{\infty}u_n$ 发散；

③ 当 $\rho=1$ 时，级数 $\sum\limits_{n=1}^{\infty}u_n$ 敛散性不确定.

例 8.4 用比值审敛法判定下列级数的敛散性：

$(1) \displaystyle\sum_{n=1}^{\infty} \frac{3^n}{n \cdot 2^n};$　　　　$(2) \displaystyle\sum_{n=1}^{\infty} \frac{2^n \cdot n!}{n^n}.$

解析　(1) $u_n = \dfrac{3^n}{n \cdot 2^n}$,因为 $\displaystyle\lim_{n \to \infty} \frac{u_{n+1}}{u_n} = \lim_{n \to \infty} \frac{\dfrac{3^{n+1}}{(n+1) \cdot 2^{n+1}}}{\dfrac{3^n}{n \cdot 2^n}} = \lim_{n \to \infty} \left(\frac{3}{2} \cdot \frac{n}{n+1} \right) = \frac{3}{2} > 1,$

故级数发散;

(2) $\displaystyle\lim_{n \to \infty} \frac{u_{n+1}}{u_n} = \lim_{n \to \infty} \frac{\dfrac{2^{n+1} \cdot (n+1)!}{(n+1)^{n+1}}}{\dfrac{2^n \cdot n!}{n^n}} = \lim_{n \to \infty} 2 \left(\frac{n}{n+1} \right)^n = 2 \lim_{n \to \infty} \frac{1}{\left(1 + \dfrac{1}{n} \right)^n} = \frac{2}{e} < 1,$ 故级数

收敛.

例 8.5　用根值审敛法判定下列级数的敛散性:

$(1) \displaystyle\sum_{n=1}^{\infty} \left(\frac{n}{2n+1} \right)^n;$　　　　$(2) \displaystyle\sum_{n=1}^{\infty} \left(\frac{n}{3n-1} \right)^{2n-1}.$

解析　(1) $\displaystyle\lim_{n \to \infty} \sqrt[n]{u_n} = \lim_{n \to \infty} \frac{n}{2n+1} = \frac{1}{2} < 1,$ 故级数收敛;

(2) $\displaystyle\lim_{n \to \infty} \sqrt[n]{u_n} = \lim_{n \to \infty} \left(\frac{n}{3n-1} \right)^{\frac{2n-1}{n}} = \lim_{n \to \infty} \left(\frac{n}{3n-1} \right)^{2 - \frac{1}{n}} = e^{\lim\limits_{n \to \infty} \left(2 - \frac{1}{n} \right) \ln\left(\frac{n}{3n-1} \right)} = e^{2\ln \frac{1}{3}} = \frac{1}{9} < 1,$ 故

级数收敛.

例 8.6　判定级数 $\displaystyle\sum_{n=1}^{\infty} \frac{a^n \cdot n!}{n^n}$ $(a > 0$ 为常数)的敛散性.

解析　因 $\displaystyle\lim_{n \to \infty} \left[\frac{a^{n+1} \cdot (n+1)!}{(n+1)^{n+1}} \middle/ \frac{a^n \cdot n!}{n^n} \right] = \lim_{n \to \infty} \frac{a}{\left(1 + \dfrac{1}{n} \right)^n} = \frac{a}{e} = \rho.$

① 当 $a < e$ 时,$\rho < 1$,所给级数收敛;

② 当 $a > e$ 时,$\rho > 1$,所给级数发散;

③ 当 $a = e$ 时,注意到数列 $\left\{ \left(1 + \dfrac{1}{n} \right)^n \right\}$ 单调增加趋于 e,因而 $a = e$ 时,

$$\frac{u_{n+1}}{u_n} = \frac{e}{\left(1 + \dfrac{1}{n} \right)^n} > 1.$$

于是 $\{u_n\}$ 单调增加: $u_{n+1} > u_n$, $\displaystyle\lim_{n \to \infty} u_n \neq 0$,原级数发散.

综上所述,当 $a < e$ 时,所给级数收敛;当 $a \geq e$ 时,级数发散.

(5) 柯西积分判别法(了解)

对于正项级数 $\displaystyle\sum_{n=1}^{\infty} u_n$,设 $\{u_n\}$ 为单调减少数列,作一个连续的单调减少的正值函数 $f(x)(x > 0)$,使得当 x 等于自然数 n 时,其函数值恰为 u_n,即 $f(n) = u_n$. 令 $A_n = \displaystyle\int_1^n f(x)\mathrm{d}x$,则级数 $\displaystyle\sum_{n=1}^{\infty} u_n$ 与数列 $\{A_n\}$ 同时收敛或同时发散.

考点四　交错级数及其审敛法

1. 定义

$\sum_{n=1}^{\infty}(-1)^n u_n$, $u_n > 0$ 称为交错级数.其中, u_n 称为交错级数的正项部分.

名师助记　交错级数的各项是正负交错的.例如 $\sum_{n=1}^{\infty}(-1)^n \frac{1}{n}$ 是交错级数,但 $\sum_{n=1}^{\infty}(-1)^{n-1} \frac{1-\cos n\pi}{n}$ 不是交错级数.

2. 莱布尼茨判别法(交错级数收敛性的判别法)

若交错级数 $\sum_{n=1}^{\infty}(-1)^n u_n (u_n > 0)$ 满足条件:

① $u_n \geqslant u_{n+1}$, $n = 1, 2, \cdots$;

② $\lim\limits_{n\to\infty} u_n = 0$,

则交错级数收敛.

名师助记　莱布尼茨判别法仅应用于交错级数敛散性的判定.若交错级数满足该定理,则级数必收敛;若不满足该定理,级数不一定发散,应使用其他方法判定其敛散性.

例 8.7　证明级数 $\sum_{n=1}^{\infty}(-1)^n \frac{1}{n}$ 收敛.

证明　这是一个交错级数.因为此级数满足:

① $u_n = \frac{1}{n} > \frac{1}{n+1} = u_{n+1} (n = 1, 2, \cdots)$; ② $\lim\limits_{n\to\infty} u_n = \lim\limits_{n\to\infty}\frac{1}{n} = 0$,

由莱布尼茨定理可知,级数是收敛的.

考点五　绝对收敛与条件收敛

1. 绝对收敛

若 $\sum_{n=1}^{\infty} |u_n|$ 收敛,则称 $\sum_{n=1}^{\infty} u_n$ 为绝对收敛级数,此时级数 $\sum_{n=1}^{\infty} u_n$ 也收敛.

2. 条件收敛

若 $\sum_{n=1}^{\infty} u_n$ 收敛,但 $\sum_{n=1}^{\infty} |u_n|$ 发散,则称 $\sum_{n=1}^{\infty} u_n$ 为条件收敛级数.

3. 性质

绝对收敛的级数一定收敛,即 $\sum_{n=1}^{\infty} |u_n|$ 收敛,则 $\sum_{n=1}^{\infty} u_n$ 也收敛.

例 8.8　设常数 $k > 0$,则级数 $\sum_{n=1}^{\infty}(-1)^n \frac{k+n}{n^2}$ (　　).

(A) 发散　　　　　　　　　　　　(B) 绝对收敛

(C) 条件收敛　　　　　　　　　　(D) 敛散性与 k 的取值有关

解析　选(C).

$$\sum_{n=1}^{\infty}(-1)^n\frac{k+n}{n^2}=\sum_{n=1}^{\infty}(-1)^n\frac{k}{n^2}+\sum_{n=1}^{\infty}(-1)^n\frac{1}{n},$$

由莱布尼茨判别法,级数 $\displaystyle\sum_{n=1}^{\infty}(-1)^n\frac{k}{n^2}$ 与 $\displaystyle\sum_{n=1}^{\infty}(-1)^n\frac{1}{n}$ 收敛,故原级数收敛.

$$\sum_{n=1}^{\infty}|u_n|=\sum_{n=1}^{\infty}\frac{k+n}{n^2}=\sum_{n=1}^{\infty}\frac{k}{n^2}+\sum_{n=1}^{\infty}\frac{1}{n},$$

级数 $\displaystyle\sum_{n=1}^{\infty}\frac{k}{n^2}$ 收敛,级数 $\displaystyle\sum_{n=1}^{\infty}\frac{1}{n}$ 发散,故原级数为条件收敛.

例 8.9　级数 $\displaystyle\sum_{n=1}^{\infty}(-1)^n\left(1-\cos\frac{a}{n}\right)$（常数 $a>0$）(　　).

(A) 发散　　　　　　　　　　　　(B) 条件收敛

(C) 绝对收敛　　　　　　　　　　(D) 收敛性与 a 有关

解析　选(C).

所给级数为交错级数.先用正项级数的判别法考察该级数是否绝对收敛.因

$$\left|(-1)^n\left(1-\cos\frac{a}{n}\right)\right|=2\sin^2\frac{a}{2n}\sim2\frac{a^2}{4n^2}=\frac{a^2}{2n^2},$$

又 $\displaystyle\sum_{n=1}^{\infty}\frac{a^2}{2n^2}$ 收敛,故 $\displaystyle\sum_{n=1}^{\infty}2\sin^2\frac{a}{2n}$ 也收敛,从而原级数绝对收敛.仅(C)入选.

例 8.10　若级数 $\displaystyle\sum_{n=1}^{\infty}a_n$ 收敛,则级数(　　).

(A) $\displaystyle\sum_{n=1}^{\infty}|a_n|$ 收敛　　　　　　　(B) $\displaystyle\sum_{n=1}^{\infty}(-1)^na_n$ 收敛

(C) $\displaystyle\sum_{n=1}^{\infty}a_na_{n+1}$ 收敛　　　　　(D) $\displaystyle\sum_{n=1}^{\infty}\frac{a_n+a_{n+1}}{2}$ 收敛

解析　选(D).

$\displaystyle\sum_{n=1}^{\infty}a_n$ 收敛,则 $\displaystyle\sum_{n=1}^{\infty}a_{n+1}$ 收敛,于是 $\displaystyle\sum_{n=1}^{\infty}\frac{a_n+a_{n+1}}{2}$ 收敛.

取 $a_n=(-1)^n\frac{1}{\sqrt{n}}$, $\displaystyle\sum_{n=1}^{\infty}a_n$ 收敛,但 $\displaystyle\sum_{n=1}^{\infty}|a_n|$ 发散,排除选项(A);

$\displaystyle\sum_{n=1}^{\infty}(-1)^na_n=\sum_{n=1}^{\infty}\frac{1}{\sqrt{n}}$ 发散,排除选项(B);

$\displaystyle\sum_{n=1}^{\infty}a_na_{n+1}=-\sum_{n=1}^{\infty}\frac{1}{\sqrt{n(n+1)}}$, 因 $\dfrac{1}{\sqrt{n(n+1)}}>\dfrac{1}{n+1}$, 则 $\displaystyle\sum_{n=1}^{\infty}\frac{1}{\sqrt{n(n+1)}}$ 发散,故

$$\sum_{n=1}^{\infty} a_n a_{n+1} \text{ 发散,排除选项(C).}$$

例 8.11 设常数 $\lambda > 0$,而级数 $\sum\limits_{n=1}^{\infty} a_n^2$ 收敛,则级数 $\sum\limits_{n=1}^{\infty} (-1)^n \dfrac{|a_n|}{\sqrt{n^2+\lambda}}$ (   ).

(A) 发散   (B) 条件收敛

(C) 绝对收敛   (D) 收敛性与 λ 有关

解析 选(C).

$$\left| (-1)^n \frac{|a_n|}{\sqrt{n^2+\lambda}} \right| = \left| a_n \frac{1}{\sqrt{n^2+\lambda}} \right| \leqslant \frac{1}{2}\left(a_n^2 + \frac{1}{n^2+\lambda} \right) < \frac{1}{2}\left(a_n^2 + \frac{1}{n^2} \right).$$

因 $\sum\limits_{n=1}^{\infty} a_n^2$ 收敛,$\sum\limits_{n=1}^{\infty} \dfrac{1}{n^2}$ 收敛,故 $\sum\limits_{n=1}^{\infty} \left(a_n^2 + \dfrac{1}{n^2+\lambda} \right)$ 收敛,所以 $\sum\limits_{n=1}^{\infty} (-1)^n \dfrac{|a_n|}{\sqrt{n^2+\lambda}}$ 绝对收敛.

第三节 幂 级 数

考点六　函数项级数的概念

1. 函数项级数

设非空集合 I 是函数序列 $\{u_n(x)\}$ 中所有函数定义域的交集,则表达式

$$\sum_{n=1}^{\infty} u_n(x) = u_1(x) + u_2(x) + \cdots + u_n(x) + \cdots$$

称为函数项级数.

2. 和函数的概念

对收敛域中任意点 x,由级数 $\sum\limits_{n=1}^{\infty} u_n(x)$ 的和所得到的函数,称为函数项级数的和函数,记为 $S(x) = \sum\limits_{n=1}^{\infty} u_n(x)$.

考点七　幂级数的收敛性

1. 函数项级数的收敛域

设 x_0 是区间 I 上的一点,当取 $x = x_0$ 时,函数项级数 $\sum\limits_{n=1}^{\infty} u_n(x)$ 成为常数项级数 $\sum\limits_{n=1}^{\infty} u_n(x_0)$. 若 $\sum\limits_{n=1}^{\infty} u_n(x_0)$ 收敛,则称 x_0 为函数项级数 $\sum\limits_{n=1}^{\infty} u_n(x)$ 的一个收敛点. 所有收敛

点的集合称为函数项级数 $\sum\limits_{n=1}^{\infty} u_n(x)$ 的收敛域.

2. 泰勒级数

设 $f(x)$ 在 x_0 的某一邻域内具有任意阶导数,则 $f(x)$ 可展开为幂级数,

$$f(x) = \sum_{n=0}^{\infty} \frac{f^{(n)}(x_0)}{n!}(x - x_0)^n$$

$$= f(x_0) + f'(x_0)(x - x_0) + \frac{f''(x_0)}{2!}(x - x_0)^2 + \cdots + \frac{f^{(n)}(x_0)}{n!}(x - x_0)^n + \cdots,$$

称为 $f(x)$ 在 x_0 处的泰勒级数.

特别地,当 $x_0 = 0$ 时,

$$\sum_{n=0}^{\infty} \frac{f^{(n)}(0)}{n!}x^n = f(0) + f'(0)x + \frac{f''(0)}{2!}x^2 + \cdots + \frac{f^{(n)}(0)}{n!}x^n + \cdots,$$

称为 $f(x)$ 的麦克劳林级数.

🔊 **注**

熟记几个常用函数的麦克劳林级数:

① $\sin x = \sum\limits_{n=0}^{\infty} (-1)^n \dfrac{x^{2n+1}}{(2n+1)!} = x - \dfrac{x^3}{3!} + \dfrac{x^5}{5!} - \dfrac{x^7}{7!} + \cdots + (-1)^n \dfrac{x^{2n+1}}{(2n+1)!}$ $+ \cdots, x \in (-\infty, +\infty)$;

② $\cos x = \sum\limits_{n=0}^{\infty} (-1)^n \dfrac{x^{2n}}{(2n)!} = 1 - \dfrac{x^2}{2!} + \dfrac{x^4}{4!} - \dfrac{x^6}{6!} + \cdots + (-1)^n \dfrac{x^{2n}}{(2n)!} + \cdots,$ $x \in (-\infty, +\infty)$;

③ $e^x = \sum\limits_{n=0}^{\infty} \dfrac{x^n}{n!} = 1 + x + \dfrac{x^2}{2!} + \dfrac{x^3}{3!} + \cdots + \dfrac{x^n}{n!} + \cdots, x \in (-\infty, +\infty)$;

④ $\ln(1+x) = \sum\limits_{n=1}^{\infty} (-1)^{n+1} \dfrac{x^n}{n} = x - \dfrac{x^2}{2} + \dfrac{x^3}{3} - \cdots + (-1)^{n+1} \dfrac{x^n}{n} + \cdots, x \in (-1, 1)$;

⑤ $(1+x)^a = 1 + \alpha x + \dfrac{\alpha(\alpha - 1)}{2!}x^2 + \cdots + \dfrac{\alpha(\alpha - 1)\cdots(\alpha - n + 1)}{n!}x^n + \cdots, x \in$ $(-1, 1)$;

⑥ $\dfrac{1}{1-x} = \sum\limits_{n=0}^{\infty} x^n = 1 + x + x^2 + x^3 + \cdots + x^n + \cdots, x \in (-1, 1)$;

⑦ $\dfrac{1}{1+x} = \sum\limits_{n=0}^{\infty} (-1)^n x^n = 1 - x + x^2 - x^3 + \cdots + (-1)^n x^n + \cdots, x \in (-1, 1)$.

名师助记 上述 x 范围均以收敛区间来表达,端点处是否收敛可具体代入判定.这几个常用公式必须牢记,求和符号中 n 从几开始比较难记,不妨写出首项验证一下即可.

3. 阿贝尔(Abel)定理

① 如果幂级数 $\sum\limits_{n=0}^{\infty} a_n x^n$ 在 $x = x_0 (x_0 \neq 0)$ 处收敛,则当 $|x| < |x_0|$ 时,幂级数绝对收敛.

② 如果 $x = x_1$ 在处发散,则当 $|x| > |x_1|$ 时,幂级数均发散.

4. 收敛半径

根据阿贝尔定理,若幂级数 $\sum\limits_{n=0}^{\infty} a_n x^n$ 存在非零的收敛点,也存在发散点,则存在一个实数 $R(0 \leqslant R < +\infty)$,使得:

当 $|x| < R$ 时,$\sum\limits_{n=0}^{\infty} a_n x^n$ 绝对收敛;

当 $|x| > R$ 时,$\sum\limits_{n=0}^{\infty} a_n x^n$ 发散;

当 $x = R$ 与 $x = -R$ 时,幂级数可能收敛也可能发散.

R 称为幂级数 $\sum\limits_{n=0}^{\infty} a_n x^n$ 的收敛半径,开区间 $(-R, R)$ 称为幂级数 $\sum\limits_{n=0}^{\infty} a_n x^n$ 的收敛区间.

当 $x = \pm R$ 时,$\sum\limits_{n=0}^{\infty} a_n x^n$ 的敛散性是将 $x = \pm R$ 分别代入后为常数项级数进行判断. 由 $x = \pm R$ 处的敛散性就可以决定幂级数的收敛域是 $(-R, R)$,$[-R, R)$,$(-R, R)$ 或 $[-R, R]$ 这四个区间之一.

名师助记 幂级数 $\sum\limits_{n=0}^{\infty} a_n x^n$ 在 $x = 0$ 处必然收敛,若幂级数 $\sum\limits_{n=0}^{\infty} a_n x^n$ 只在 $x = 0$ 处收敛,则其收敛半径 $R = 0$. 如果幂级数 $\sum\limits_{n=0}^{\infty} a_n x^n$ 在整个数轴上收敛,则其收敛半径 $R = +\infty$.

5. 函数项级数收敛域求解

求解级数 $\sum\limits_{n=0}^{\infty} a_n x^n$ 的收敛域步骤如下:

① 用比值法(或根值法)求出收敛半径,得出收敛区间.

$\lim\limits_{n \to \infty} \left| \dfrac{a_{n+1}}{a_n} \right| = l$,或 $\lim\limits_{n \to \infty} \sqrt[n]{a_n} = l$,$0 < l < +\infty$,则 $R = \dfrac{1}{l}$,收敛区间为 $(-R, R)$. 当 $l = 0$ 时,$R = +\infty$;当 $l = +\infty$ 时,$R = 0$.

② 讨论端点处的敛散性,分别将 $x = \pm R$ 代入幂级数 $\sum\limits_{n=0}^{\infty} a_n x^n$,判断敛散性.

③ 写出幂级数 $\sum\limits_{n=0}^{\infty} a_n x^n$ 的收敛域.

例 8.12 求下列幂级数的收敛域:

(1) $\sum\limits_{n=1}^{\infty} n x^n$;   (2) $\sum\limits_{n=1}^{\infty} (-1)^n \dfrac{x^{2n+1}}{2n+1}$;   (3) $\sum\limits_{n=1}^{\infty} \dfrac{2n-1}{2^n} x^{2n-2}$.

解析 (1) $\lim\limits_{n\to\infty}\left|\dfrac{a_{n+1}}{a_n}\right|=\lim\limits_{n\to\infty}\dfrac{n+1}{n}=1$,故收敛半径为 $R=1$.

当 $x=1$ 时,幂级数成为 $\sum\limits_{n=1}^{\infty}n$,是发散的;当 $x=-1$ 时,幂级数成为 $\sum\limits_{n=1}^{\infty}(-1)^n n$,也是发散的,所以收敛域为 $(-1,1)$.

(2) 这里级数的一般项为 $u_n=(-1)^n\dfrac{x^{2n+1}}{2n+1}$.

$\lim\limits_{n\to\infty}\left|\dfrac{u_{n+1}}{u_n}\right|=\lim\limits_{n\to\infty}\left|\dfrac{x^{2n+3}}{2n+3}\cdot\dfrac{2n+1}{x^{2n+1}}\right|=x^2$,由比值审敛法,当 $x^2<1$,即 $|x|<1$ 时,幂级数绝对收敛;当 $x^2>1$,即 $|x|>1$ 时,幂级数发散,故收敛半径为 $R=1$.

当 $x=1$ 时,幂级数成为 $\sum\limits_{n=1}^{\infty}(-1)^n\dfrac{1}{2n+1}$,是收敛的;当 $x=-1$ 时,幂级数成为 $\sum\limits_{n=1}^{\infty}(-1)^{n+1}\dfrac{1}{2n+1}$,也是收敛的,所以收敛域为 $[-1,1]$.

(3) 这里级数的一般项为 $u_n=\dfrac{2n-1}{2^n}x^{2n-2}$.

$\lim\limits_{n\to\infty}\left|\dfrac{u_{n+1}}{u_n}\right|=\lim\limits_{n\to\infty}\left|\dfrac{(2n+1)x^{2n}}{2^{n+1}}\cdot\dfrac{2^n}{(2n-1)x^{2n-2}}\right|=\dfrac{1}{2}x^2$,由比值审敛法,当 $\dfrac{1}{2}x^2<1$,即 $|x|<\sqrt{2}$ 时,幂级数绝对收敛;当 $\dfrac{1}{2}x^2>1$,即 $|x|>\sqrt{2}$ 时,幂级数发散,故收敛半径为 $R=\sqrt{2}$.

当 $x=\pm\sqrt{2}$ 时,幂级数成为 $\sum\limits_{n=1}^{\infty}\dfrac{2n-1}{2}$,是发散的,所以收敛域为 $(-\sqrt{2},\sqrt{2})$.

例 8.13 若 $\sum\limits_{n=1}^{\infty}a_n(x-1)^n$ 在 $x=-1$ 处收敛,则此级数在 $x=2$ 处(   ).

(A) 条件收敛　　　　　　　　(B) 绝对收敛

(C) 发散　　　　　　　　　　(D) 敛散性不确定

解析 选(B).

$\sum\limits_{n=1}^{\infty}a_n(x-1)^n$ 在 $x=-1$ 处收敛,则当 $|x-1|<|-1-1|=2$ 时,幂级数绝对收敛,故原级数在 $x=2$ 处绝对收敛.

例 8.14 幂级数 $\sum\limits_{n=1}^{\infty}\dfrac{n}{2^n+(-3)^n}x^{2n-1}$ 的收敛半径 $R=$ _____.

解析
$$\lim_{n\to\infty}\left|\dfrac{\dfrac{n+1}{2^{n+1}+(-3)^{n+1}}x^{2n+1}}{\dfrac{n}{2^n+(-3)^n}x^{2n-1}}\right|=\lim_{n\to\infty}\left|\dfrac{(n+1)[2^n+(-3)^n]}{n[2^{n+1}+(-3)^{n+1}]}\right|x^2$$

$$=\lim_{n\to\infty}\left|\dfrac{\left(-\dfrac{2}{3}\right)^n+1}{2\left(-\dfrac{2}{3}\right)^n-3}\right|x^2=\dfrac{1}{3}x^2,$$

当 $\frac{1}{3}x^2 < 1$,即 $|x| < \sqrt{3}$ 时,幂级数收敛,故收敛半径为 $\sqrt{3}$.

例 8.15 设数列 $\{a_n\}$ 单调减少,且 $\lim\limits_{n\to\infty} a_n = 0$,$S_n = \sum\limits_{k=1}^{n} a_k$ 无界,则幂级数 $\sum\limits_{n=1}^{\infty} a_n (x-1)^n$ 的收敛域为(   ).

(A) $(-1, 1]$ (B) $[-1, 1)$ (C) $[0, 2)$ (D) $(0, 2]$

解析 选(C).

因数列 $\{a_n\}$ 单调减少,则由莱布尼茨定理知交错级数 $\sum\limits_{n=1}^{\infty} (-1)^n a_n$ 收敛,故幂级数 $\sum\limits_{n=1}^{\infty} a_n (x-1)^n$ 在 $x = 0$ 处条件收敛.

又 $S_n = \sum\limits_{k=1}^{n} a_k$ 无界,故幂级数 $\sum\limits_{n=1}^{\infty} a_n (x-1)^n$ 在 $x = 2$ 处发散.因此 $\sum\limits_{n=1}^{\infty} a_n (x-1)^n$ 的收敛域为 $[0, 2)$.

例 8.16 若级数 $\sum\limits_{n=1}^{\infty} a_n$ 条件收敛,则 $x = \sqrt{3}$ 与 $x = 3$ 依次为幂级数 $\sum\limits_{n=1}^{\infty} n a_n (x-1)^n$ 的(   ).

(A) 收敛点,收敛点   (B) 收敛点,发散点

(C) 发散点,收敛点   (D) 发散点,发散点

解析 选(B).

因为 $\sum\limits_{n=1}^{\infty} a_n$ 条件收敛,即 $x = 2$ 为幂级数 $\sum\limits_{n=1}^{\infty} a_n (x-1)^n$ 的条件收敛点,故 $\sum\limits_{n=1}^{\infty} a_n (x-1)^n$ 的收敛半径为 1,收敛区间为 $(0, 2]$.而幂级数逐项求导不改变收敛区间,故 $\sum\limits_{n=1}^{\infty} n a_n (x-1)^n$ 的收敛区间还是 $(0, 2]$.因而 $x = \sqrt{3}$ 与 $x = 3$ 依次为幂级数 $\sum\limits_{n=1}^{\infty} n a_n (x-1)^n$ 的收敛点和发散点.故选(B).

考点八　幂级数的运算

1. 和函数的连续性

幂级数 $\sum\limits_{n=0}^{\infty} a_n x^n$ 的和函数 $S(x)$ 在其收敛域 I 上连续.

2. 逐项可导性

幂级数 $S(x) = \sum\limits_{n=0}^{\infty} a_n x^n$ 在收敛区间 $(-R, R)$ 内可以逐项求导,即

$$S'(x) = \left(\sum\limits_{n=0}^{\infty} a_n x^n\right)' = \sum\limits_{n=0}^{\infty} (a_n x^n)' = \sum\limits_{n=1}^{\infty} n a_n x^{n-1},$$

且求导后的幂级数的收敛半径与原级数的收敛半径相同.

3. 逐项可积性

幂级数 $S(x)=\sum\limits_{n=0}^{\infty}a_n x^n$ 在其收敛域 I 上可以逐项积分,即

$$\int_0^x S(t)\,\mathrm{d}t=\int_0^x\sum_{n=0}^{\infty}a_n t^n\,\mathrm{d}t=\sum_{n=0}^{\infty}a_n\int_0^x t^n\,\mathrm{d}t=\sum_{n=0}^{\infty}\frac{a^n}{n+1}x^{n+1},$$

且积分后的幂级数的收敛半径与原级数的收敛半径相同.

例 8.17 利用逐项求导或逐项积分,求下列级数的和函数:

(1) $\sum\limits_{n=1}^{\infty}nx^{n-1}$;　　　(2) $\sum\limits_{n=1}^{\infty}\dfrac{x^{4n+1}}{4n+1}$.

解析 (1) 设和函数为 $S(x)$,即 $S(x)=\sum\limits_{n=1}^{\infty}nx^{n-1}$,则

$$S(x)=\left[\int_0^x S(x)\,\mathrm{d}x\right]'=\left(\int_0^x\sum_{n=1}^{\infty}nx^{n-1}\,\mathrm{d}x\right)'=\left(\sum_{n=1}^{\infty}\int_0^x nx^{n-1}\,\mathrm{d}x\right)'$$

$$\left(\sum_{n=1}^{\infty}x^n\right)'=\left(\frac{1}{1-x}-1\right)'=\frac{1}{(1-x)^2},\ -1<x<1.$$

(2) 设和函数为 $S(x)$,即 $S(x)=\sum\limits_{n=1}^{\infty}\dfrac{x^{4n+1}}{4n+1}$,则

$$S(x)=S(0)+\int_0^x S'(x)\,\mathrm{d}x=\int_0^x\left(\sum_{n=1}^{\infty}\frac{x^{4n+1}}{4n+1}\right)'\mathrm{d}x=\int_0^x\sum_{n=1}^{\infty}x^{4n}\,\mathrm{d}x$$

$$=\int_0^x\left(\frac{1}{1-x^4}-1\right)\mathrm{d}x=\int_0^x\left(-1+\frac{1}{2}\cdot\frac{1}{1+x^2}+\frac{1}{2}\cdot\frac{1}{1-x^2}\right)\mathrm{d}x$$

$$=\frac{1}{4}\ln\frac{1+x}{1-x}+\frac{1}{2}\arctan x-x,\ -1<x<1.$$

例 8.18 求幂级数 $\sum\limits_{n=0}^{\infty}(2n+1)x^n$ 的收敛域,并求其和函数.

解析 收敛半径 $R=\lim\limits_{n\to\infty}\left|\dfrac{a_n}{a_{n+1}}\right|=\lim\limits_{n\to\infty}\dfrac{2n+1}{2n+3}=1$. 当 $x=\pm1$ 时,一般项不趋于零,级数都发散,故收敛域为 $(-1,1)$. 采用分项法求其和函数 $S(x)$:

$$S(x)=\sum_{n=0}^{\infty}(2n+1)x^n=2\sum_{n=0}^{\infty}nx^n+\sum_{n=0}^{\infty}x^n=2x\left(\sum_{n=1}^{\infty}x^n\right)'+\frac{1}{1-x}$$

$$=2x\left(\frac{1}{1-x}-1\right)'+\frac{1}{1-x}=\frac{1+x}{(1-x)^2},\ x\in(-1,1).$$

4. 幂级数展开

若函数 $f(x)$ 可展开成幂级数,则其展开式是唯一的,就是 $f(x)$ 的泰勒级数.幂级数展开式的求法有:

① 直接法:直接计算 $a_n=\dfrac{f^{(n)}(x_0)}{n!}$,由此写出 $f(x)$ 的泰勒级数,并证明

$$\lim_{n\to\infty} R_n(x) = 0.$$

② 间接法：利用已知的幂级数展开式，通过变量代换、四则运算、逐项求导或逐项积分等方法，得到函数的展开式.

例 8.19 将函数 $(1+x)\ln(1+x)$ 展开成 x 的幂级数，并求展开式成立的区间.

解析 因为 $\ln(1+x) = \sum_{n=0}^{\infty}(-1)^n \dfrac{x^{n+1}}{n+1}, -1 < x \le 1$，所以

$$
\begin{aligned}
(1+x)\ln(1+x) &= (1+x)\sum_{n=0}^{\infty}(-1)^n\frac{x^{n+1}}{n+1}\\
&= \sum_{n=0}^{\infty}(-1)^n\frac{x^{n+1}}{n+1} + \sum_{n=0}^{\infty}(-1)^n\frac{x^{n+2}}{n+1}\\
&= x + \sum_{n=1}^{\infty}(-1)^n\frac{x^{n+1}}{n+1} + \sum_{n=1}^{\infty}(-1)^{n+1}\frac{x^{n+1}}{n}\\
&= x + \sum_{n=1}^{\infty}\left[\frac{(-1)^n}{n+1} + \frac{(-1)^{n+1}}{n}\right]x^{n+1}\\
&= x + \sum_{n=1}^{\infty}\frac{(-1)^{n-1}}{n(n+1)}\cdot x^{n+1}, -1 < x \le 1.
\end{aligned}
$$

例 8.20 将函数 $f(x) = \dfrac{1}{x}$ 展开成 $x-3$ 的幂级数.

解析 $\dfrac{1}{x} = \dfrac{1}{3+x-3} = \dfrac{1}{3}\dfrac{1}{1+\dfrac{x-3}{3}} = \dfrac{1}{3}\sum_{n=0}^{\infty}(-1)^n\left(\dfrac{x-3}{3}\right)^n, -1 < \dfrac{x-3}{3} < 1,$

即 $$\frac{1}{x} = \frac{1}{3}\sum_{n=0}^{\infty}(-1)^n\left(\frac{x-3}{3}\right)^n, 0 < x < 6.$$

第九章　数学一专题

基础阶段考点要求

（1）理解空间直角坐标系，理解向量的概念及其表示.掌握向量的运算（线性运算、数量积、向量积、混合积），了解两个向量垂直、平行的条件.

（2）理解单位向量、方向数与方向余弦、向量的坐标表达式，掌握用坐标表达式进行向量运算的方法.

（3）掌握平面方程和直线方程及其求法.会求平面与平面、直线与平面、直线与直线之间的夹角，并会利用平面、直线的相互关系（平行、垂直、相交等）解决有关问题.会求点到直线以及点到平面的距离.

（4）了解曲面方程和空间曲线方程的概念.了解常用二次曲面的方程及其图形，会求简单的柱面和旋转曲面的方程.

（5）了解空间曲线的参数方程和一般方程，了解空间曲线在坐标平面上的投影，并会求该投影曲线的方程.

（6）理解方向导数与梯度的概念，并掌握其计算方法.了解空间曲线的切线和法平面及曲面的切平面和法线的概念，会求它们的方程.

（7）理解两类曲线积分的概念，了解两类曲线积分的性质及两类曲线积分的关系.掌握计算两类曲线积分的方法.掌握格林公式并会运用平面曲线积分与路径无关的条件，会求二元函数全微分的原函数.

（8）了解两类曲面积分的概念、性质及两类曲面积分的关系，掌握计算两类曲面积分的方法，掌握用高斯公式计算曲面积分的方法，并会用斯托克斯公式计算曲线积分.了解散度与旋度的概念，并会计算.

（9）了解傅里叶级数的概念和狄利克雷收敛定理，会将定义在 $[-l, l]$ 上的函数展开为傅里叶级数，会将定义在 $[0, l]$ 上的函数展开为正弦级数与余弦级数，会写出傅里叶级数的和函数的表达式.

第一节　向量代数与空间解析几何

考点一　方向角与方向余弦

定义　非零向量 $\boldsymbol{a}$ 与 x 轴，y 轴，z 轴正向的夹角分别为 α，β，γ，则称 $\cos\alpha$，$\cos\beta$，$\cos\gamma$ 为 $\boldsymbol{a}$ 的方向余弦，即 $\boldsymbol{a}=\{\cos\alpha，\cos\beta，\cos\gamma\}$，其中，

$$\cos\alpha=\frac{a_x}{\sqrt{a_x^2+a_y^2+a_z^2}}，\cos\beta=\frac{a_y}{\sqrt{a_x^2+a_y^2+a_z^2}}，\cos\gamma=\frac{a_z}{\sqrt{a_x^2+a_y^2+a_z^2}}.$$

🔊注

方向余弦满足关系式 $\cos^2\alpha+\cos^2\beta+\cos^2\gamma=1$.

考点二　平面及其方程

1. 平面方程

点法式方程：$A(x-x_0)+B(y-y_0)+C(z-z_0)=0$.

一般式方程：$Ax+By+Cz+D=0$.

2. 平面与平面之间的关系

设两平面的方程为

$\Pi_1：A_1x+B_1y+C_1z+D_1=0$，法向量为 $\boldsymbol{n}_1=\{A_1，B_1，C_1\}$，

$\Pi_2：A_2x+B_2y+C_2z+D_2=0$，法向量为 $\boldsymbol{n}_2=\{A_2，B_2，C_2\}$.

平面 Π_1 与 Π_2 的夹角为 θ，其中 $\theta\in\left[0，\frac{\pi}{2}\right]$.

① $\Pi_1 /\!/ \Pi_2\Leftrightarrow\boldsymbol{n}_1 /\!/ \boldsymbol{n}_2\Leftrightarrow\dfrac{A_1}{A_2}=\dfrac{B_1}{B_2}=\dfrac{C_1}{C_2}$.

② $\Pi_1\perp\Pi_2\Leftrightarrow\boldsymbol{n}_1\perp\boldsymbol{n}_2\Leftrightarrow A_1A_2+B_1B_2+C_1C_2=0$.

③ 两平面夹角的 θ 满足 $\cos\theta=|\cos(\boldsymbol{n}_1，\boldsymbol{n}_2)|=\dfrac{|\boldsymbol{n}_1\cdot\boldsymbol{n}_2|}{|\boldsymbol{n}_1||\boldsymbol{n}_2|}$，可得

$$\theta=\arccos\frac{|A_1A_2+B_1B_2+C_1C_2|}{\sqrt{A_1^2+B_1^2+C_1^2}\cdot\sqrt{A_2^2+B_2^2+C_2^2}}.$$

考点三　空间直线及其方程

1. 直线方程

一般式方程：$\begin{cases} A_1 x + B_1 y + C_1 z + D_1 = 0, \\ A_2 x + B_2 y + C_2 z + D_2 = 0. \end{cases}$

点向式方程：$\dfrac{x-x_0}{l} = \dfrac{y-y_0}{m} = \dfrac{z-z_0}{n}$.

参数式方程：$\begin{cases} x = x_0 + lt, \\ y = y_0 + mt, \\ z = z_0 + nt. \end{cases}$

2. 直线与直线之间的关系

设直线 L_1 的方向向量为 $\boldsymbol{s}_1 = \{l_1, m_1, n_1\}$，直线 L_2 的方向向量为 $\boldsymbol{s}_2 = \{l_2, m_2, n_2\}$，则称 θ 为直线 L_1 与 L_2 之间的夹角，$\theta \in \left[0, \dfrac{\pi}{2}\right]$.

① $L_1 \parallel L_2 \Leftrightarrow \boldsymbol{s}_1 \parallel \boldsymbol{s}_2 \Leftrightarrow \dfrac{l_1}{l_2} = \dfrac{m_1}{m_2} = \dfrac{n_1}{n_2}$.

② $L_1 \perp L_2 \Leftrightarrow \boldsymbol{s}_1 \perp \boldsymbol{s}_2 \Leftrightarrow l_1 l_2 + m_1 m_2 + n_1 n_2 = 0$.

③ 直线 L_1 与 L_2 之间的夹角 θ 满足 $\cos\theta = |\cos(\boldsymbol{s}_1, \boldsymbol{s}_2)| = \dfrac{|\boldsymbol{s}_1 \cdot \boldsymbol{s}_2|}{|\boldsymbol{s}_1||\boldsymbol{s}_2|}$，可得

$$\theta = \arccos \frac{|l_1 l_2 + m_1 m_2 + n_1 n_2|}{\sqrt{l_1^2 + m_1^2 + n_1^2} \cdot \sqrt{l_2^2 + m_2^2 + n_2^2}}.$$

3. 直线与平面之间的关系

设直线 L 的方向向量为 $\boldsymbol{s} = \{l, m, n\}$. 平面方程为 $Ax + By + Cz + D = 0$，则称 θ 为直线 L 与平面 Π 的夹角，$\theta \in \left[0, \dfrac{\pi}{2}\right]$.

① $L_1 \parallel \Pi \Leftrightarrow \boldsymbol{n} \perp \boldsymbol{s} \Leftrightarrow Al + Bm + Cn = 0$.

② $L_1 \perp L_2 \Leftrightarrow \boldsymbol{s} \parallel \boldsymbol{n} \Leftrightarrow \dfrac{A}{l} = \dfrac{B}{m} = \dfrac{C}{n}$.

③ 直线 L 与平面 Π 的夹角 θ 满足 $\sin\theta = |\cos(\boldsymbol{s}, \boldsymbol{n})| = \dfrac{|\boldsymbol{s} \cdot \boldsymbol{n}|}{|\boldsymbol{s}||\boldsymbol{n}|}$，可得

$$\theta = \arcsin \frac{|Al + Bm + Cn|}{\sqrt{l^2 + m^2 + n^2} \cdot \sqrt{A^2 + B^2 + C^2}}.$$

考点四 曲面及其方程

1. 曲面方程

一般方程：$F(x, y, z) = 0$.

参数方程：$\begin{cases} x = x(u, v), \\ y = y(u, v), \\ z = z(u, v). \end{cases}$

2. 二次曲面

二次曲面及其方程如表 9-1 所示.

表 9-1 二次曲面及其方程

曲面名称	方程	曲面名称	方程
椭球面	$\dfrac{x^2}{a^2} + \dfrac{y^2}{b^2} + \dfrac{z^2}{c^2} = 1$	旋转抛物面	$\dfrac{x^2}{2p} + \dfrac{y^2}{2p} = z\ (p > 0)$
椭圆抛物面	$\dfrac{x^2}{2p} + \dfrac{y^2}{2q} = z\ (p, q > 0)$	双曲抛物面	$-\dfrac{x^2}{2p} + \dfrac{y^2}{2q} = z\ (p, q > 0)$
单叶双曲面	$\dfrac{x^2}{a^2} + \dfrac{y^2}{b^2} - \dfrac{z^2}{c^2} = 1$	双叶双曲面	$\dfrac{x^2}{a^2} + \dfrac{y^2}{b^2} - \dfrac{z^2}{c^2} = -1$
二次锥面	$\dfrac{x^2}{a^2} + \dfrac{y^2}{b^2} - \dfrac{z^2}{c^2} = 0$	椭圆柱面	$\dfrac{x^2}{a^2} + \dfrac{y^2}{b^2} = 1$
双曲柱面	$\dfrac{x^2}{a^2} - \dfrac{y^2}{b^2} = 1$	抛物柱面	$\dfrac{x^2}{2p} = y\ (p > 0)$

🔊**注**

求解空间曲面的方法：

(1)用定义求曲面 Σ 的方程.

① 设 $M(x, y, z)$ 是曲面 Σ 上任意一点，根据题意，列出点 M 所满足的条件，得到含有 x, y, z 的等式，化简得 $F(x, y, z) = 0$.

② 说明坐标满足方程 $F(x, y, z) = 0$ 的点一定在曲面 Σ 上，则曲面 Σ 的方程为 $F(x, y, z) = 0$. 一般情况下，只需①就可以了.

(2)曲线 Γ：$\begin{cases} F(y, z) = 0, \\ x = 0 \end{cases}$ 绕 Oz 轴旋转所成旋转曲面 Σ 的方程是 $F(\pm\sqrt{x^2 + y^2}, z) = 0$.

名师助记 这个结果可作为一个规律记住，即坐标平面上的曲线绕该坐标平面上某个坐标轴旋转所生成的曲面方程是：把平面曲线方程中绕相应轴的变量不变，另外一个变量化成正负根号下方程中另外一个变量与该平面垂直轴对应的变量的平方和即为所求的旋转曲面方程.

考点五　空间曲线及其方程

1. 空间曲线的方程

一般式：$\begin{cases} F(x, y, z) = 0, \\ G(x, y, z) = 0. \end{cases}$

参数式：$x = x(t), y = y(t), z = z(t).$

2. 空间曲线在坐标面上的投影

设曲线 $\Gamma : \begin{cases} F(x, y, z) = 0, \\ G(x, y, z) = 0 \end{cases}$ 在坐标平面 xOy 上的投影曲线方法：

由方程组 $\begin{cases} F(x, y, z) = 0, \\ G(x, y, z) = 0 \end{cases}$ 消去 z 得到不含 z 的一个方程 $H(x, y) = 0.$ 而 $H(x, y) = 0$ 是一个母线平行于 z 轴的柱面，且曲线 Γ 也在该柱面上. Γ 在 xOy 平面上的投影曲线 Γ' 与柱面 $H(x, y)$ 与 $z = 0$ 的交线是同一条曲线，故曲线 Γ 在 xOy 平面上的投影 Γ' 的方程为 $\begin{cases} H(x, y) = 0, \\ z = 0, \end{cases}$ 在其他坐标平面上投影曲线的求法完全类似.

例 9.1　求曲线 $x = t, y = t^2, z = t^3$ 点 $(1, 1, 1)$ 处的切线及法平面方程.

解析　因为 $x'_t = 1, y'_t = 2t, z'_t = 3t^2$，而点 $(1, 1, 1)$ 所对应的参数 $t = 1$，所以方向向量为 $\boldsymbol{T} = (1, 2, 3)$. 于是，

切线方程为 $\dfrac{x-1}{1} = \dfrac{y-1}{2} = \dfrac{z-1}{3}$，

法平面方程为 $(x-1) + 2(y-1) + 3(z-1) = 0$，

即 $x + 2y + 3z = 6.$

例 9.2　求曲线 $x^2 + y^2 + z^2 = 6, x + y + z = 0$ 在点 $(1, -2, 1)$ 处的切线及法平面方程.

解析　为求切向量，将所给方程的两边对 x 求导数，得

$$\begin{cases} 2x + 2y \dfrac{dy}{dx} + 2z \dfrac{dz}{dx} = 0, \\ 1 + \dfrac{dy}{dx} + \dfrac{dz}{dx} = 0. \end{cases}$$

解方程组得 $\qquad \dfrac{dy}{dx} = \dfrac{z-x}{y-z}, \dfrac{dz}{dx} = \dfrac{x-y}{y-z}.$

在点 $(1, -2, 1)$ 处，$\qquad \dfrac{dy}{dx} = 0, \dfrac{dz}{dx} = -1,$

从而方向向量 $\boldsymbol{T} = (1, 0, -1).$

所求切线方程为 $\dfrac{x-1}{1} = \dfrac{y+2}{0} = \dfrac{z-1}{-1}$，

法平面方程为 $(x-1) + 0 \cdot (y+2) - (z-1) = 0$，即 $x - z = 0.$

例 **9.3** 求球面 $x^2 + y^2 + z^2 = 14$ 在点 $(1, 2, 3)$ 处的切平面及法线方程式.

解析 由 $F(x, y, z) = x^2 + y^2 + z^2 - 14$，偏导可得

$$F_x' = 2x, \ F_y' = 2y, \ F_z' = 2z.$$

故 $\qquad F_x'(1, 2, 3) = 2, \ F_y'(1, 2, 3) = 4, \ F_z'(1, 2, 3) = 6.$

法向量为 $\boldsymbol{n} = (2, 4, 6)$，或 $\boldsymbol{n} = (1, 2, 3)$.

所求切平面方程为 $2(x-1) + 4(y-2) + 6(z-3) = 0$，即 $x + 2y + 3z - 14 = 0$.

法线方程为 $\dfrac{x-1}{1} = \dfrac{y-2}{2} = \dfrac{z-3}{3}$.

例 **9.4** 求直线 $L: \dfrac{x-1}{1} = \dfrac{y}{1} = \dfrac{z-1}{-1}$ 在平面 $\pi: x - y + 2z - 1 = 0$ 上的投影直线 L_0，并求 L_0 绕 y 轴旋转一周所成曲面的方程.

解 设经过 L 且垂直于 π 的平面方程为 π_1 经过 L，则经过 L 上的点 $(1, 0, 1)$，设 π_1 的法向量为 $\boldsymbol{n}_1$，由题意知 $\boldsymbol{n}_1 \perp \boldsymbol{v} = \{1, 1, -1\}$，$\boldsymbol{n}_1 \perp \boldsymbol{n} = \{1, -1, 2\}$，故 $\boldsymbol{n}_1 = \boldsymbol{v} \times \boldsymbol{n} =$

$$\begin{vmatrix} \boldsymbol{i} & \boldsymbol{j} & \boldsymbol{k} \\ 1 & 1 & -1 \\ 1 & -1 & 2 \end{vmatrix} = \{1, -3, -2\}.$$ 所以 π_1 的方程为 $(x-1) - 3y - 2(z-1) = 0$，即 $x - 3y +$

$2z + 1 = 0$，所以投影直线 L_0 方程为

$$\begin{cases} x - y + 2z - 1 = 0, \\ x - 3y - 2z + 1 = 0, \end{cases} \text{即} \begin{cases} x = 2y, \\ z = -\dfrac{1}{2}(y-1), \end{cases}$$

于是 L_0 绕 y 轴旋转一周所成曲面的方程为 $x^2 + z^2 = 4y^2 + \dfrac{1}{4}(y-1)^2$，即

$$4x^2 - 17y^2 + 4z^2 + 2y - 1 = 0.$$

第二节 三重积分

考点六 三重积分的定义

定义 设 $f(x, y, z)$ 是定义在空间闭区域 Ω 上的有界函数，将 Ω 任意地分成 n 个小区域 $\Delta V_i(i = 1, 2, \cdots, n)$，$\Delta V_i$ 又表示小区域的体积，在每个小区域 ΔV_i 上任取一点 $(\xi_i, \eta_i, \zeta_i)(i = 1, 2, \cdots, n)$，如果当各个小区域的直径的最大值 λ 趋于零时，和式 $\sum\limits_{i=1}^{n} f(\xi_i, \eta_i, \zeta_i)\Delta V_i$ 的极限存在，则此极限为函数 $f(x, y, z)$ 在区域 Ω 上的三重积分，记作 $\iiint\limits_{\Omega} f(x, y, z)\mathrm{d}V$，即

$$\iiint\limits_{\Omega} f(x, y, z)\mathrm{d}V = \lim_{\lambda \to 0} \sum_{i=1}^{n} f(\xi_i, \eta_i, \zeta_i)\Delta V_i.$$

其中，$\mathrm{d}V$ 称为体积元素．

🔊注

三重积分的物理意义：如果 $f(x, y, z)$ 表示某物体在点 (x, y, z) 处的质量密度，Ω 是该物体所占有的空间区域，则该物体的质量为

$$m = \iiint\limits_{\Omega} f(x, y, z)\mathrm{d}V.$$

名师助记　特别地，当 $f(x, y, z) \equiv 1$ 时，三重积分值就是空间区域 Ω 的体积 V，即

$$V = \iiint\limits_{\Omega} \mathrm{d}V.$$

考点七　三重积分的性质

① $\iiint\limits_{\Omega} [f(x, y, z) + g(x, y, z)]\mathrm{d}v = \iiint\limits_{\Omega} f(x, y, z)\mathrm{d}v + \iiint\limits_{\Omega} g(x, y, z)\mathrm{d}v.$

② $\iiint\limits_{\Omega} kf(x, y, z)\mathrm{d}v = k\iiint\limits_{\Omega} f(x, y, z)\mathrm{d}v.$

③ $\iiint\limits_{\Omega_1 + \Omega_2} f(x, y, z)\mathrm{d}v = \iiint\limits_{\Omega_1} f(x, y, z)\mathrm{d}v + \iiint\limits_{\Omega_2} f(x, y, z)\mathrm{d}v.$

④ 若 $f(x, y, z) = 1$，则 $\iiint\limits_{\Omega} \mathrm{d}v = V_{\Omega}.$ 其中 V_{Ω} 是 Ω 的体积．

⑤ 比较定理：在界闭区域 Ω 上，$f(x, y, z) \leqslant g(x, y, z)$，则

$$\iiint\limits_{\Omega} f(x, y, z)\mathrm{d}v \leqslant \iiint\limits_{\Omega} g(x, y, z)\mathrm{d}v.$$

⑥ 积分中值定理：如果 $f(x, y, z)$ 在有界闭区域 Ω 上连续，V_{Ω} 是 Ω 的体积，则至少存在一点 $(\xi, \eta, \zeta) \in \Omega$，使得

$$\iiint\limits_{\Omega} f(x, y, z)\mathrm{d}v = f(\xi, \eta, \zeta)V_{\Omega}.$$

考点八　三重积分的计算

1. 直角坐标系下三重积分的计算

(1) 投影法（"先一后二"法）

即将三重积分化为一个定积分和一个二重积分进行计算，步骤如下：

① 将积分区域 Ω（图 9-1）投影到平面 xOy 上得到投影区域 D_{xy}，根据投影区域 D_{xy} 判断

是 X 型区域还是 Y 型区域来确定 x，y 的上下限，定限的方法与二重积分完全一样.

② 过投影区域 D_{xy} 中任意一点 $(x，y)$ 作一条平行于 z 轴且穿过积分区域 Ω 的直线，不妨设此直线与积分区域 Ω 相交的上、下两点坐标 x，y 的第三分量分别为 $z_2(x，y)$ 和 $z_1(x，y)$，z 的取值范围为 $z_1(x，y) \leqslant z \leqslant z_2(x，y)$，积分区域 Ω 可表示为

$$\Omega = \{(x，y，z) \mid z_1(x，y) \leqslant z \leqslant z_2(x，y)，(x，y) \in D_{xy}\}，$$

$$\iiint\limits_{\Omega} f(x，y，z)\mathrm{d}V = \iiint\limits_{\Omega} f(x，y，z)\mathrm{d}x\mathrm{d}y\mathrm{d}z = \iint\limits_{D_{xy}} \mathrm{d}x\mathrm{d}y \int_{z_1(x，y)}^{z_2(x，y)} f(x，y，z)\mathrm{d}z.$$

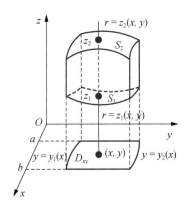

图 9-1

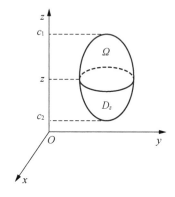

图 9-2

(2) 截面法（"先二后一"法）

即将三重积分化为一个二重积分和一个定积分进行计算.

如果积分区域 Ω 介于平面 $z = c_1$ 与 $z = c_2$ 之间（图 9-2），在 z 轴上任取一点 $z \in (c_1，c_2)$，过该点作垂直于 z 轴的平面，该平面截 Ω 得到平面区域 D_z，那么

$$\Omega = \{(x，y，z) \mid c_1 \leqslant z \leqslant c_2，(x，y) \in D_z\}，$$

于是有

$$\iiint\limits_{\Omega} f(x，y，z)\mathrm{d}V = \iiint\limits_{\Omega} f(x，y，z)\mathrm{d}x\mathrm{d}y\mathrm{d}z = \int_{c_1}^{c_2} \mathrm{d}z \iint\limits_{D_z} f(x，y，z)\mathrm{d}x\mathrm{d}y.$$

2. 柱面坐标系下三重积分的计算

柱面坐标系实际上由平面上的极坐标加上空间中的竖坐标 z 构成，该坐标系中体积元素为 $\mathrm{d}V = \rho\mathrm{d}\rho\mathrm{d}\theta\mathrm{d}z$，因此，只要在直角坐标系下三重积分的"投影法"中计算内层定积分，外层二重积分在极坐标系下进行，并且先计算定积分时，被积函数和积分限中的变量 x，y 分别换成 $\rho\cos\theta$，$\rho\sin\theta$ 即可. 此时有

$$\iiint\limits_{\Omega} f(x，y，z)\mathrm{d}V = \iiint\limits_{\Omega} f(\rho\cos\theta，\rho\sin\theta，z)\rho\mathrm{d}\rho\mathrm{d}\theta\mathrm{d}z$$

$$= \iint\limits_{D} \rho\mathrm{d}\rho\mathrm{d}\theta \int_{z_1(\rho\cos\theta，\rho\sin\theta)}^{z_2(\rho\cos\theta，\rho\sin\theta)} f(\rho\cos\theta，\rho\sin\theta，z)\mathrm{d}z.$$

若再将投影区域 D 表示成 $D = \{(\rho，\theta) \mid \rho_1(\theta) \leqslant \rho \leqslant \rho_2(\theta)，\alpha \leqslant \theta \leqslant \beta\}$，则有

$$\iiint\limits_{\Omega} f(\rho\cos\theta,\ \rho\sin\theta,\ z)\rho\,\mathrm{d}\rho\,\mathrm{d}\theta\,\mathrm{d}z=\int_{\alpha}^{\beta}\mathrm{d}\theta\int_{\rho_1(\theta)}^{\rho_2(\theta)}\rho\,\mathrm{d}\rho\int_{z_1(\rho\cos\theta,\ \rho\sin\theta)}^{z_2(\rho\cos\theta,\ \rho\sin\theta)}f(\rho\cos\theta,\ \rho\sin\theta,\ z)\,\mathrm{d}z.$$

名师助记 若积分区域 Ω 为柱体、锥体,或由柱面、锥面、旋转抛物面所围成的空间体,且被积函数为下述形式: $zf(x^2+y^2)$, $zf\left(\dfrac{y}{x}\right)$, $xf(x^2+y^2)$, $xf\left(\dfrac{y}{x}\right)$, $yf(x^2+y^2)$ 或 $yf\left(\dfrac{y}{x}\right)$,可优先考虑柱面坐标系计算三重积分.

3. 球面坐标系下三重积分的计算

三重积分球坐标替换公式为:

$$\begin{cases} x=\rho\cos\theta\ \sin\varphi, \\ y=\rho\sin\theta\ \sin\varphi, \\ z=\rho\cos\varphi. \end{cases}$$

确定积分变量 θ, ρ, φ 上下限方法如下:

(1) 如图 9-3 所示,将积分区域 Ω 投影到平面 xOy 上的投影区域 D,过原点作两条与投影区域 D 相切的切线.不妨设从 X 轴正半轴逆时针方向与两条切线形成的夹角分别为 θ_1 和 θ_2,则 θ 的取值范围为 $\theta_1\leqslant\theta\leqslant\theta_2$.

(2) 对任意固定的 $\theta\in(\theta_1,\theta_2)$,以 z 轴为边界作一个与积分区域 Ω 相截的半平面(此平面与 X 轴正方向的夹角为 θ),不妨设相交的截面区域为 $\Omega(\theta)$,过原点 O 作两条与截面区域 $\Omega(\theta)$ 相切的切线,若两条切线与 z 轴正方向的夹角分别为 φ_1, φ_2,且 $\varphi_1\leqslant\varphi_2$,则 φ 的取值范围为 $\varphi_1\leqslant\varphi\leqslant\varphi_2$.

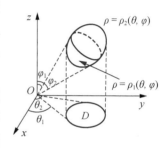

图 9-3

(3) 从原点 O 出发,作一条穿过积分区域 Ω 的射线,不妨设原点 O 与穿入点的距离为 $\rho_1(\theta,\varphi)$,与穿出点的距离为 $\rho_2(\theta,\varphi)$,则 ρ 的取值范围为 $\rho_1(\theta,\varphi)\leqslant\rho\leqslant\rho_2(\theta,\varphi)$.

此时三重积分可化为如下三次累次积分:

$$\iiint\limits_{\Omega} f(x,\ y,\ z)\mathrm{d}V=\iiint\limits_{\Omega} f(\rho\sin\varphi\cos\theta,\ \rho\sin\varphi\ \sin\theta,\ \rho\cos\varphi)\rho^2\sin\varphi\ \mathrm{d}\theta\mathrm{d}\varphi\mathrm{d}\rho$$

$$=\int_{\theta_1}^{\theta_2}\mathrm{d}\theta\int_{\varphi_1}^{\varphi_2}\mathrm{d}\varphi\int_{\rho_1(\theta,\ \varphi)}^{\rho_2(\theta,\ \varphi)}f(\rho\sin\varphi\ \cos\theta,\ \rho\sin\varphi\ \sin\theta,\ \rho\cos\varphi)\rho^2\sin\varphi\mathrm{d}\rho.$$

名师助记 若积分区域 Ω 为球体的一部分、锥体或被积函数形式为 $f(x^2+y^2+z^2)$,则可考虑使用球面坐标系,注意在该坐标系下,体积元素为 $\mathrm{d}V=\rho^2\sin\varphi\mathrm{d}\theta\mathrm{d}\rho\mathrm{d}\varphi$.

4. 三重积分的简化运算

(1) 利用奇偶性

若积分域 Ω 关于 xOy 坐标面对称, $f(x,\ y,\ z)$ 关于 z 有奇偶性,则

$$\iiint\limits_{\Omega} f(x,\ y,\ z)\mathrm{d}V=\begin{cases} 2\iiint\limits_{D\cap\{z\geqslant0\}} f(x,\ y,\ z)\mathrm{d}V, & f(x,\ y,\ -z)=f(x,\ y,\ z), \\ 0, & f(x,\ y,\ -z)=-f(x,\ y,\ z). \end{cases}$$

(2) 利用轮换对称性

若 Ω 关于 x，y，z 具有轮换对称性，则

$$\iiint\limits_{\Omega}f(x，y，z)\mathrm{d}V=\iiint\limits_{\Omega}f(y，z，x)\mathrm{d}V=\iiint\limits_{\Omega}f(z，x，y)\mathrm{d}V.$$

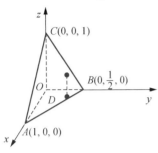

图 9-4

例 9.5 求 $I=\iiint\limits_{\Omega}x\mathrm{d}V$，其中 Ω 是由 3 个坐标面与 $x+2y+z=1$ 围成的闭区域.

解析 把区域 Ω 投影到 xOy 面上，得到平面区域 D，如图 9-4 所示，$D=\left\{(x，y)\mid 0\leqslant y\leqslant\dfrac{1-x}{2}，0\leqslant x\leqslant 1\right\}$. 在 D 内任意取一点 $M(x，y)$，过点 M 作平行于 z 轴的直线，则该直线与 Ω 的下边界曲面 $z=0$ 相交，再与上边界曲面 $z=1-x-2y$ 相交，即 $0\leqslant z\leqslant 1-x-2y$，于是

$$\iiint\limits_{\Omega}x\mathrm{d}V=\int_0^1\mathrm{d}x\int_0^{\frac{1-x}{2}}\mathrm{d}y\int_0^{1-x-2y}x\mathrm{d}z=\int_0^1\mathrm{d}x\int_0^{\frac{1-x}{2}}x(1-x-2y)\mathrm{d}y$$

$$=\frac{1}{4}\int_0^1(x-2x^2+x^3)\mathrm{d}x=\frac{1}{48}.$$

例 9.6 求 $I=\iiint\limits_{\Omega}(x^2+y^2)\mathrm{d}V$，$\Omega$ 是由曲线 $\begin{cases}y^2=2z\\x=0\end{cases}$，绕 z 轴旋转一周而成的曲面与平面 $z=2$，$z=8$ 所围成的锥台.

解法一 用柱面坐标计算，用平行于 z 轴的直线由下向上穿过积分域 Ω，直线与 Ω 边界曲面交于两点，即下曲面与上曲面处. 值得注意的是，下曲面由平面 $z=2$ 及旋转抛物面 $2z=x^2+y^2$ 组成，对 z 积分的下限是 $z=2$ 或 $z=\dfrac{1}{2}(x^2+y^2)$，所以需要用圆柱面 $x^2+y^2=4$ 将 Ω 分成内外两部分，于是

$$I=\iiint\limits_{\Omega}(x^2+y^2)\mathrm{d}V=\iiint\limits_{\Omega_1+\Omega_2}r^3\mathrm{d}r\mathrm{d}\theta\mathrm{d}z=\int_0^{2\pi}\mathrm{d}\theta\int_0^2 r^3\mathrm{d}r\int_2^8\mathrm{d}z+\int_0^{2\pi}\mathrm{d}\theta\int_2^4 r^3\mathrm{d}r\int_{\frac{r^2}{8}}^8\mathrm{d}z$$

$$=48\pi+288\pi=336\pi.$$

解法二 用"先二后一法"，用平行于 xOy 面的平面截立体 Ω，得到截面上半径为 $\sqrt{2z}$ 的圆域 D_z：$x^2+y^2\leqslant 2z(2\leqslant z\leqslant 8)$（图 9-5），则

$$I=\iiint\limits_{\Omega}(x^2+y^2)\mathrm{d}V=\int_2^8\mathrm{d}z\iint\limits_{D_z}(x^2+y^2)\mathrm{d}x\mathrm{d}y$$

$$=\int_2^8\mathrm{d}z\int_0^{2\pi}\mathrm{d}\theta\int_0^{\sqrt{2z}}r^3\mathrm{d}r$$

$$=2\pi\int_2^8 z^2\mathrm{d}z=336\pi.$$

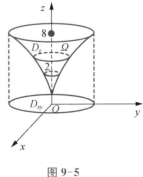

图 9-5

例 9.7 利用球面坐标计算下列三重积分:

(1) $\iiint\limits_{\Omega}(x^2+y^2+z^2)\mathrm{d}V$,其中 Ω 是由球面 $x^2+y^2+z^2=1$ 所围成的闭区域;

(2) $\iiint\limits_{\Omega}z\mathrm{d}V$,其中闭区域 Ω 由不等式 $x^2+y^2+(z-a)^2\leqslant a^2$,$x^2+y^2\leqslant z^2$ 确定.

解析 (1) $\iiint\limits_{\Omega}(x^2+y^2+z^2)\mathrm{d}V=\int_0^{2\pi}\mathrm{d}\theta\int_0^{\pi}\sin\varphi\mathrm{d}\varphi\int_0^1\rho^4\mathrm{d}\rho=\dfrac{4}{5}\pi$;

(2) $\iiint\limits_{\Omega}z\mathrm{d}V=\int_0^{2\pi}\mathrm{d}\theta\int_0^{\frac{\pi}{4}}\mathrm{d}\varphi\int_0^{2a\cos\varphi}\rho^3\sin\varphi\cos\varphi\mathrm{d}\rho$

$$=2a^4\int_0^{2\pi}\mathrm{d}\theta\int_0^{\frac{\pi}{4}}\sin 2\varphi\cos^4\varphi\mathrm{d}\varphi=\dfrac{7}{6}\pi a^4.$$

例 9.8 计算三重积分 $\iiint\limits_{\Omega}\mathrm{e}^{|z|}\mathrm{d}V$,其中 Ω 为单位球体.

解析 因为 Ω 关于 xOy 平面对称,而 $f(x,y,z)=\mathrm{e}^{|z|}$ 是 z 的偶函数,故可用对称性简化计算,记 Ω_1 为 Ω 在 xOy 面上方的部分,则

$$\iiint\limits_{\Omega}\mathrm{e}^{|z|}\mathrm{d}V=2\iiint\limits_{\Omega_1}\mathrm{e}^z\mathrm{d}V=2\int_0^{2\pi}\mathrm{d}\theta\int_0^{\frac{\pi}{2}}\mathrm{d}\varphi\int_0^1\mathrm{e}^{\rho\cos\varphi}\rho^2\sin\varphi\mathrm{d}\rho=2\pi.$$

名师助记 带绝对值函数的积分,主要考虑分割区域进行求解,若被积函数在各个区域不变号,则可利用对称性来简化计算.

例 9.9 计算 $\iiint\limits_{\Omega}(x+y+z+1)^2\mathrm{d}V$,其中 $\Omega:x^2+y^2+z^2\leqslant R^2(R\geqslant 0)$.

解析 原式 $=\iiint\limits_{D}(x^2+y^2+z^2+2xy+2yz+2zx+2x+2y+2z+1)\mathrm{d}V$.

因为 Ω 关于三个坐标面都对称,而 $2xy$,$2yz$,$2zx$,$2x$,$2y$,$2z$ 都(至少)关于某个变量为奇函数,所以这些项的积分全为零.于是由轮换对称性得到

$$\text{原式}=3\iiint\limits_{\Omega}z^2\mathrm{d}v+\iiint\limits_{\Omega}\mathrm{d}v=3\int_{-R}^{R}z^2\mathrm{d}z\iint\limits_{x^2+y^2\leqslant R^2-z^2}\mathrm{d}x\mathrm{d}y+\dfrac{4}{3}\pi R^3$$

$$=6\int_0^R z^2\pi(R^2-z^2)\mathrm{d}z+\dfrac{4}{3}\pi R^3=\dfrac{4}{5}\pi R^5+\dfrac{4}{3}\pi R^3.$$

第三节 多元函数与重积分的应用

考点九 方向导数与梯度

1. 方向导数

沿方向 l 的方向导数为

$$\frac{\partial f}{\partial l} = \frac{\partial f}{\partial x} \cos \alpha + \frac{\partial f}{\partial y} \cos \beta.$$

其中，$\{\cos \alpha, \cos \beta\}$ 为 l 的方向余弦.

2. 梯度

若函数 $z = f(x, y)$ 在点 (x, y) 处可微，梯度为 $\mathbf{grad} f(x, y) = \frac{\partial f}{\partial x} \boldsymbol{i} + \frac{\partial f}{\partial y} \boldsymbol{j}$.

当方向导数的方向与梯度的方向一致时，方向导数取最大值，最大值为梯度的模，即

$$\left. \frac{\partial f}{\partial l} \right|_{\max} = |\mathbf{grad} f(x, y)| = \sqrt{\left(\frac{\partial f}{\partial x}\right)^2 + \left(\frac{\partial f}{\partial y}\right)^2}.$$

🔊 注

三元函数可以做类似推广.

① 若三元函数 $u = f(x, y, z)$ 可微，梯度为

$$\mathbf{grad} f(x, y, z) = \frac{\partial f}{\partial x} \boldsymbol{i} + \frac{\partial f}{\partial y} \boldsymbol{j} + \frac{\partial f}{\partial z} \boldsymbol{k}.$$

② 沿方向 l 的方向导数为

$$\frac{\partial f}{\partial l} = \frac{\partial f}{\partial x} \cos \alpha + \frac{\partial f}{\partial y} \cos \beta + \frac{\partial f}{\partial z} \cos \gamma.$$

其中，$\{\cos \alpha, \cos \beta, \cos \gamma\}$ 为 l 的方向余弦.

③ 当方向导数的方向与梯度的方向一致时，方向导数取最大值，最大值为梯度的模，即

$$\left. \frac{\partial f}{\partial l} \right|_{\max} = |\mathbf{grad} f(x, y, z)| = \sqrt{\left(\frac{\partial f}{\partial x}\right)^2 + \left(\frac{\partial f}{\partial y}\right)^2 + \left(\frac{\partial f}{\partial z}\right)^2}.$$

考点十 求曲面的面积

设曲面 Σ 由方程 $z = f(x, y)$ 给出，D 为曲面 Σ 在 xOy 上的投影区域，函数 $f(x, y)$ 在 D 上有连续的偏导数 $f'_x(x, y)$ 和 $f'_y(x, y)$，则曲面面积为

$$A = \iint\limits_{D} \sqrt{1 + \left(\frac{\partial f}{\partial x}\right)^2 + \left(\frac{\partial f}{\partial y}\right)^2} \, \mathrm{d}x \, \mathrm{d}y.$$

考点十一 求质心(形心)

设平面区域 D 上的薄片的面密度是 $\mu(x, y)$，则平面薄片的质心坐标是

$$\bar{x}=\dfrac{\iint\limits_{D}x\mu(x,y)\mathrm{d}\sigma}{\iint\limits_{D}\mu(x,y)\mathrm{d}\sigma},\ \bar{y}=\dfrac{\iint\limits_{D}y\mu(x,y)\mathrm{d}\sigma}{\iint\limits_{D}\mu(x,y)\mathrm{d}\sigma}.$$

如果薄片质量均匀,即面密度为常数,则

$$\bar{x}=\frac{1}{A}\iint\limits_{D}x\,\mathrm{d}\sigma,\ \bar{y}=\frac{1}{A}\iint\limits_{D}y\,\mathrm{d}\sigma,$$

其中,$A=\iint\limits_{D}\mathrm{d}\sigma$ 为闭区域 D 的面积.

考点十二　转动惯量

设物体占有有界空间区域 Ω,在 (x,y,z) 的密度为 $\rho(x,y,z)$,且在区域 Ω 上连续,则物体关于 x 轴,y 轴,z 轴及原点 O 的转动惯量分别为:

$$I_x=\iiint\limits_{\Omega}(y^2+z^2)\rho(x,y,z)\mathrm{d}v,$$

$$I_y=\iiint\limits_{\Omega}(x^2+z^2)\rho(x,y,z)\mathrm{d}v,$$

$$I_z=\iiint\limits_{\Omega}(x^2+y^2)\rho(x,y,z)\mathrm{d}v,$$

$$I_o=\iiint\limits_{\Omega}(x^2+y^2+z^2)\rho(x,y,z)\mathrm{d}v.$$

第四节　第一型曲线积分(对弧长的曲线积分)

考点十三　第一型曲线积分(平面曲线)

1. 定义

设函数 $f(x,y)$ 在平面 xOy 上的一条分段光滑曲线 L 上,把曲线 L 任意分割为 n 小段,不妨设为 $\Delta s_1,\Delta s_2,\cdots,\Delta s_n$. 若在每一小曲线段 $\Delta s_k(1\leqslant k\leqslant n)$ 上任取一点 (ξ_k,η_k),当各小段弧的长度最大值 $\lambda\to 0$ 时,极限 $\lim\limits_{\lambda\to 0}\sum\limits_{k=1}^{n}f(\xi_k,\eta_k)\Delta s_k$ 存在,则称此极限值为 $f(x,y)$ 在曲线 L 上的第一类曲线积分,记为 $\int_L f(x,y)\mathrm{d}s$,即有

$$\int_L f(x,y)\mathrm{d}s=\lim_{\lambda\to 0}\sum_{k=1}^{n}f(\xi_k,\eta_k)\Delta s_k.$$

名师助记 若曲线是封闭曲线,则可记为 $\oint_L f(x, y)\mathrm{d}s$,上述是对于平面情形的定义, 三维空间与之类似.设在空间曲线 L 上的有界函数 $f(x, y, z)$ 在曲线 L 的第一类曲线积 分为 $\int_L f(x, y, z)\mathrm{d}s = \lim_{\lambda \to 0} \sum_{k=1}^{n} f(\xi_k, \eta_k, \zeta_k)\Delta s_k.$

2. 第一型曲线积分的性质

① $\int_L [f(x, y) + g(x, y)]\mathrm{d}s = \int_L f(x, y)\mathrm{d}s + \int_L g(x, y)\mathrm{d}s.$

② $\int_L kf(x, y)\mathrm{d}s = k\int_L f(x, y)\mathrm{d}s.$

③ $\int_{L_1 + L_2} f(x, y)\mathrm{d}s = \int_{L_1} f(x, y)\mathrm{d}s + \int_{L_2} f(x, y)\mathrm{d}s$,其中,$L_1$,$L_2$ 没有公共部分.

④ $\int_L f(x, y)\mathrm{d}s = -\int_{L^-} f(x, y)\mathrm{d}s$,其中,$L^-$ 表示 L 的反方向的路径.

⑤ $\int_L 1\mathrm{d}s =$ 曲线的弧长,$\int_L 0\mathrm{d}s = 0.$

⑥ 设在 L 上 $f(x, y) \leqslant g(x, y)$,则 $\int_L f(x, y)\mathrm{d}s \leqslant \int_L g(x, y)\mathrm{d}s.$

特别地,$\left|\int_L f(x, y)\mathrm{d}s\right| \leqslant \int_L |f(x, y)|\mathrm{d}s.$

3. 第一型曲线积分的计算法

假设 L 为光滑曲线,$f(x, y)$ 在 L 上连续.

(1) 参数方程

若 L 由参数方程 $x = \varphi(t)$,$y = \psi(t)$ $\alpha \leqslant t \leqslant \beta$ 给出,则

$$\int_L f(x, y)\mathrm{d}s = \int_\alpha^\beta f[\varphi(t), \psi(t)]\sqrt{[\varphi'(t)]^2 + [\psi'(t)]^2}\mathrm{d}t.$$

其中,$\varphi(t)$,$\psi(t)$ 在 $[\alpha, \beta]$ 上有一阶连续导数,且 $[\varphi'(t)]^2 + [\psi'(t)]^2 \neq 0.$

(2) 直角坐标

若 L 由直角坐标方程 $y = y(x)$,$a \leqslant x \leqslant b$ 给出,则

$$\int_L f(x, y)\mathrm{d}s = \int_a^b f[x, y(x)]\sqrt{1 + [y'(x)]^2}\mathrm{d}x.$$

(3) 极坐标

若 L 由极坐标方程 $r = r(\theta)$,$\alpha \leqslant \theta \leqslant \beta$ 给出,则

$$\int_L f(x, y)\mathrm{d}s = \int_\alpha^\beta f[r(\theta)\cos\theta, r(\theta)\sin\theta]\sqrt{r^2(\theta) + [r'(\theta)]^2}\mathrm{d}\theta.$$

名师助记 计算第一型曲线积分,首先,要观察积分曲线与被积函数的特点,看能否利 用曲线方程化简被积函数(因为在积分过程中动点始终沿着曲线移动,从而其坐标满足曲线 方程),这是计算曲线(面)积分特有的方法,因而可将曲线方程代入被积函数以化简被积函 数,代换后往往最后归结为计算 $\oint_L k\mathrm{d}s = kL$,而弧长 L 是已知的或易求的.然后,根据积分曲

线方程的类型(参数方程、直角坐标、极坐标),选择适当的参数化为关于参数的定积分来计算.这里值得注意的是,不管采用什么参数,其弧长微分总是 $ds > 0$,因而上述关于参数的定积分中下限一定不超过上限.其次,要正确写出弧长元素 ds 的参数表达式来替换 ds.

例 9.10 计算下列对弧长的曲线积分:

(1) $\oint_L (x^2 + y^2)^n ds$,其中,L 为圆周 $x = a\cos t$,$y = a\sin t$ $(0 \leqslant t \leqslant 2\pi)$.

(2) $\int_L (x + y) ds$,其中,L 为连接 $(1, 0)$ 及 $(0, 1)$ 两点的直线段.

(3) $\oint_L x ds$,其中,L 为由直线 $y = x$ 及抛物线 $y = x^2$ 所围成的区域的整个边界.

(4) $\oint_L e^{\sqrt{x^2+y^2}} ds$,其中,$L$ 为圆周 $x^2 + y^2 = a^2$,直线 $y = x$ 及 x 轴在第一象限所围成的扇形的边界.

解析 (1) $\oint_L (x^2 + y^2)^n ds = \int_0^{2\pi} (a^2\cos^2 t + a^2\sin^2 t)^n \sqrt{(-a\sin t)^2 + (a\cos t)^2} dt$

$$= \int_0^{2\pi} a^{2n+1} dt = 2\pi a^{2n+1}.$$

(2) L 的方程为 $y = 1 - x(0 \leqslant x \leqslant 1)$(图 9-6),

$$\int_L (x + y) ds = \int_0^1 (x + 1 - x) \sqrt{1 + [(1-x)']^2} dx = \sqrt{2}.$$

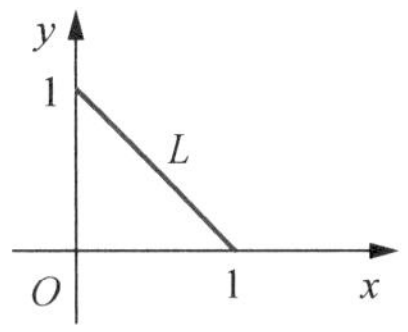

图 9-6

(3) 记 L_1:$y = x^2 (0 \leqslant x \leqslant 1)$,$L_2$:$y = x (0 \leqslant x \leqslant 1)$,

$$\oint_L x ds = \int_{L_1} x ds + \int_{L_2} x ds = \int_0^1 x\sqrt{1 + 4x^2} dx + \int_0^1 \sqrt{2} x dx$$

$$= \frac{1}{12}(5\sqrt{5} + 6\sqrt{2} - 1).$$

(4) 如图 9-7 所示,$L = L_1 + L_2 + L_3$,

L_1:$y = 0$ $(0 \leqslant x \leqslant a)$,

L_2:$x = a\cos t$,$y = a\sin t$,$0 \leqslant t \leqslant \dfrac{\pi}{4}$,

L_3:$y = x\left(0 \leqslant x \leqslant \dfrac{\sqrt{2}}{2}a\right)$,

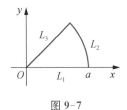

图 9-7

故 $\oint_L e^{\sqrt{x^2+y^2}} ds = \int_{L_1} e^{\sqrt{x^2+y^2}} ds + \int_{L_2} e^{\sqrt{x^2+y^2}} ds + \int_{L_3} e^{\sqrt{x^2+y^2}} ds$

$$= \int_0^a e^x dx + \int_0^{\frac{\pi}{4}} e^a \sqrt{[(a\cos t)']^2 + [(a\sin t)']^2} dt + \int_0^{\frac{\sqrt{2}}{2}a} e^{\sqrt{2}x} \sqrt{2} dx$$

$$= e^a\left(2 + \frac{\pi}{4}a\right) - 2.$$

4. 第一型曲线积分的对称性

① 若积分曲线 L 关于 y 轴对称,则

$$\int_L f(x, y) \mathrm{d}s = \begin{cases} 2\int_{L \cap \{x \geqslant 0\}} f(x, y) \mathrm{d}s, & f(-x, y) = f(x, y), \\ 0, & f(-x, y) = -f(x, y). \end{cases}$$

② 若积分曲线 L 关于 x 轴对称，则

$$\int_L f(x, y) \mathrm{d}s = \begin{cases} 2\int_{L \cap \{y \geqslant 0\}} f(x, y) \mathrm{d}s, & f(x, -y) = f(x, y), \\ 0, & f(x, -y) = -f(x, y). \end{cases}$$

③ 若积分曲线关于直线 $y = x$ 对称，则

$$\int_L f(x, y) \mathrm{d}s = \int_L f(y, x) \mathrm{d}s.$$

特别地，$\displaystyle\int_L f(x) \mathrm{d}s = \int_L f(y) \mathrm{d}s$.

例 9.11 设平面曲线 L 为下半圆 $y = -\sqrt{1-x^2}$，则曲线积分 $\displaystyle\int_L (x^2 + y^2) \mathrm{d}s =$ _____.

解法一 因在 L 上有 $x^2 + y^2 = 1$，故原式 $= \displaystyle\int_L 1 \mathrm{d}s = \int_L \mathrm{d}s = \pi$.

解法二 $L: y = -\sqrt{1-x^2} \ (-1 \leqslant x \leqslant 1)$，$\mathrm{d}s = \sqrt{1+y'^2} \, \mathrm{d}x = \dfrac{1}{\sqrt{1-x^2}} \mathrm{d}x$，则

$$原式 = \int_{-1}^{1} (x^2 + 1 - x^2) \frac{1}{\sqrt{1-x^2}} \mathrm{d}x = \int_{-1}^{1} \frac{1}{\sqrt{1-x^2}} \mathrm{d}x = \arcsin x \big|_{-1}^{1} = \pi.$$

例 9.12 计算空间曲线积分 $\displaystyle\oint_\Gamma (z + y^2) \mathrm{d}s$，其中 Γ 为球面 $x^2 + y^2 + z^2 = R^2$ 与平面 $x + y + z = 0$ 的交线.

解析 因为曲线 Γ 的方程对变量 x, y, z 具有轮换对称性，故

$$\oint_\Gamma z \mathrm{d}s = \oint_\Gamma x \mathrm{d}s = \oint_\Gamma y \mathrm{d}s = \frac{1}{3} \oint_\Gamma (x + y + z) \mathrm{d}s = 0,$$

$$\oint_\Gamma y^2 \mathrm{d}s = \oint_\Gamma z^2 \mathrm{d}s = \oint_\Gamma x^2 \mathrm{d}s = \frac{1}{3} \oint_\Gamma (x^2 + y^2 + z^2) \mathrm{d}s.$$

因而

$$\oint_\Gamma (z + y^2) \mathrm{d}s = \frac{1}{3} \oint_\Gamma [(x + y + z) + (x^2 + y^2 + z^2)] \mathrm{d}s.$$

将 Γ 的方程代入被积函数，化简得到

$$\oint_\Gamma (z + y^2) \mathrm{d}s = \frac{1}{3} \oint_\Gamma (0 + R^2) \mathrm{d}s = \frac{R^2}{3} \cdot 2\pi R = \frac{2}{3} \pi R^3.$$

例 9.13 计算 $\displaystyle\int_L (x \sin\sqrt{x^2 + y^2} + x^2 + 4y^2 - 7y) \mathrm{d}s$，$L$ 是椭圆 $\dfrac{x^2}{4} + (y-1)^2 = 1$，又设 L 的全长为 l.

解析　因 L 关于 y 轴对称,被积函数中第一项关于 x 为奇函数.于是由奇偶对称性知,

$\int_L x\sin\sqrt{x^2+y^2}\,ds=0$.将 L 的方程改写为 $x^2+4y^2=8y$,代入被积式中得:原式 $=\int_L y\,ds$.

根据 L 的形心坐标公式,$\bar{y}=\int_L y\,ds / \int_L ds=1$.于是形式 $=\int_L y\,ds=\int_L ds=l$.

第五节　第二型曲线积分(对坐标的曲线积分)

考点十四　第二型曲线积分(平面曲线)

1. 定义

第二型曲线积分是指变力沿平面曲线做功,且第二型曲线积分与曲线的方向有关.

2. 性质

线性性质:设 $L=L_1+L_2$,则 $\int_L P\,dx+Q\,dy=\int_{L_1}P\,dx+Q\,dy+\int_{L_2}P\,dx+Q\,dy$.

L 为有向曲线弧,L^- 为与 L 方向相反的曲线,则

$$\int_{L^-}P(x,y)dx+Q(x,y)dy=-\int_L P(x,y)dx+Q(x,y)dy.$$

3. 第二型曲线积分的计算方法

① 若平面曲线 L 的直角坐标方程是 $y=\psi(x)$,则

$$\int_L P(x,y)dx+Q(x,y)dy=\int_a^b\big[P(x,\psi(x))+Q(x,\psi(x))\psi'(x)\big]dx.$$

② 若平面曲线 L 的参数方程是 $x=\varphi(t)$,$y=\psi(t)$,L 的起点与终点对应的参数值分别是 α 与 β,则

$$\int_L P(x,y)dx+Q(x,y)dy=\int_\alpha^\beta\big[P(\varphi(t),\psi(t))\varphi'(t)+Q(\varphi(t),\psi(t))\psi'(t)\big]dt.$$

③ 空间曲线 L 上的曲线积分有类似的公式,即

$$\int_L P(x,y,z)dx+Q(x,y,z)dy+R(x,y,z)dz$$
$$=\int_a^b\big[P(x(t),y(t),z(t))x'(t)+Q(x(t),y(t),z(t))y'(t)$$
$$+R(x(t),y(t),z(t))z'(t)\big]dt.$$

名师助记　以上所有的计算都是化为定积分来完成,但此时定积分的下限对应于曲线 L 的起点,上限对应于 L 的终点,上限不一定大于下限.

例 9.14　计算下列对坐标的曲线积分:

(1) $\int_L (x^2 - y^2)\mathrm{d}x$，其中，$L$ 是抛物线 $y = x^2$ 上从点 $(0, 0)$ 到点 $(2, 4)$ 的一段弧.

(2) $\oint_L xy\mathrm{d}x$，其中，L 为圆周 $(x - a)^2 + y^2 = a^2$（$a > 0$）及 x 轴所围成的在第一象限内的区域的整个边界(按逆时针方向).

(3) $\int_L y\mathrm{d}x + x\mathrm{d}y$，其中，$L$ 为圆周 $x = R\cos t$，$y = R\sin t$ 上对应 t 从 0 到 $\dfrac{\pi}{2}$ 的一段弧.

(4) $\oint_L \dfrac{(x+y)\mathrm{d}x - (x-y)\mathrm{d}y}{x^2 + y^2}$，其中，$L$ 为圆周 $x^2 + y^2 = a^2$（按逆时针方向绕行）.

解析 (1) $\int_L (x^2 - y^2)\mathrm{d}x = \int_0^2 (x^2 - x^4)\mathrm{d}x = -\dfrac{56}{15}$.

(2) 如图 9-8 所示，$L = L_1 + L_2$，其中 L_1 的参数方程为

$$\begin{cases} x = a + a\cos t, \\ y = a\sin t \end{cases} (0 \leqslant t \leqslant \pi),$$

L_2 的方程为 $y = 0$（$0 \leqslant x \leqslant 2a$），故

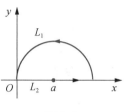

图 9-8

$$\oint_L xy\mathrm{d}x = \int_{L_1} xy\mathrm{d}x + \int_{L_2} xy\mathrm{d}x$$

$$= \int_0^\pi a(1 + \cos t)a\sin t(a + a\cos t)'\mathrm{d}t + \int_0^{2a} 0\mathrm{d}x$$

$$= -\dfrac{\pi}{2}a^3.$$

(3) $\int_L y\mathrm{d}x + x\mathrm{d}y = \int_0^{\frac{\pi}{2}} [R\sin t(-R\sin t) + R\cos t R\cos t]\mathrm{d}t = 0$.

(4) 圆周的参数方程为 $x = a\cos t$，$y = a\sin t$，$t: 0 \to 2\pi$，

$$\oint_L \dfrac{(x+y)\mathrm{d}x - (x-y)\mathrm{d}y}{x^2 + y^2} = \dfrac{1}{a^2}\int_0^{2\pi} [(a\cos t + a\sin t)(-a\sin t) - (a\cos t - a\sin t)a\cos t]\mathrm{d}t$$

$$= \dfrac{1}{a^2}\int_0^{2\pi} -a^2\mathrm{d}t = -2\pi.$$

考点十五　格林公式

1. 定义

设闭区域 D 是由分段光滑的曲线 L 围成. 函数 $P(x, y)$ 及 $Q(x, y)$ 在 D 上具有一阶连续偏导数，则有

$$\oint_L P(x, y)\mathrm{d}x + Q(x, y)\mathrm{d}y = \iint\limits_D \left(\dfrac{\partial Q}{\partial x} - \dfrac{\partial P}{\partial y}\right)\mathrm{d}x\,\mathrm{d}y,$$

其中,L 是 D 取正向的边界线.

注

对平面区域 D 的边界线 L,我们规定 L 的正向如下:当观察者沿 L 的正方向运动时,区域 D 总在它的左边.

名师助记　计算平面曲线上对坐标的曲线积分时,若利用参数化为定积分的方法难以进行计算,则可以考虑应用格林公式.

根据格林公式使用时的条件,常见类型有以下三种:

① 对闭曲线 L,用格林公式计算二重积分.

② 若曲线 L 不封闭,添加辅助线 L_1,使 L 与 L_1 构成闭曲线,再在闭曲线上用格林公式,通常可取平行于坐标轴的直线作辅助线.

③ 挖去某区域后再用格林公式,D 是由闭曲线 L 围成的闭区域,点 $M_0(x_0,y_0) \in D$,在该点处 $P(x,y)$,$Q(x,y)$ 不满足格林公式的条件,除点 M_0 外,$P(x,y)$,$Q(x,y)$ 在 D 内具有一阶连续的偏导数,且 $\dfrac{\partial Q}{\partial x} = \dfrac{\partial P}{\partial y}$. L_1 是 D 中环绕 M_0 的一条闭曲线(顺时针方向)并围成区域 D_1,$D_0 = D - D_1$,在 D_0 上用格林公式,有

$$\int_L P(x,y)\mathrm{d}x + Q(x,y)\mathrm{d}y + \int_{L_1} P(x,y)\mathrm{d}x + Q(x,y)\mathrm{d}y = \iint\limits_{D_0} \left(\frac{\partial Q}{\partial x} - \frac{\partial P}{\partial y}\right)\mathrm{d}x\,\mathrm{d}y = 0,$$

即 $\int_L P(x,y)\mathrm{d}x + Q(x,y)\mathrm{d}y = -\int_{L_1} P(x,y)\mathrm{d}x + Q(x,y)\mathrm{d}y$. 这样,所求等式左端就转化为求等式右端.

例 9.15　计算 $\oint_L \sqrt{x^2+y^2}\,\mathrm{d}x + y[xy + \ln(x+\sqrt{x^2+y^2})]\mathrm{d}y$,其中 L 表示以 $A(1,1)$,$B(2,2)$,$C(1,3)$ 为顶点的三角形的正向边界.

解析　记 $P(x,y) = \sqrt{x^2+y^2}$,$Q(x,y) = y[xy + \ln(x+\sqrt{x^2+y^2})]$,则

$$\frac{\partial Q}{\partial x} - \frac{\partial P}{\partial y} = y^2 + \frac{y}{\sqrt{x^2+y^2}} - \frac{y}{\sqrt{x^2+y^2}} = y^2.$$

记 D 为三角形区域 ABC,$D = \{(x,y) \mid 1 \leqslant x \leqslant 2, x \leqslant y \leqslant -x+4\}$,于是用格林公式得

$$I = \iint\limits_D \left(\frac{\partial Q}{\partial x} - \frac{\partial P}{\partial y}\right)\mathrm{d}x\,\mathrm{d}y = \iint\limits_D y^2\,\mathrm{d}x\,\mathrm{d}y = \int_1^2 \mathrm{d}x \int_x^{-x+4} y^2\,\mathrm{d}y = \frac{25}{6}.$$

例 9.16　计算 $I = \oint_L \dfrac{x\,\mathrm{d}y - y\,\mathrm{d}x}{4x^2+y^2}$,其中 L 是以点 $(1,0)$ 为中心,R 为半径的圆周 $(R \neq 1)$,方向为逆时针方向.

解析　记 $P(x,y) = \dfrac{-y}{4x^2+y^2}$,$Q(x,y) = \dfrac{x}{4x^2+y^2}$,则 $\dfrac{\partial Q}{\partial x} = \dfrac{y^2-4x^2}{(4x^2+y^2)^2} = \dfrac{\partial P}{\partial y}$.

当 $R < 1$ 时.曲线 $L : (x-1)^2 + y^2 = R^2$ 不包围原点,故 $\dfrac{\partial Q}{\partial x}$, $\dfrac{\partial P}{\partial y}$ 在 L 所围区域内连续 (图 9-9(a)).

根据格林公式,得 $I = \iint\limits_{D} \left(\dfrac{\partial Q}{\partial x} - \dfrac{\partial P}{\partial y} \right) \mathrm{d}x\,\mathrm{d}y = 0$.

当 $R > 1$ 时,曲线 L 包围原点在内,$\dfrac{\partial Q}{\partial x}$, $\dfrac{\partial P}{\partial y}$ 在 L 所围区域 $D : (x-1)^2 + y^2 \leqslant R^2$ 内的点 $(0,0)$ 处不连续,不能使用格林公式.由于除原点外,$\dfrac{\partial Q}{\partial x} = \dfrac{\partial P}{\partial y}$ 在 D 内处处成立,作曲线 $L_1 : 4x^2 + y^2 = r^2$,r 足够小使 L_1 在 L 内(图 9-9(b)),则在 L_1 与 L 围成的区域 D_1 上,$P(x,y)$,$Q(x,y)$ 的一阶偏导数连续.

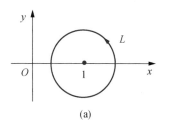

图 9-9

曲线 L_1 的参数方程为 $x = \dfrac{r}{2}\cos t$,$y = r\sin t$ $(0 \leqslant t \leqslant 2\pi)$,并取逆时针方向,则

$$I = \oint_L \frac{x\,\mathrm{d}y - y\,\mathrm{d}x}{4x^2 + y^2} = \oint_{L_1} \frac{x\,\mathrm{d}y - y\,\mathrm{d}x}{4x^2 + y^2} = \frac{1}{r^2} \oint_{L_1} x\,\mathrm{d}y - y\,\mathrm{d}x = \int_0^{2\pi} \frac{1}{2}\,\mathrm{d}t = \pi.$$

2. 平面上的曲线积分与路径无关的条件

设 D 是单连通区域,函数 $P(x,y)$,$Q(x,y)$ 在 D 内有一阶连续偏导数,则曲线积分 $\displaystyle\int_L P\,\mathrm{d}x + Q\,\mathrm{d}y$ 在 D 内与路径无关,下面几个条件彼此等价:

① $\displaystyle\int_C P\,\mathrm{d}x + Q\,\mathrm{d}y = 0$,其中曲线 C 为 D 内任意封闭的曲线.

② $\dfrac{\partial Q}{\partial x} = \dfrac{\partial P}{\partial y}$,在 D 内恒成立.

③ 存在可微函数 $u(x,y)$ 使得,$\mathrm{d}u(x,y) = P(x,y)\,\mathrm{d}x + Q(x,y)\,\mathrm{d}y$.

名师助记 当曲线积分 $\displaystyle\int_L P(x,y)\,\mathrm{d}x + Q(x,y)\,\mathrm{d}y$ 与路径无关时,其中,L 是从点 $A(x_0,y_0)$ 到点 $B(x_1,y_1)$ 的一段弧,求该曲线积分的常用方法有下列几种:

① 选取特殊路径代替 $\overrightarrow{AB}$,如选择平行于坐标轴的折线路径,相应公式是

$$\int_{(x_0,y_0)}^{(x_1,y_1)} P(x,y)\,\mathrm{d}x + Q(x,y)\,\mathrm{d}y = \int_{x_0}^{x_1} P(x,y)\,\mathrm{d}x + \int_{y_0}^{y_1} Q(x,y)\,\mathrm{d}y$$

或

$$\int_{(x_0,\ y_0)}^{(x_1,\ y_1)} P(x,\ y)\mathrm{d}x+Q(x,\ y)\mathrm{d}y=\int_{y_0}^{y_1} Q(x,\ y)\mathrm{d}y+\int_{x_0}^{x_1} P(x,\ y)\mathrm{d}x.$$

② 求被积表达式的原函数，设 $u(x,\ y)$ 是 $P(x,\ y)\mathrm{d}x+Q(x,\ y)\mathrm{d}y$ 的原函数，则有类似的牛顿-莱布尼茨公式

$$\int_{\overrightarrow{AB}} P(x,\ y)\mathrm{d}x+Q(x,\ y)\mathrm{d}y=u(x,\ y)\Big|_A^B=u(B)-u(A).$$

其中，求原函数 $u(x,\ y)$ 可用三种方法：

A. 特殊路径法. 设 $A(x_0,\ y_0)$ 是曲线 L 的起点，$B(x,\ y)$ 是 D 内的任意点，则

$$u(x,\ y)=\int_{x_0}^{x} P(x,\ y)\mathrm{d}x+\int_{y_0}^{y} Q(x,\ y)\mathrm{d}y$$

或

$$u(x,\ y)=\int_{y_0}^{y} Q(x,\ y)\mathrm{d}y+\int_{x_0}^{x} P(x,\ y)\mathrm{d}x.$$

B. 不定积分法. 由 $\dfrac{\partial u}{\partial x}=P(x,\ y)$，对 x 积分得 $u(x,\ y)=\int P(x,\ y)\mathrm{d}x+C(y)$，由 $\dfrac{\partial u}{\partial y}=\dfrac{\partial}{\partial y}\left[\int P(x,\ y)\mathrm{d}x\right]+C'(y)=Q(y)$ 求出 $C'(y)$，再求 $C(y)$.

C. 观察法. 当 $P(x,\ y)\mathrm{d}x+Q(x,\ y)\mathrm{d}y$ 较为简单时，可由该式看出其原函数，常将该式分项分式逆用微分法则求出原函数.

例 9.17　计算 $I=\int_L \dfrac{(x-y)\mathrm{d}x+(x+y)\mathrm{d}y}{x^2+y^2}$，其中 L 是在曲线 $y=2-2x^2$ 上从点 $A(-1,\ 0)$ 到点 $B(1,\ 0)$ 的一段弧.

解析　记 $P(x,\ y)=\dfrac{x-y}{x^2+y^2}$，$Q(x,\ y)=\dfrac{x+y}{x^2+y^2}$，则 $\dfrac{\partial Q}{\partial x}=\dfrac{-x^2+y^2-2xy}{(x^2+y^2)^2}=\dfrac{\partial P}{\partial y}$，当 $x,\ y$ 不全为零时，即在不含原点的单连通域，积分与路径无关.

如图 9-10 所示，取新路径 L_1 为从点 $A(-1,\ 0)$ 到点 $B(1,\ 0)$ 的上半单位圆 $x^2+y^2=1$，其参数方程为 $x=\cos t$，$y=\sin t$（t 从 π 变到 0）.

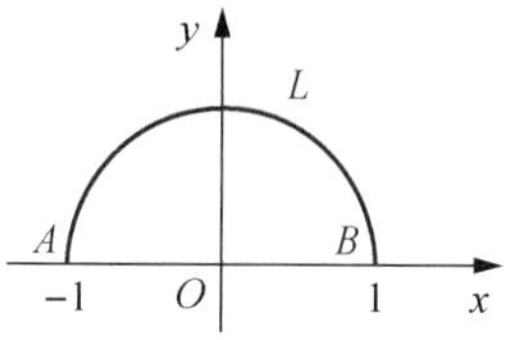

图 9-10

$$\begin{aligned}I&=\int_L \frac{(x-y)\mathrm{d}x+(x+y)\mathrm{d}y}{x^2+y^2}\\&=\int_{\pi}^{0}[(\cos t-\sin t)(-\sin t)+(\cos t+\sin t)\cos t]\mathrm{d}t\\&=\int_{\pi}^{0}\mathrm{d}t=-\pi.\end{aligned}$$

例 9.18　计算 $\int_L \left(1-\dfrac{y^2}{x^2}\cos\dfrac{y}{x}\right)\mathrm{d}x+\left(\sin\dfrac{y}{x}+\dfrac{y}{x}\cos\dfrac{y}{x}\right)\mathrm{d}y$，其中 L 分别为：

(1) 圆 $(x-2)^2+(y-2)^2=2$ 的正向；

(2) 沿曲线 $y = x^2$ 从点 $O(0, 0)$ 到点 $B(\pi, \pi^2)$ 的一段弧.

解析 记 $P(x, y) = 1 - \dfrac{y^2}{x^2}\cos\dfrac{y}{x}$, $Q(x, y) = \sin\dfrac{y}{x} + \dfrac{y}{x}\cos\dfrac{y}{x}$, 则

$$\frac{\partial Q}{\partial x} = -\frac{2y}{x^2}\cos\frac{y}{x} + \frac{y^2}{x^3}\sin\frac{y}{x} = \frac{\partial P}{\partial y}.$$

(1) 在圆 $(x-2)^2 + (y-2)^2 = 2$ 内, 因 $\dfrac{\partial Q}{\partial x} = \dfrac{\partial P}{\partial y}$ 积分与路径无关, 故 $I = 0$.

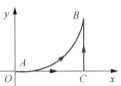

图 9-11

(2) 除 y 轴上的点外, 均有 $\dfrac{\partial Q}{\partial x} = \dfrac{\partial P}{\partial y}$, 因此积分与路径无关, 取点 $A(\varepsilon, 0)$ $(\varepsilon > 0)$ 按折线路径积分: 由点 A 经过点 $C(\pi, 0)$ 到点 B (图 9-11), 则

$$\int_{(\varepsilon, 0)}^{(\pi, \pi^2)} P(x, y)\mathrm{d}x + Q(x, y)\mathrm{d}y = \int_{\varepsilon}^{\pi}\mathrm{d}x + \int_0^{\pi^2}\left(\sin\frac{y}{\pi} + \frac{y}{\pi}\cos\frac{y}{\pi}\right)\mathrm{d}y$$

$$= \pi - \varepsilon,$$

故 $I = \lim\limits_{\varepsilon \to 0}\displaystyle\int_{(\varepsilon, 0)}^{(\pi, \pi^2)} P(x, y)\mathrm{d}x + Q(x, y)\mathrm{d}y = \lim\limits_{\varepsilon \to 0}(\pi - \varepsilon) = \pi.$

例 9.19 计算 $\displaystyle\int_L (2xy^3 - y^2\cos x)\mathrm{d}x + (1 - 2y\sin x + 3x^2y^2)\mathrm{d}y$, 其中 L 为 $2x = \pi y^2$ 从点 $O(0, 0)$ 到点 $B\left(\dfrac{\pi}{2}, 1\right)$ 的一段弧.

解析 记 $P(x, y) = 2xy^3 - y^2\cos x$, $Q(x, y) = 1 - 2y\sin x + 3x^2y^2$,

$$\frac{\partial P}{\partial y} = 6xy^2 - 2y\cos x = \frac{\partial Q}{\partial x},$$

积分与路径无关, $u(x, y) = \displaystyle\int(2xy^3 - y^2\cos x)\mathrm{d}x = x^2y^3 - y^2\sin x + C(y).$

又 $\dfrac{\partial u}{\partial y} = \dfrac{\partial}{\partial y}[x^2y^3 - y^2\sin x + C(y)] = 3x^2y^2 - 2y\sin x + C'(y) = Q(x),$

即 $C'(y) = 1$, $C(y) = y + C_0$,

故 $u(x, y) = x^2y^3 - y^2\sin x + y + C_0$, 从而 $I = u(x, y)\Big|_{(0, 0)}^{\left(\frac{\pi}{2}, 1\right)} = \dfrac{\pi^2}{4}.$

例 9.20 设曲线积分 $\displaystyle\int_L [f(x) - \mathrm{e}^x]\sin y\,\mathrm{d}x - f(x)\cos y\,\mathrm{d}y$ 与路径无关, 其中 $f(x)$ 具有连续的一阶导数, 且 $f(0) = 0$, 则 $f(x)$ 等于( ).

(A) $(\mathrm{e}^{-x} - \mathrm{e}^x)/2$ (B) $(\mathrm{e}^x - \mathrm{e}^{-x})/2$

(C) $(\mathrm{e}^x + \mathrm{e}^{-x})/2$ (D) $1 - (\mathrm{e}^x - \mathrm{e}^{-x})/2$

解析 $\dfrac{\partial P}{\partial y} = \dfrac{\partial}{\partial y}\{[f(x) - \mathrm{e}^x]\sin y\} = [f(x) - \mathrm{e}^x]\cos y,$

$$\frac{\partial Q}{\partial x} = \frac{\partial}{\partial x}[-f(x)\cos y] = -f'(x)\cos y,$$

由题设知,曲线积分 $\int P\,\mathrm{d}x + Q\,\mathrm{d}y$ 与路径无关的必要条件为 $\dfrac{\partial P}{\partial y}=\dfrac{\partial Q}{\partial x}$,则

$$f'(x)+f(x)=\mathrm{e}^x,$$

即

$$\mathrm{e}^x f'(x)+\mathrm{e}^x f(x)=\left[\mathrm{e}^x f(x)\right]'=\mathrm{e}^{2x},$$

两边求积分得到 $\mathrm{e}^x f(x)=\dfrac{1}{2}\mathrm{e}^{2x}+C$,由 $f(0)=0$ 得 $C=-\dfrac{1}{2}$,故 $f(x)=\dfrac{\mathrm{e}^x-\mathrm{e}^{-x}}{2}$,仅(B)正确.

第六节　第一型曲面积分(对面积的曲面积分)

设 Σ 为光滑曲面,函数 $f(x,y,z)$ 在 Σ 上有界,$f(x,y,z)$ 在 Σ 上的第一类曲面积分是指

$$\iint\limits_{\Sigma} f(x,y,z)\,\mathrm{d}S =\lim_{\lambda\to 0} f(\xi_i,\eta_i,\zeta_i)\Delta S_i,$$

其中,ΔS_i 为将 Σ 任意分为 n 个小块中第 i 块的面积;点 (ξ_i,η_i,ζ_i) 是 ΔS_i 上任取的点;λ 为 n 个子曲面块的最大直径.

如果 $f(x,y,z)$ 在曲面 Σ 上连续,则它沿曲面的第一类曲面积分存在,以后我们总假定曲面积分中的被积函数是连续的,第一类曲面积分与曲面 Σ 的方向无关.

第一类曲面积分的性质与第一类曲线积分的性质类似,比如,若 Σ 分成 Σ_1 和 Σ_2 两个光滑的曲面,记为 $\Sigma=\Sigma_1+\Sigma_2$,则

$$\iint\limits_{\Sigma} f(x,y,z)\,\mathrm{d}S =\iint\limits_{\Sigma_1} f(x,y,z)\,\mathrm{d}S +\iint\limits_{\Sigma_2} f(x,y,z)\,\mathrm{d}S.$$

考点十六　对面积的曲面积分的计算法

1. 投影法

当 Σ 可表示为 $z=z(x,y),(x,y)\in D_{xy}$ 时,有

$$\iint\limits_{\Sigma} f(x,y,z)\,\mathrm{d}S =\iint\limits_{D_{xy}} f[x,y,z(x,y)]\sqrt{1+z_x'^2+z_y'^2}\,\mathrm{d}x\,\mathrm{d}y.$$

以曲面 Σ:$z=z(x,y)$ 为例,此方法的解题步骤如下:

① 确定曲面 Σ 在坐标平面上的投影区域 D_{xy};

② 计算出曲面微分 $\mathrm{d}S=\sqrt{1+z_x'^2+z_y'^2}\,\mathrm{d}x\,\mathrm{d}y$;

③ 将被积函数 $f(x,y,z)$ 中的 z 转换为曲面方程 $z=z(x,y)$;

④ 计算在投影面上的二重积分.

2. 技巧法

① 曲面 Σ 关于 yOz 平面对称,且 $\Sigma_1=\{(x,y,z)\mid(x,y,z)\in\Sigma,x\geqslant0\}$,则

$$\iint_{\Sigma}f(x,y,z)\mathrm{d}S=\begin{cases}2\iint_{\Sigma_1}f(x,y,z)\mathrm{d}S, & f(-x,y,z)=f(x,y,z),\\ 0, & f(-x,y,z)=-f(x,y,z).\end{cases}$$

关于其他坐标平面对称,也有类似的结论.

② 轮换对称性.

若对曲面 Σ 的方程,将 (x,y,z) 轮换为 (y,x,z),(x,z,y) 仍满足曲面 Σ 的方程,则有

$$\iint_{\Sigma}f(x,y,z)\mathrm{d}S=\iint_{\Sigma}f(y,x,z)\mathrm{d}S=\iint_{\Sigma}f(x,z,y)\mathrm{d}S.$$

特别地,有

$$\iint_{\Sigma}f(x)\mathrm{d}S=\iint_{\Sigma}f(y)\mathrm{d}S=\iint_{\Sigma}f(z)\mathrm{d}S=\frac{1}{3}\iint_{\Sigma}f(x+y+z)\mathrm{d}S.$$

例 9.21 计算下列曲面积分:

(1) $I=\iint_{\Sigma}(x^2+y^2+z^2)\mathrm{d}S$,其中,$\Sigma$ 是球面 $x^2+y^2+z^2=2az\ (a>0)$;

(2) $I=\iint_{\Sigma}\dfrac{1}{x^2+y^2+z^2}\mathrm{d}S$,其中,$\Sigma$:$x^2+y^2=R(R>0)$ 是介于平面 $z=0$ 与 $z=h\ (h>0)$ 之间的部分.

解析 (1) 曲面 Σ 如图 9-12 所示,Σ 可向 xOy 平面投影,这时应分为上、下两个面 Σ_1,Σ_2,其中 Σ_1:$z=a+\sqrt{a^2-x^2-y^2}$,Σ_2:$z=a-\sqrt{a^2-x^2-y^2}$,它们在 xOy 平面上的投影区域均为 D:$x^2+y^2\leqslant a^2$,且

$$I=\iint_{\Sigma_1}(x^2+y^2+z^2)\mathrm{d}S+\iint_{\Sigma_2}(x^2+y^2+z^2)\mathrm{d}S=\iint_{\Sigma_1}2az\mathrm{d}S+\iint_{\Sigma_2}2az\mathrm{d}S.$$

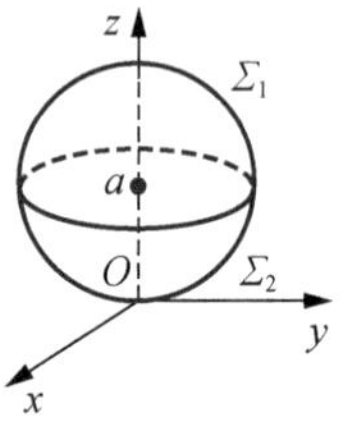

图 9-12

对 Σ_1,可得 $\mathrm{d}S=\sqrt{1+z_x'^2+z_y'^2}\,\mathrm{d}x\mathrm{d}y=\dfrac{a}{\sqrt{a^2-x^2-y^2}}\mathrm{d}x\mathrm{d}y$,故

$$\begin{aligned}\iint_{\Sigma_1}2az\mathrm{d}S&=2a\iint_{D}(a+\sqrt{a^2-x^2-y^2})\frac{a}{\sqrt{a^2-x^2-y^2}}\mathrm{d}x\mathrm{d}y\\&=2a^3\iint_{D}\frac{1}{\sqrt{a^2-x^2-y^2}}\mathrm{d}x\mathrm{d}y+2a^2\iint_{D}\mathrm{d}x\mathrm{d}y\\&=2a^3\int_0^{2\pi}\mathrm{d}\theta\int_0^a\frac{r}{\sqrt{a^2-r^2}}\mathrm{d}r+2a^2\cdot\pi a^2\\&=6\pi a^4.\end{aligned}$$

同样可得 $\iint\limits_{\Sigma_2} 2az\,\mathrm{d}S = 2\pi a^4$. 故 $I = 8\pi a^4$.

（2）曲面 Σ 如图 9-13 所示，Σ 是柱面的一部分，它在 xOy 平面上的投影是一条曲线，不是区域，不能将 Σ 向 xOy 平面上投影.

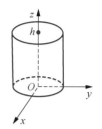

注意到 Σ 关于 yOz 平面对称，且被积函数关于 x 为偶函数，记 Σ_1 为 Σ 在 $x \geqslant 0$ 的部分，则 $I = 2\iint\limits_{\Sigma_1} \dfrac{1}{x^2 + y^2 + z^2}\,\mathrm{d}S$.

将 Σ_1 向 yOz 平面上投影，Σ_1 的方程为 $x = \sqrt{R^2 - y^2}$，所得投影区域

图 9-13

$$D = \{(y, z) \mid -R \leqslant y \leqslant R,\ 0 \leqslant z \leqslant h\},\ \text{又}\ \mathrm{d}S = \frac{R}{\sqrt{R^2 - y^2}}\mathrm{d}y\,\mathrm{d}z,$$

于是 $\qquad I = 2\iint\limits_{D} \dfrac{1}{R^2 + z^2} \cdot \dfrac{R}{\sqrt{R^2 - y^2}}\mathrm{d}y\,\mathrm{d}z = 2\pi\arctan\dfrac{h}{R}$.

第七节　第二型曲面积分（对坐标的曲面积分）

第二类曲面积分的物理背景是计算某种流体在三维空间中以一定流速 $\boldsymbol{v} = P(x, y, z)\boldsymbol{i} + Q(x, y, z)\boldsymbol{j} + R(x, y, z)\boldsymbol{k}$ 在单位时间内，从给定的光滑曲面 Σ 的负侧（又称反侧）流向正侧的流量. 因此，第二类曲面积分与曲面 Σ 的侧向有关.

定义　设 Σ 为光滑的定向曲面，函数 $P(x, y, z)$，$Q(x, y, z)$，$R(x, y, z)$ 在 Σ 上有界，则它们在 Σ 上的第二类曲面积分定义为

$$\iint\limits_{\Sigma} P(x, y, z)\,\mathrm{d}y\,\mathrm{d}z + Q(x, y, z)\,\mathrm{d}x\,\mathrm{d}z + R(x, y, z)\,\mathrm{d}x\,\mathrm{d}y$$

$$= \lim_{\lambda \to 0} \sum_{i=1}^{n} P(\xi_i, \eta_i, \zeta_i)(\Delta S_i)_{yz} + Q(\xi_i, \eta_i, \zeta_i)(\Delta S_i)_{xz} + R(\xi_i, \eta_i, \zeta_i)(\Delta S_i)_{xy},$$

其中，ΔS_i 即表示将曲面 Σ 任意分成 n 个子曲面块中第 i 个子曲面块，同时也表示其面积；$(\Delta S_i)_{yz}$，$(\Delta S_i)_{xz}$，$(\Delta S_i)_{xy}$ 分别表示 ΔS_i 在 yOz，xOz，xOy 面上的投影；点 (ξ_i, η_i, ζ_i) 为在 ΔS_i 上任取的点；λ 为 n 个子曲面块的最大直径.

名师助记　对坐标的曲面积分与对坐标的曲线积分有相类似的性质，若 Σ 分为两个面 Σ_1，Σ_2，则

$$\iint\limits_{\Sigma} P\,\mathrm{d}y\,\mathrm{d}z + Q\,\mathrm{d}x\,\mathrm{d}z + R\,\mathrm{d}x\,\mathrm{d}y$$

$$= \iint\limits_{\Sigma_1} P\,\mathrm{d}y\,\mathrm{d}z + Q\,\mathrm{d}x\,\mathrm{d}z + R\,\mathrm{d}x\,\mathrm{d}y + \iint\limits_{\Sigma_2} P\,\mathrm{d}y\,\mathrm{d}z + Q\,\mathrm{d}x\,\mathrm{d}z + R\,\mathrm{d}x\,\mathrm{d}y.$$

若用 $-\Sigma$ 表示曲面的另一侧，则

$$\iint\limits_{\Sigma} P\,\mathrm{d}y\,\mathrm{d}z + Q\,\mathrm{d}x\,\mathrm{d}z + R\,\mathrm{d}x\,\mathrm{d}y = -\iint\limits_{-\Sigma} P\,\mathrm{d}y\,\mathrm{d}z + Q\,\mathrm{d}x\,\mathrm{d}z + R\,\mathrm{d}x\,\mathrm{d}y.$$

考点十七　对坐标的曲面积分积分法

1. 定向投影法

(1) 定向曲面投影到相应的坐标平面上

① 如果有向曲面 Σ 的方程由 $z = z(x, y)$ 给出,则有

$$\iint\limits_{\Sigma} R(x, y, z)\,\mathrm{d}x\,\mathrm{d}y = \pm\iint\limits_{D_{xy}} R[x, y, z(x, y)]\,\mathrm{d}x\,\mathrm{d}y,$$

其中,Σ 指定一侧的法向量与 z 轴正半轴成锐角时取"+",成钝角时取"−".

② 如果有向曲面 Σ 的方程由 $x = x(y, z)$ 给出,则有

$$\iint\limits_{\Sigma} P(x, y, z)\,\mathrm{d}y\,\mathrm{d}z = \pm\iint\limits_{D_{yz}} P[x(y, z), y, z]\,\mathrm{d}y\,\mathrm{d}z$$

其中,Σ 指定一侧的法向量与 x 轴正半轴成锐角时取"+",成钝角时取"−".

③ 如果有向曲面 Σ 的方程由 $y = y(x, z)$ 给出,则有

$$\iint\limits_{\Sigma} Q(x, y, z)\,\mathrm{d}x\,\mathrm{d}z = \perp\iint\limits_{D_{xz}} Q[x(y, z), y, z]\,\mathrm{d}x\,\mathrm{d}z$$

其中,Σ 指定一侧的法向量与 y 轴正半轴成锐角时取"+",成钝角时取"−".

　　名师助记　以曲面 $\Sigma : z = z(x, y)$ 为例,此方法解题步骤如下:

① 确定曲面 Σ 的方程 $z = z(x, y)$,并代入被积函数中;

② 确定曲面 Σ 在 xOy 平面上的投影区域 D_{xy};

③ 确定二重积分前面的符号,值得注意的是,当曲面 Σ 与 xOy 平面垂直时,有

$$\iint\limits_{\Sigma} R(x, y, z)\,\mathrm{d}x\,\mathrm{d}y = 0.$$

(2) 定向曲面投影到选择的坐标平面上

若曲面 $\Sigma : z = z(x, y)$ 在 xOy 平面上的投影区域为 D_{xy},则

$$\iint\limits_{\Sigma} P(x, y, z)\,\mathrm{d}y\,\mathrm{d}z + Q(x, y, z)\,\mathrm{d}x\,\mathrm{d}z + R(x, y, z)\,\mathrm{d}x\,\mathrm{d}y$$

$$= \pm\iint\limits_{D_{xy}} P\left\{[x, y, z(x, y)]\left(-\frac{\partial z}{\partial x}\right) + Q[x, y, z(x, y)]\left(-\frac{\partial z}{\partial y}\right)\right.$$

$$\left. + R[x, y, (x, y)]\right\}\mathrm{d}x\,\mathrm{d}y,$$

其中,Σ 指定一侧的法向量与 z 轴正半轴成锐角时取"+",成钝角时取"−".

　　若将曲面 Σ 投影到 yOz,xOz 平面上,可得到类似公式.

例 9.22 计算 $\iint\limits_{\Sigma} xyz\,\mathrm{d}x\,\mathrm{d}y$，其中，$\Sigma$ 是球面 $x^2+y^2+z^2=1$ 在 $x\geqslant 0$，$y\geqslant 0$ 的部分.

解析 如图 9-14 所示，把 Σ 分为 Σ_1 和 Σ_2 两部分，Σ_1 的方程为

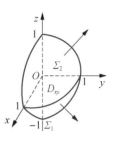

图 9-14

$z_1=-\sqrt{1-x^2-y^2}$，Σ_2 的方程为 $z_2=\sqrt{1-x^2-y^2}$，则

$$\iint\limits_{\Sigma_1} xyz\,\mathrm{d}x\,\mathrm{d}y=-\iint\limits_{D_{xy}} xy(-\sqrt{1-x^2-y^2})\,\mathrm{d}x\,\mathrm{d}y,$$

$$\iint\limits_{\Sigma_2} xyz\,\mathrm{d}x\,\mathrm{d}y=\iint\limits_{D_{xy}} xy\sqrt{1-x^2-y^2}\,\mathrm{d}x\,\mathrm{d}y,$$

故

$$\iint\limits_{\Sigma^2} xyz\,\mathrm{d}x\,\mathrm{d}y=\iint\limits_{\Sigma_1} xyz\,\mathrm{d}x\,\mathrm{d}y+\iint\limits_{\Sigma_2} xyz\,\mathrm{d}x\,\mathrm{d}y$$

$$=2\iint\limits_{D_{xy}} xy\sqrt{1-x^2-y^2}\,\mathrm{d}x\,\mathrm{d}y$$

$$=\int_0^{\frac{\pi}{2}}\sin 2\theta\,\mathrm{d}\theta\int_0^1\rho^3\sqrt{1-\rho^2}\,\mathrm{d}\rho=\frac{2}{15}.$$

定理 设 $\cos\alpha$，$\cos\beta$，$\cos\gamma$ 为曲面 Σ 在任意一点 (x,y,z) 处指定一侧的法向量的三个方向余弦，其中，α，β，γ 为 Σ 的法线与 x，y，z 轴正方向之间的夹角，$\mathrm{d}S$ 为曲面 Σ 的面积微元，$\mathrm{d}y\mathrm{d}z$，$\mathrm{d}x\mathrm{d}z$，$\mathrm{d}x\mathrm{d}y$ 分别为曲面 Σ 的面积微元 $\mathrm{d}S$ 在平面 yOz，xOz，xOy 投影区域的面积微元，则有

$$\cos\alpha=\frac{\mathrm{d}y\mathrm{d}z}{\mathrm{d}S},\ \cos\beta=\frac{\mathrm{d}x\mathrm{d}z}{\mathrm{d}S},\ \cos\gamma=\frac{\mathrm{d}x\mathrm{d}y}{\mathrm{d}S},$$

有

$$\iint\limits_{\Sigma} P\,\mathrm{d}y\mathrm{d}z+Q\,\mathrm{d}x\mathrm{d}z+R\,\mathrm{d}x\mathrm{d}y=\iint\limits_{\Sigma}(P\cos\alpha+Q\cos\beta+R\cos\gamma)\,\mathrm{d}S.$$

例 9.23 计算 $\iint\limits_{\Sigma}[2f(x,y,z)-x]\mathrm{d}y\mathrm{d}z+[3f(x,y,z)-y]\mathrm{d}z\mathrm{d}x+[f(x,y,z)-z]\mathrm{d}x\mathrm{d}y$，其中，$f(x,y,z)$ 为连续函数，Σ 是平面 $x-y+z=1$ 在第四卦限的上侧.

解析 对于 Σ：$x-y+z=1$ 的上侧，其任意一点法向量 $n=\{1,-1,1\}$，方向余弦为

$$\cos\alpha=\frac{1}{\sqrt{3}},\ \cos\beta=-\frac{1}{\sqrt{3}},\ \cos\gamma=\frac{1}{\sqrt{3}}.$$

由两类曲面积分之间的关系有

$$I=\iint\limits_{\Sigma}\{[2f(x,y,z)-x]\cos\alpha+[3f(x,y,z)-y]\cos\beta+[f(x,y,z)-z]\cos\gamma\}\,\mathrm{d}S$$

$$=\iint\limits_{\Sigma}(-x+y-z)\frac{1}{\sqrt{3}}\mathrm{d}S=-\iint\limits_{\Sigma}\mathrm{d}x\mathrm{d}y=-\frac{1}{2}.$$

名师助记 若曲面 Σ 的方程为 $F(x,y,z)=0$，则曲面的法向量 $n=\pm\{F'_x,F'_y,F'_z\}$，

所以有以下方向余弦公式(也称为单位法向量公式):

$$\{\cos\alpha,\ \cos\beta,\ \cos\gamma\}=\pm\left\{\frac{F'_x}{\sqrt{F'^2_x+F'^2_y+F'^2_z}},\ \frac{F'_y}{\sqrt{F'^2_x+F'^2_y+F'^2_z}},\ \frac{F'_z}{\sqrt{F'^2_x+F'^2_y+F'^2_z}}\right\}.$$

2. 高斯公式

设三维空间的有界闭区域 Ω 是由分块光滑封闭曲面所围成, $P(x,\ y,\ z)$, $Q(x,\ y,\ z)$, $R(x,\ y,\ z)$ 在 Ω 上均具有一阶连续偏导数,则

$$\oiint\limits_{\Sigma}P\mathrm{d}y\mathrm{d}z+Q\mathrm{d}x\mathrm{d}z+R\mathrm{d}x\mathrm{d}y=\iiint\limits_{\Omega}\left(\frac{\partial P}{\partial x}+\frac{\partial Q}{\partial y}+\frac{\partial R}{\partial z}\right)\mathrm{d}x\mathrm{d}y\mathrm{d}z,$$

其中,曲面 Σ 是 Ω 的整个边界曲面的外侧, $\cos\alpha,\cos\beta,\cos\gamma$ 为 Σ 在点 $(x,\ y,\ z)$ 处的法向量的方向余弦.

例 9.24 计算 $I=\oiint\limits_{\Sigma}\dfrac{x^3\mathrm{d}y\mathrm{d}z+y^3\mathrm{d}z\mathrm{d}x+z^3\mathrm{d}x\mathrm{d}y}{x^2+y^2+z^2}$, Σ 为球面 $x^2+y^2+z^2=a^2(a>0)$ 的外侧.

解析 $I=\dfrac{1}{a^2}\oiint\limits_{\Sigma}x^3\mathrm{d}y\mathrm{d}z+y^3\mathrm{d}x\mathrm{d}z+z^3\mathrm{d}x\mathrm{d}y=\dfrac{3}{a^2}\iiint\limits_{\Omega}(x^2+y^2+z^2)\mathrm{d}x\mathrm{d}y\mathrm{d}z$

$=\dfrac{3}{a^2}\int_0^{2\pi}\mathrm{d}\theta\int_0^{\pi}\mathrm{d}\varphi\int_0^a\rho^2\cdot\rho^2\sin\varphi\mathrm{d}\rho=\dfrac{3}{a^2}\cdot2\pi\cdot2\cdot\dfrac{a^5}{5}=\dfrac{12a^3}{5}.$

名师助记 本例中求三重积分时用下列方法是错误的:

$$\iiint\limits_{\Omega}(x^2+y^2+z^2)\mathrm{d}x\mathrm{d}y\mathrm{d}z=a^2\iiint\limits_{\Omega}\mathrm{d}x\mathrm{d}y\mathrm{d}z=\frac{4}{3}\pi a^5,$$

曲线曲面积分可将积分条件代入,而二重积分与三重积分不可以.

例 9.25 计算 $\iint\limits_{\Sigma}x\mathrm{d}y\mathrm{d}z+y\mathrm{d}z\mathrm{d}x+(z^2-2z)\mathrm{d}x\mathrm{d}y$, Σ 为曲面 $z=\sqrt{x^2+y^2}$ 介于 $z=0$ 与 $z=1$ 之间的部分,取下侧.

解析 补平面 Σ_1: $z=1$, $x^2+y^2\leqslant1$, 取上侧. 设 $\Sigma+\Sigma_1$ 所围成的区域为 Ω, 则

原式 $=\oiint\limits_{\Sigma+\Sigma_1}x\mathrm{d}y\mathrm{d}z+y\mathrm{d}z\mathrm{d}x+(z^2-2z)\mathrm{d}x\mathrm{d}y-\iint\limits_{\Sigma_1}x\mathrm{d}y\mathrm{d}z+y\mathrm{d}z\mathrm{d}x+(z^2-2z)\mathrm{d}x\mathrm{d}y$

$=\iiint\limits_{\Omega}2z\mathrm{d}x\mathrm{d}y\mathrm{d}z-\iint\limits_{\Sigma_1}(z^2-2z)\mathrm{d}x\mathrm{d}y+0+0$

$=2\int_0^{2\pi}\mathrm{d}\theta\int_0^1\rho\mathrm{d}\rho\int_r^1z\mathrm{d}z-\iint\limits_{x^2+y^2\leqslant1}(1^2-2)\mathrm{d}x\mathrm{d}y$

$=\dfrac{\pi}{2}+\pi=\dfrac{3\pi}{2}.$

例 9.26 设曲面 Σ: $x^2+y^2+z^2=R^2$,取外侧,计算 $\oiint\limits_{\Sigma}\dfrac{x\mathrm{d}y\mathrm{d}z+y\mathrm{d}z\mathrm{d}x+z\mathrm{d}x\mathrm{d}y}{(x^2+y^2+z^2)^{\frac{3}{2}}}$.

解析 根据题意知

$$\frac{\partial P}{\partial x}=\frac{y^2+z^2-2x^2}{(x^2+y^2+z^2)^{\frac{5}{2}}},\ \frac{\partial Q}{\partial y}=\frac{x^2+z^2-2y^2}{(x^2+y^2+z^2)^{\frac{5}{2}}},\ \frac{\partial R}{\partial z}=\frac{x^2+y^2-2z^2}{(x^2+y^2+z^2)^{\frac{5}{2}}},$$

在除点 $O(0,0,0)$ 外均连续,且 $\dfrac{\partial P}{\partial x}+\dfrac{\partial Q}{\partial y}+\dfrac{\partial R}{\partial z}=0$.

设 $\Sigma_1:x^2+y^2+z^2=r^2(0<r<R)$,指向内侧,则

$$\oiint\limits_{\Sigma}\frac{x\mathrm{d}y\mathrm{d}z+y\mathrm{d}x\mathrm{d}z+z\mathrm{d}x\mathrm{d}y}{(x^2+y^2+z^2)^{\frac{3}{2}}}$$

$$=\oiint\limits_{\Sigma+\Sigma_1}\frac{x\mathrm{d}y\mathrm{d}z+y\mathrm{d}x\mathrm{d}z+z\mathrm{d}x\mathrm{d}y}{(x^2+y^2+z^2)^{\frac{3}{2}}}-\oiint\limits_{\Sigma_1}\frac{x\mathrm{d}y\mathrm{d}z+y\mathrm{d}x\mathrm{d}z+z\mathrm{d}x\mathrm{d}y}{(x^2+y^2+z^2)^{\frac{3}{2}}}$$

$$=0-\oiint\limits_{\Sigma_1}\frac{x\mathrm{d}y\mathrm{d}z+y\mathrm{d}x\mathrm{d}z+z\mathrm{d}x\mathrm{d}y}{(x^2+y^2+z^2)^{\frac{3}{2}}}$$

$$=\frac{1}{r^3}\iiint\limits_{\Omega}3\mathrm{d}x\mathrm{d}y\mathrm{d}z=4\pi.$$

名师助记　若在封闭曲面所围成的区域内,$P(x,y,z)$,$Q(x,y,z)$,$R(x,y,z)$ 在某一点处的一阶偏导数不连续,则可采用"挖洞法"把该点的任意小邻域挖掉,再用高斯公式.

考点十八　空间中曲线的第二型曲线积分的计算

1. 参数求解法

若空间曲线 Γ 的参数方程为 $\begin{cases}x=\varphi(t),\\ y=\psi(t),\ \alpha\leqslant t\leqslant\beta,\ \text{则}\\ z=\omega(t),\end{cases}$

$$\int_L P(x,y,z)\mathrm{d}x+Q(x,y,z)\mathrm{d}y+R(x,y,z)\mathrm{d}z$$

$$=\int_\alpha^\beta\big[P(\varphi(t),\psi(t),\omega(t))\varphi'(t)+Q(\varphi(t),\psi(t),\omega(t))\psi'(t)$$

$$+R(\varphi(t),\psi(t),\omega(t))\omega'(t)\big]\mathrm{d}t.$$

2. 斯托克斯公式

设 Γ 为分段光滑的空间有向闭曲线,Σ 是以 Γ 为边界的分片光滑的有向曲面,Γ 的方向与 Σ 所取侧的法向量的方向符合右手法则,函数 $P(x,y,z)$,$Q(x,y,z)$,$R(x,y,z)$ 在包含平面 Σ 在内的一个空间区域内具有一阶连续偏导数,则有

$$\oint_\Gamma P\mathrm{d}x+Q\mathrm{d}y+R\mathrm{d}z=\iint\limits_{\Sigma}\left(\frac{\partial R}{\partial y}-\frac{\partial Q}{\partial z}\right)\mathrm{d}y\mathrm{d}z+\left(\frac{\partial P}{\partial z}-\frac{\partial R}{\partial x}\right)\mathrm{d}z\mathrm{d}x+\left(\frac{\partial Q}{\partial x}-\frac{\partial P}{\partial y}\right)\mathrm{d}x\mathrm{d}y,$$

或有

$$\oint_{\Gamma} P\mathrm{d}x + Q\mathrm{d}y + R\mathrm{d}z = \iint_{\Sigma} \begin{vmatrix} \mathrm{d}y\,\mathrm{d}z & \mathrm{d}z\,\mathrm{d}x & \mathrm{d}x\,\mathrm{d}y \\ \dfrac{\partial}{\partial x} & \dfrac{\partial}{\partial y} & \dfrac{\partial}{\partial z} \\ P & Q & R \end{vmatrix} = \iint_{\Sigma} \begin{vmatrix} \cos\alpha & \cos\beta & \cos\gamma \\ \dfrac{\partial}{\partial x} & \dfrac{\partial}{\partial y} & \dfrac{\partial}{\partial z} \\ P & Q & R \end{vmatrix} \mathrm{d}S.$$

名师助记 公式中 $\{\cos\alpha, \cos\beta, \cos\gamma\}$ 为有向曲面 Σ 在任意一点 (x, y, z) 处的单位法向量,右手法则指的是,当右手除了拇指外四指依 Γ 的方向绕行,拇指所指向的方向与曲面 Σ 的法向量指向一致.

例 9.27 计算曲线积分 $\oint_C (z-y)\mathrm{d}x + (x-z)\mathrm{d}y + (x-y)\mathrm{d}z$,其中 C 是曲线 $\begin{cases} x^2 + y^2 = 1, \\ x - y + z = 2, \end{cases}$ 从 z 轴正向往 z 轴负向看 C 的方向是顺时针.

解法一 利用斯托克斯公式计算.取 Σ 是平面 $x-y+z=2$ 上以 C 为边界的曲面,其外侧法向量与 z 轴正向的夹角为钝角,曲面 Σ 的侧是下侧,有向投影取负号,即 $-\mathrm{d}x\,\mathrm{d}y$. D_{xy} 为 Σ 在坐标平面 xOy 上的投影区域: $x^2 + y^2 \leqslant 1, z = 0$,则

$$\text{原式} = \oiint_{\Sigma} \left[\frac{\partial(x-y)}{\partial y} - \frac{\partial(x-z)}{\partial z} \right] \mathrm{d}y\,\mathrm{d}z + \left[\frac{\partial(z-y)}{\partial z} - \frac{\partial(x-y)}{\partial x} \right] \mathrm{d}z\,\mathrm{d}x + \left[\frac{\partial(x-z)}{\partial x} \right.$$
$$\left. - \frac{\partial(z-y)}{\partial y} \right] \mathrm{d}x\,\mathrm{d}y$$
$$= \oiint_{\Sigma} 2\mathrm{d}x\,\mathrm{d}y = -2\oiint_{D_{xy}} \mathrm{d}x\,\mathrm{d}y = -2\pi \times 1^2 = -2\pi.$$

解法二 先将曲线 C 的方程化为参数方程:令 $x = \cos\theta$, $y = \sin\theta$,因 C 取顺时针方向,则 $z = 2 - x + y = 2 - \cos\theta + \sin\theta$,原式 $= \int_{2\pi}^{0} [2\cos 2\theta - 2(\sin\theta + \cos\theta) + 1]\mathrm{d}\theta$.

注意到 $x = \cos\theta$, $y = \sin\theta$,以 2π 为周期,故

原式 $= -\int_0^{2\pi} [2\cos 2\theta - 2(\sin\theta + \cos\theta) + 1]\mathrm{d}\theta = -2\pi.$

例 9.28 计算 $I = \oint_L (y^2 - z^2)\mathrm{d}x + (2z^2 - x^2)\mathrm{d}y + 3(x^2 - y^2)\mathrm{d}z$,其中 L 是平面 $x + y + z = 2$ 与柱面 $|x| + |y| = 1$ 的交线,从 z 轴正向看去, L 是逆时针方向.

解法一 记 Σ 为平面 $x + y + z = 2$ 被柱面 $|x| + |y| = 1$ 截下的部分平面的上侧,则平面的法向量的方向余弦为 $\cos\alpha = \cos\beta = \cos\gamma = 1/\sqrt{3}$. 于是,由斯托克斯公式得到

$$I = \iint_{\Sigma} \begin{vmatrix} \cos\alpha & \cos\beta & \cos\gamma \\ \dfrac{\partial}{\partial x} & \dfrac{\partial}{\partial y} & \dfrac{\partial}{\partial z} \\ y^2 - z^2 & 2z^2 - x^2 & 3x^2 - y^2 \end{vmatrix} \mathrm{d}S = -\frac{2}{\sqrt{3}} \iint_{\Sigma} (4x + 2y + 3z)\mathrm{d}S.$$

设 Σ 在 xOy 面上的投影域为 D_{xy},则 D_{xy}: $|x| + |y| \leqslant 1$. 其面积为 $\sqrt{2} \times \sqrt{2} = 2$,它

关于 x 轴和 y 轴均对称,故 $\displaystyle\iint\limits_{D_{xy}} x\,\mathrm{d}x\,\mathrm{d}y = \iint\limits_{D_{xy}} y\,\mathrm{d}x\,\mathrm{d}y = 0$.

又由 $z = 2 - x - y$,易求得 $z'_x = -1$,$z'_y = -1$,故

$$\mathrm{d}S = \sqrt{1 + z'^2_x + z'^2_y}\,\mathrm{d}x\,\mathrm{d}y = \sqrt{3}\,\mathrm{d}x\,\mathrm{d}y.$$

$$I = -\frac{2}{\sqrt{3}}\iint\limits_{\Sigma}(4x + 2y + 3z)\,\mathrm{d}S = -\frac{2}{\sqrt{3}} \times \sqrt{3}\iint\limits_{D_{xy}}(x - y + 6)\,\mathrm{d}x\,\mathrm{d}y$$

$$= -2\iint\limits_{D_{xy}} 6\,\mathrm{d}x\,\mathrm{d}y = -12\iint\limits_{D_{xy}}\mathrm{d}x\,\mathrm{d}y = -24.$$

解法二 记 Σ 为平面 $x + y + z = 2$ 上 L 所围成部分的上侧,由斯托克斯公式知

$$I = \iint\limits_{\Sigma}\begin{vmatrix} \mathrm{d}y\,\mathrm{d}z & \mathrm{d}z\,\mathrm{d}x & \mathrm{d}x\,\mathrm{d}y \\ \dfrac{\partial}{\partial x} & \dfrac{\partial}{\partial y} & \dfrac{\partial}{\partial z} \\ y^2 - z^2 & 2z^2 - x^2 & 3x^2 - y^2 \end{vmatrix}$$

$$= \iint\limits_{\Sigma}(-2y - 4z)\,\mathrm{d}y\,\mathrm{d}z + (-2z - 6x)\,\mathrm{d}z\,\mathrm{d}x + (-2x - 2y)\,\mathrm{d}x\,\mathrm{d}y,$$

然后利用投影法记 D 为 Σ 在 xOy 面上的投影,由 $z = 2 - x - y$,有

$$I = \iint\limits_{\Sigma}[-z'_x(-2y - 4z) - z'_y(-2z - 6x) + (-2x - 2y)]\,\mathrm{d}x\,\mathrm{d}y$$

$$= -2\iint\limits_{D}(x - y + 6)\,\mathrm{d}x\,\mathrm{d}y = -12\iint\limits_{D}\mathrm{d}x\,\mathrm{d}y = -12 \times 2 = -24.$$

这是因为 D 关于坐标平面 yOz,xOz 对称,而 x,y 分别为其上的奇函数,则

$$\iint\limits_{D} x\,\mathrm{d}x\,\mathrm{d}y = 0,\quad \iint\limits_{D} y\,\mathrm{d}x\,\mathrm{d}y = 0.$$

名师助记 注意到曲线 L 为平面和柱面的交线,L 张成的曲面为一平面,其方向余弦为常数,又被积函数为二次多项式,求偏导后最多为一次多项式,因而利用斯托克斯公式积分 I 可化为平面上易求的曲面积分.

考点十九 散度与旋度

1. 散度

设有向量场 $\mathbf{A} = P(x, y, z)\mathbf{i} + Q(x, y, z)\mathbf{j} + R(x, y, z)\mathbf{k}$,该向量场 A 在点 $M(x, y, z)$ 处的散度为 $\mathrm{div}\,\mathbf{A} = \dfrac{\partial P}{\partial x} + \dfrac{\partial Q}{\partial y} + \dfrac{\partial R}{\partial z}$.

2. 旋度

设有向量场 $\boldsymbol{A}=P(x, y, z)\boldsymbol{i}+Q(x, y, z)\boldsymbol{j}+R(x, y, z)\boldsymbol{k}$，该向量场 $\boldsymbol{A}$ 在点 $M(x, y, z)$ 处的旋度为

$$\operatorname{rot}\boldsymbol{A}=\left(\frac{\partial R}{\partial y}-\frac{\partial Q}{\partial z}\right)\boldsymbol{i}+\left(\frac{\partial P}{\partial z}-\frac{\partial R}{\partial x}\right)\boldsymbol{j}+\left(\frac{\partial Q}{\partial x}-\frac{\partial P}{\partial y}\right)\boldsymbol{k}=\begin{vmatrix} \boldsymbol{i} & \boldsymbol{j} & \boldsymbol{k} \\ \dfrac{\partial}{\partial x} & \dfrac{\partial}{\partial y} & \dfrac{\partial}{\partial z} \\ P & Q & R \end{vmatrix}.$$

第八节 傅里叶级数

考点二十 函数展开成傅里叶级数

设 $f(x)$ 在 $[-\pi, \pi]$ 上可积，$f(x)$ 的以 2π 为周期的傅里叶级数定义为

$$f(x)\sim\frac{a_0}{2}+\sum_{n=1}^{\infty}(a_n\cos nx+b_n\sin nx).$$

其中，$a_n=\dfrac{1}{\pi}\displaystyle\int_{-\pi}^{\pi}f(x)\cos nx\,\mathrm{d}x$，$n=0, 1, 2, \cdots$，$b_n=\dfrac{1}{\pi}\displaystyle\int_{-\pi}^{\pi}f(x)\sin nx\,\mathrm{d}x$，$n=1, 2, \cdots$ 称为 $f(x)$ 的傅里叶系数.

设 $f(x)$ 在 $[-l, l]$ 上可积，$f(x)$ 的以 $2l$ 为周期的傅里叶级数定义为

$$f(x)\sim\frac{a_0}{2}+\sum_{n=1}^{\infty}\left(a_n\cos\frac{n\pi x}{l}+b_n\sin\frac{n\pi x}{l}\right).$$

其中，$a_n=\dfrac{1}{l}\displaystyle\int_{-l}^{l}f(x)\cos\frac{n\pi x}{l}\,\mathrm{d}x$，$n=0, 1, 2, \cdots$，$b_n=\dfrac{1}{l}\displaystyle\int_{-l}^{l}f(x)\sin\frac{n\pi x}{l}\,\mathrm{d}x$，$n=1, 2, \cdots$ 称为 $f(x)$ 的傅里叶系数.

考点二十一 狄利克雷收敛定理

设函数 $f(x)$ 是周期为 $2l$ 的周期函数，在 $[-l, l]$ 上满足：在一个周期内连续或只有有限个第一类间断点；在一个周期内至多有有限个极值点，则

① $f(x)$ 的傅里叶级数在 $[-l, l]$ 上处处收敛；

② 当 x 是 $f(x)$ 的连续点时，级数收敛于 $f(x)$；

③ 当 x 是 $f(x)$ 的间断点时，级数收敛于 $\dfrac{1}{2}[f(x-0)+f(x+0)]$.

考点二十二　正弦级数和余弦级数

1. 余弦级数

设 $f(x)$ 是在 $[-l,l]$ 上可积的偶函数，即 $f(-x)=f(x)$，其傅里叶级数为余弦级数，即

$$f(x) \sim \frac{a_0}{2} + \sum_{n=1}^{\infty} a_n \cos \frac{n\pi x}{l},$$

其中，$a_n = \frac{2}{l}\int_0^l f(x)\cos\frac{n\pi x}{l}\mathrm{d}x$，$n=0,1,2,\cdots$；$b_n=0$，$n=1,2,\cdots$.

2. 正弦级数

设 $f(x)$ 是在 $[-l,l]$ 上可积的奇函数，即 $f(-x)=-f(x)$，其傅里叶级数为正弦级数，即

$$f(x) \sim \sum_{n=1}^{\infty} b_n \sin \frac{n\pi x}{l}.$$

其中，$a_n=0$，$n=0,1,2,\cdots$；$b_n = \frac{2}{l}\int_0^l f(x)\sin\frac{n\pi x}{l}\mathrm{d}x$，$n=1,2,\cdots$.

例 9.29　将函数 $f(x)=2+|x|\ (-1\leqslant x\leqslant 1)$ 展开成以 2 为周期的傅里叶级数，并由此求级数 $\displaystyle\sum_{n=1}^{\infty}\frac{1}{n^2}$ 的和.

解析　因 $f(x)=2+|x|\ (-1\leqslant x\leqslant 1)$ 是偶函数，故 $b_n=0\ (n\in\mathbf{N})$，而

$$a_0 = 2\int_0^1 (2+x)\mathrm{d}x = 5,$$

$$a_0 = 2\int_0^1 (2+x)\cos(n\pi x)\mathrm{d}x = 0 + 2\int_0^1 x\cos(n\pi x)\mathrm{d}x = 2\int_0^1 x\cos(n\pi x)\mathrm{d}x$$

$$= \frac{2(\cos n\pi - 1)}{n^2\pi^2} = \frac{2[(-1)^n-1]}{n^2\pi^2},\ n=1,2,\cdots.$$

因所给函数在 $[-1,1]$ 上满足收敛定理条件，且连续，又 $f(-1)=f(1)$，故

$$2+|x| = \frac{5}{2} + \sum_{n=1}^{\infty} \frac{2[(-1)^n-1]}{(n\pi)^2}\cos\pi x = \frac{5}{2} - \frac{4}{\pi^2}\sum_{k=0}^{\infty}\frac{\cos(2k+1)\pi x}{(2k+1)^2}\ (-1\leqslant x\leqslant 1).$$

当 $x=0$ 时，有 $2 = \frac{5}{4} - \frac{4}{\pi^2}\sum_{k=0}^{\infty}\frac{1}{(2k+1)^2}$，即 $\displaystyle\sum_{n=0}^{\infty}\frac{1}{(2k+1)^2} = \frac{\pi^2}{8}$. 又

$$\sum_{n=1}^{\infty}\frac{1}{n^2} = \sum_{k=0}^{\infty}\frac{1}{(2k+1)^2} + \sum_{k=1}^{\infty}\frac{1}{(2k)^2} = \frac{\pi^2}{8} + \frac{1}{4}\sum_{n=1}^{\infty}\frac{1}{n^2},\ \text{故}\ \sum_{n=1}^{\infty}\frac{1}{n^2} = \frac{\pi^2}{8}\times\frac{4}{3} = \frac{\pi^2}{6}.$$

例 9.30　当 $0\leqslant x\leqslant \pi$ 时，证明 $\displaystyle\sum_{n=1}^{\infty}\frac{\cos nx}{n^2} = \frac{x^2}{4} - \frac{\pi x}{2} + \frac{\pi^2}{6}$.

证明 设 $f(x)=\dfrac{x^2}{4}-\dfrac{\pi x}{2}$，将 $f(x)$ 在 $[0,\pi]$ 上展开成余弦级数．下面求其傅里叶级数的系数．

$$a_0=\frac{2}{\pi}\int_0^{\pi}\left(\frac{x^2}{4}-\frac{\pi x}{2}\right)\mathrm{d}x=\frac{2}{\pi}\left(\frac{\pi^3}{12}-\frac{\pi^3}{4}\right)=-\frac{\pi^2}{3},$$

$$a_n=\frac{2}{\pi}\int_0^{\pi}\left(\frac{x^3}{4}-\frac{\pi x}{2}\right)\cos nx\,\mathrm{d}x=\frac{2}{n\pi}\int_0^{\pi}\left(\frac{x^2}{4}-\frac{\pi x}{2}\right)\mathrm{d}(\sin nx)$$

$$=\frac{2}{n\pi}\left[\left(\frac{x^2}{4}-\frac{\pi x}{2}\right)\sin nx\;\Big|_0^{\pi}-\int_0^{\pi}\left(\frac{x}{2}-\frac{\pi}{2}\right)\sin nx\,\mathrm{d}x\right]=\frac{2}{n^2\pi}\int_0^{\pi}\left(\frac{x}{2}-\frac{\pi}{2}\right)\mathrm{d}(\cos nx)$$

$$=\frac{2}{\pi n^2}\left[\left(\frac{x}{2}-\frac{\pi}{2}\right)\cos nx\;\Big|_0^{\pi}-\int_0^{\pi}\frac{1}{2}\cos nx\,\mathrm{d}x\right]=\frac{2}{\pi n^2}\times\frac{\pi}{2}=\frac{1}{n^2}\ (n=1,2,\cdots).$$

所以，$\dfrac{x^2}{4}-\dfrac{\pi x}{2}=-\dfrac{\pi^2}{6}+\displaystyle\sum_{n=1}^{\infty}\frac{1}{n^2}\cos nx\ (0\leqslant x\leqslant\pi)$，故 $\displaystyle\sum_{n=1}^{\infty}\frac{\cos nx}{n^2}=\frac{x^2}{4}-\frac{\pi x}{2}+\frac{\pi^2}{6}$．

例 9.31 设

$$f(x)=\begin{cases}x, & 0\leqslant x\leqslant\dfrac{1}{2},\\[2mm] 2-2x, & \dfrac{1}{2}<x<1,\end{cases}$$

$$S(x)=\frac{a_0}{2}+\sum_{n=1}^{\infty}a_n\cos n\pi x,\quad -\infty<x<+\infty,$$

其中，$a_n=\displaystyle\int_0^1 f(x)\cos n\pi x\,\mathrm{d}x\ (n=0,1,2,\cdots)$，则 $S\left(-\dfrac{5}{2}\right)$ 等于(　　)．

$$(A)\ \frac{1}{2}\qquad\qquad (B)\ -\frac{1}{2}\qquad\qquad (C)\ \frac{3}{4}\qquad\qquad (D)\ -\frac{3}{4}$$

解析 选(C)．

$S(x)$ 可看作 $f(x)$ 先作偶延拓，再作周期为 2 的周期延拓后的函数的傅里叶级数的和函数．因 $S(x)$ 是以 2 为周期，且是偶函数，则

$$S\left(-\frac{5}{2}\right)=S\left(-2-\frac{1}{2}\right)=S\left(-\frac{1}{2}\right)=S\left(\frac{1}{2}\right),$$

故 $x=\dfrac{1}{2}$ 为 $f(x)$ 的第一类间断点．由傅里叶级数的收敛定理知

$$S\left(\frac{1}{2}\right)=\frac{1}{2}\left[f\left(\frac{1}{2}+0\right)+f\left(\frac{1}{2}-0\right)\right]=\frac{1}{2}\left[\lim_{x\to\frac{1}{2}^+}(2-2x)+\lim_{x\to\frac{1}{2}^-}x\right]=\frac{1}{2}\left(1+\frac{1}{2}\right)=\frac{3}{4},$$

故 $S\left(-\dfrac{5}{2}\right)=\dfrac{3}{4}$．仅(C)入选．

图书在版编目(CIP)数据

高等数学超详解:三大计算配套基础教程/杨超主编.—上海:复旦大学出版社,2023.2
(2025.3重印)
ISBN 978-7-309-16662-0

Ⅰ.①高… Ⅱ.①杨… Ⅲ.①高等数学-研究生-入学考试-自学参考资料 Ⅳ.①O13

中国版本图书馆 CIP 数据核字(2022)第 243073 号

高等数学超详解:三大计算配套基础教程
杨 超 主编
责任编辑/李小敏

复旦大学出版社有限公司出版发行
上海市国权路 579 号 邮编:200433
网址:fupnet@ fudanpress.com http://www.fudanpress.com
门市零售:86-21-65102580 团体订购:86-21-65104505
出版部电话:86-21-65642845
上海盛通时代印刷有限公司

开本 787 毫米×1092 毫米 1/16 印张 13.25 字数 306 千字
2025 年 3 月第 1 版第 9 次印刷

ISBN 978-7-309-16662-0/O·728
定价:49.90 元